# 図解
# 希土類磁石

佐川眞人・浜野正昭 編著
Sagawa Masato　Hamano Masaaki

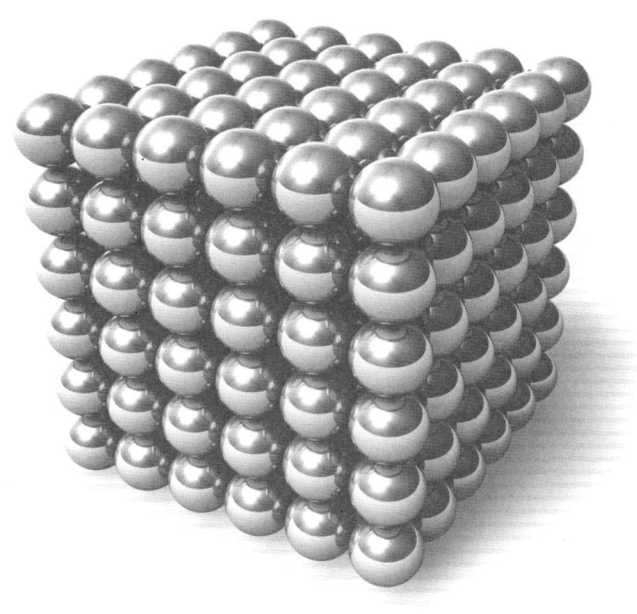

日刊工業新聞社

# はじめに

　希土類磁石とは、希土類（レアアース）金属と、鉄やコバルトで代表される3d族遷移金属との金属間化合物を主成分とする永久磁石のことである。特に、ネオジムと鉄とボロンからなる金属間化合物 $Nd_2Fe_{14}B$ が優れた永久磁石材料であることが本書の編著者の一人である佐川眞人により見出されて以来、このネオジム磁石の工業生産とその応用展開は年々大きく発展している。とりわけ地球環境・新エネルギー分野においてネオジム磁石の活躍・貢献はますます重要性を増してきている。例えば、ハイブリッド自動車、電気自動車、エアコン、冷蔵庫、洗濯機、エレベータ、風力発電機などにおけるモータや発電機へのネオジム磁石の応用は、すでにに省エネルギーに大きな成果を挙げている。

　一方、最近、希土類原料の生産が中国一国にほぼ独占されていることから、世界的にさまざまな問題や課題が発生しており、その対応施策や技術開発が焦眉の急として取り上げられている。

　このように、希土類および希土類磁石への社会的関心が急騰するなかで、既存の専門書が目指す読者層よりももっと広い読者層を対象に本書を企画した。そのため本書では、希土類磁石の材料科学をできるかぎり平易に説明すると共に、社会的関心の高い希土類磁石の応用技術と希土類資源問題を取り上げ、図をできる限り多く取り入れてわかりやすく解説することに力を注いだ。

　本書「図解　希土類磁石」が、理工系学生や若手技術者のみならず、磁石を勉強したことのない専門外の方々にとっても、希土類磁石の現状と将来動向を知り、関連する科学・技術を理解する一助となることを祈念している。

　文末ながら、本書の刊行にご尽力いただいた執筆陣各位、および日刊工業新聞社出版局の森山郁也氏に深く感謝申し上げる。

　2012年7月

佐川　眞人
浜野　正昭

# 目　　次

はじめに ………………………………………………………………… i

《プロローグ》ネオジム磁石の 30 年 ………………………………… 1

## 第 1 章　磁気と磁石を理解しよう

　1-1　磁気とは何だろう ……………………………………………… 12
　1-2　永久磁石の基礎知識 …………………………………………… 16
　1-3　希土類磁石の歴史 ……………………………………………… 20
　1-4　希土類磁石のここが問題 ……………………………………… 24

## 第 2 章　希土類磁石の材料科学

　2-1　希土類磁石の材料 ……………………………………………… 30
　2-2　希土類磁石が高特性を発揮するメカニズム ………………… 32
　　2-2-1　希土類化合物の磁気的な硬さ …………………………… 32
　　2-2-2　希土類磁石の保磁力 ……………………………………… 36
　　2-2-3　希土類磁石の微細組織 …………………………………… 38
　　2-2-4　希土類化合物の磁化とその温度変化 …………………… 42
　2-3　希土類磁石の製法 ……………………………………………… 48
　　2-3-1　焼結法 ……………………………………………………… 50
　　2-3-2　超急冷凝固法 ……………………………………………… 54
　　2-3-3　熱間塑性加工法 …………………………………………… 56

|   |   |   |
|---|---|---|
| 2-3-4 | HDDR 法 | 56 |
| 2-3-5 | 薄膜法 | 58 |
| 2-3-6 | ネオジム磁石の製法のまとめ | 60 |
| 2-3-7 | 窒素侵入型磁石の製法 | 61 |

2-4　ネオジム磁石の特性 ……………………………………………… 62
2-5　ネオジム磁石以外の希土類磁石 ………………………………… 64
2-6　ネオジム磁石の保磁力 …………………………………………… 66
　2-6-1　保磁力の定義とその発現機構 ……………………………… 66
　2-6-2　磁石の微細構造と保磁力の関係 …………………………… 70
　2-6-3　保磁力増大のセオリー ……………………………………… 76
　2-6-4　ネオジム磁石の保磁力向上に関する研究開発 …………… 82

## 第3章　希土類磁石の応用技術

3-1　普及編：ネオジム磁石は地球を救う ………………………………88
　3-1-1　地球温暖化問題とネオジム磁石の貢献 ……………………88
　3-1-2　ネオジム磁石応用分野の推移 ………………………………96
　3-1-3　埋込み磁石同期モータの基礎 ………………………………100
　3-1-4　自動車への応用 …………………………………………………104
　3-1-5　家電への応用 ……………………………………………………114
　3-1-6　新エネルギーへの応用 …………………………………………118
　3-1-7　産業用位置決め装置への応用 …………………………………120
　3-1-8　情報通信への応用 ………………………………………………124
　3-1-9　その他への応用 …………………………………………………128
　3-1-10　磁石の工業規格の国際基準 ……………………………………132
3-2　展開編：ネオジム磁石のさらなる活躍 ……………………………136
　3-2-1　ハイブリッド自動車・電気自動車への応用 ………………136

3-2-2　風力発電機への応用 …………………………………146
　　3-2-3　エレベータへの応用 ……………………………………160
　　3-2-4　産業用ロボットへの応用 ………………………………170

# 第4章　資源問題への対策

4-1　希土類の資源問題 ……………………………………………190
　　4-1-1　希土類元素の化学と製法 ………………………………190
　　4-1-2　希土類の主な生産国と生産量の推移 …………………194
　　4-1-3　希土類リサイクルの課題 ………………………………200
4-2　ジスプロシウム（Dy）使用量の削減・零化への
　　　取り組み ……………………………………………………204
　　4-2-1　省・脱 Dy のネオジム磁石の研究開発 ………………204
　　4-2-2　粒界拡散法による Dy 低減 ……………………………220
4-3　ネオジム磁石のリサイクル技術 ……………………………228
　　4-3-1　日立製作所のリサイクル技術 …………………………228
　　4-3-2　三菱マテリアルのリサイクル技術 ……………………236
4-4　永久磁石とモータにおける希土類代替技術の可能性
　　　………………………………………………………………248
　　4-4-1　エネルギーや新分野モータに対応した代替技術 ……248
　　4-4-2　省・希土類の PRM ………………………………………250
　　4-4-3　エネルギーと資源の有効利用から考えたモータ ……258
　　4-4-4　理想モータドライブと希土類代替技術 ………………272

索　引 …………………………………………………………………276

# 執 筆 者

《プロローグ》ネオジム磁石の30年 …………… 佐川　眞人〔インターメタリックス㈱〕
第1章　磁気と磁石を理解しよう ………………………… 浜野　正昭〔㈳未踏科学技術協会〕
第2章　希土類磁石の材料科学
 2-1　希土類磁石の材料 ……………………………… 広沢　哲〔(独)物質・材料研究機構〕
 2-2　希土類磁石が高特性を発揮するメカニズム … 広沢　哲〔(独)物質・材料研究機構〕
 2-3　希土類磁石の製法 ……………………………… 広沢　哲〔(独)物質・材料研究機構〕
 2-4　ネオジム磁石の特性 …………………………… 広沢　哲〔(独)物質・材料研究機構〕
 2-5　ネオジム磁石以外の希土類磁石 ……………… 広沢　哲〔(独)物質・材料研究機構〕
 2-6　ネオジム磁石の保磁力 ……………………… 小林　久理眞〔静岡理工科大学　教授〕
第3章　希土類磁石の応用技術
 3-1　普及編：ネオジム磁石は地球を救う ……… 德永　雅亮〔明治大学　兼任講師〕
 3-2　展開編：ネオジム磁石のさらなる活躍
  3-2-1　ハイブリッド自動車・電気自動車への応用 ……… 近田　滋〔トヨタ自動車㈱〕
  3-2-2　風力発電機への応用 ……………………… 美濃輪　武久〔信越化学工業㈱〕
  3-2-3　エレベータへの応用 ……………………… 前田　真吾〔東芝エレベータ㈱〕
  3-2-4　産業用ロボットへの応用 ………………… 石橋　利之〔㈱安川電機〕
第4章　資源問題への対策
 4-1　希土類の資源問題 ……………………………… 中村　英次〔㈱三徳〕
 4-2　ジスプロシウム（Dy）使用量の削減・零化への取り組み
  4-2-1　省・脱Dyのネオジム磁石の研究開発 ……… 杉本　諭〔東北大学　教授〕
  4-2-2　粒界拡散法による省Dy技術 ……………… 中村　元〔信越化学工業㈱〕
 4-3　ネオジム磁石のリサイクル技術開発
  4-3-1　日立製作所のリサイクル技術 ……………… 馬場　研二〔㈱日立製作所〕
  4-3-2　三菱マテリアルのリサイクル技術 ………… 新井　義明〔三菱マテリアル㈱〕
 4-4　永久磁石とモータにおける希土類代替技術の可能性
  …………………………………………………………… 堺　和人〔東洋大学　教授〕

## 《プロローグ》
# ネオジム磁石の30年

佐川　眞人

## ▎2012年の日本国際賞を受賞

　2012年（第28回）日本国際賞の授賞式典が4月25日に東京・国立劇場で開催された。「日本国際賞」は、科学技術の全分野を対象とし、科学技術の動向等を勘案して毎年二つの分野を授賞対象分野として指定。原則として各分野1件、1人に対して授与し、受賞者には、賞状、賞牌および（1分野に対し）賞金5,000万円が贈られる。式典では、天皇皇后両陛下御臨席の下、内閣総理大臣、衆議院議長、参議院議長、最高裁判所長官を始め、関係大臣、駐日大公使、学者、研究者、政官界、財界など約1,000名の出席を得て盛大に挙行された。

　2012年（第28回）日本国際賞は、「健康、医療技術」分野でジャネット・ラウリー博士（米国）、ブライアン・ドラッカー博士（米国）、ニコラス・ライドン博士（米国）の3名、「環境、エネルギー、社会基盤」分野でインターメタリックス㈱代表取締役社長の佐川眞人博士に決定、授与された。

　これは、日本国際賞授賞式について報じた新聞、雑誌記事の概要である。当事者である私は、授賞式およびその前後1週間にわたって行われた日本国際賞の行事に淡々と受賞者の役割を演じていたことを記憶している。これほど大きな賞だから、式典中に胸がいっぱいになって涙が出たり、硬直して何か失敗したりするのではと心配していたが、そのようなことはなかった。図1は、授賞式で私が賞牌を受け取ったときの写真である。

　私の受賞業績は「世界最高性能Nd-Fe-B系永久磁石の開発と省エネルギーへの貢献」である。私がこの仕事を始めたとき、いつかこのように大きい賞を

図1 2012年（第28回）日本国際賞授賞式で賞牌を受け取る

受賞することになるとは夢にも思わなかった。私はそのとき、まったく自信のない研究者で、磁石については初学者であった。自信のない初学者がなぜこのように大きい業績をあげることができたのか。本書のプロローグとして、自己分析を行うことにする。

## 最強の永久磁石の条件

強い永久磁石の主相になる化合物は、高いキュリー温度（$T_C$）、大きい飽和磁化（$J_s$）、および大きい異方性磁場（$H_A$）を併せ持つことが必要である。この条件を満たす化合物の候補として1960年代から、希土類元素Rと鉄族遷移元素TからなるR–T金属間化合物の研究が盛んになった。

表1に各種R–TおよびR–Fe–X（X=B、N）化合物の$T_C$、室温での$J_s$および$H_A$を示す。この表から容易に気づくことは、R–T化合物ではT=Co（コバルト）でなければ強い磁石にならないということである。

$Sm_2Fe_{17}$の$T_C$は$Sm_2Co_{17}$に比べてあまりにも低く、かつ磁気異方性は面内

2

《プロローグ》 ネオジム磁石の30年

表1 R–T(T＝Fe, Co)およびR–Fe–X(X＝B, N)化合物のキュリー温度 $T_C$、室温での飽和磁化 $J_s$、および異方性磁場 $H_A$

| 化合物 | $T_C$(K) | $J_s$(T) | $H_A$(MA/m) |
|---|---|---|---|
| $SmCo_5$ | 1,000 | 1.07 | 28 |
| $Sm_2Co_{17}$ | 1,199 | 1.20 | 8.5 |
| $Sm_2Fe_{17}$ | 389 | 1.17 | 面内異方性 |
| $Sm_2(Fe_{0.4}Co_{0.6})_{17}$ | 1,079 | 1.48 | 3.2 |
| $Pr_2(Fe_{0.4}Co_{0.6})_{17}$ | 1,033 | 1.61 | 1.7 |
| $Y_2(Fe_{0.4}Co_{0.6})_{17}$ | 1,066 | 1.47 | 0.98 |
| $Nd_2Fe_{14}B$ | 586 | 1.60 | 5.3 |
| $Sm_2Fe_{17}N_3$ | 746 | 1.54 | 20.7 |

異方性である。面内異方性とは、磁化方向が一つの結晶面内のどの方向を向いてもエネルギー差がないということで、磁化方向を一つの方向に固定しなければならない永久磁石材料としては最悪の性質である。RがNd（ネオジム）やPr（プラセオジム）など他の希土類元素の場合でも、$R_2Fe_{17}$の磁気的性質は$Sm_2Fe_{17}$と同様で、$T_C$は室温付近で低すぎるうえに、磁気異方性はどれも面内異方性である。$R_2Fe_{17}$中のFe（鉄）を一部Coで置き換えると、$T_C$は急激に上昇し、$J_s$も増大する。しかし、$H_A$はあまり改良されない。

表1に$R_2Fe_{17}$中のFeを60％もCoで置き換えた例をR＝Sm（サマリウム）、Pr、Y（イットリウム）の場合について示した。いずれも$T_C$は1,000K以上で実用的には十分に高温であるが、$H_A$は磁石材料として使えるレベルよりずっと小さいままである。

上述した理由によって、1960年代から1970年代においてR–T磁石の研究はすべてR–Co磁石についてであった。世界の永久磁石研究者は、これを自然の摂理として受け止めていたかのようである。1年半ごとに開催されるR–T磁石に関する代表的な国際会議の名前は、"International Workshop on Rare Earth Cobalt Permanent Magnets and Their Applications"で、Rare Earth Iron Permanent Magnetsはあり得ないと、最初から排除されていた。図2に

図2 Second International Workshop on Rare Earth-Cobalt Permanent Magnets and Their Applications の Proceedings 表紙

Second International Workshop on Rare Earth Cobalt Permanent Magnets and Their Applications の Proceedings の表紙を示す。

## ▍反対側の発想からネオジム磁石が誕生

　1977年、上述した背景の舞台に私が登場する。当時は $Sm_2Co_{17}$ 磁石の発展期にあり、磁石の研究者は学会シーズンごとに $Sm_2Co_{17}$ 磁石の最大磁気エネルギー積の世界記録が塗り替えられるのに興奮していた。

　図3に永久磁石の発展の歴史を示す。1960年代に Sm–Co 磁石が出現して、それまでの最強磁石であったアルニコ磁石のもつ最大磁気エネルギー積の記録を軽く抜き去った。1972年に俵好夫氏により $Sm_2Co_{17}$ 磁石が発明され、この

《プロローグ》 ネオジム磁石の30年

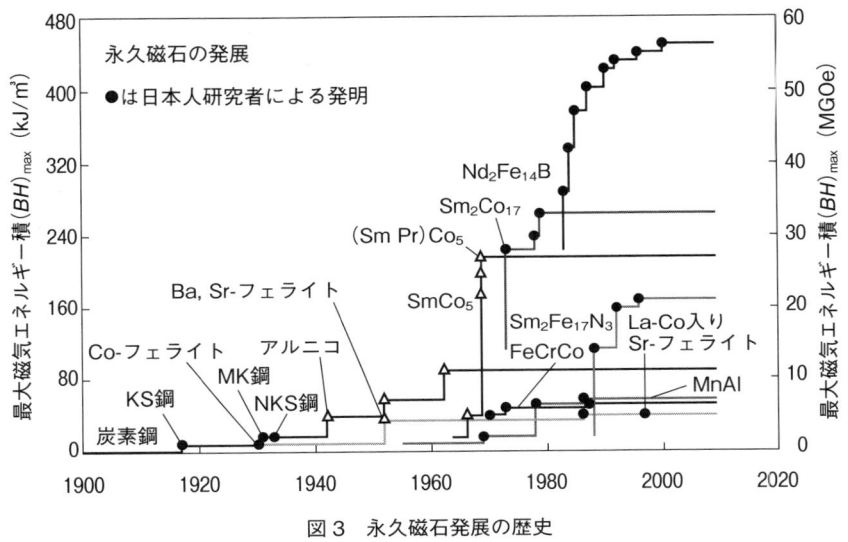

図3 永久磁石発展の歴史

磁石が最強磁石になった。この磁石の最大磁気エネルギー積の記録が1970年代にどんどん塗り替えられていく様子がこの図から見て取れる。

1970年代後半に始まったコバルト価格の世界的な高騰など、磁石の研究者は全く気にしていないかのようであった。磁石の最先端の研究者は$Sm_2Co_{17}$磁石中のCoをできるだけ多くのFeで置換することを目指していたが、Fe量を増大させる目的はFe量増大により磁化を大きくして最大磁気エネルギー積の記録を伸ばすことであった。しかしFe量を増大すると磁石の保磁力が急減するので、置換量は20%程度が限界であった。当時の研究者は、それ以上Fe量を増やすことは、永久磁石として必要な微細構造を形成するための金相学的な観点からも、主相$Sm_2Co_{17}$相の高い磁気異方性を確保するためにも到底無理と諦めていた。それは絶対に越せない厳然とした壁であった。

初学者であった私は、新しい永久磁石材料としてR-Fe-C系およびR-Fe-B系に挑戦した。私が、これらの合金系に取り組むきっかけは第1章の筆者、浜野正昭氏の講演から得た。そのときのいきさつは第1章で述べられている。上

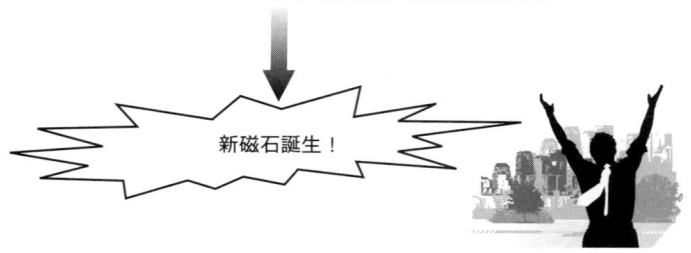

図4　新磁石を見つけるには

述した Fe 置換量 20％の壁は R-Co 側から攻めたのでは決して越せない壁であったのに、反対側の R-Fe 側から攻めれば壁でも何でもなかったのである。それは当時の最先端の研究者にとっては盲点であった。

　私はヒントを得た後、各種 R の R-Fe-C 合金および R-Fe-B 合金をアーク溶解炉で作製して振動試料型磁力計で磁気特性測定を行い、数カ月以内に Nd-Fe-B 新化合物の存在に気づいた。それは 1978 年のことであった。

　新しい永久磁石を発明するには、図4に示すように、まず新しい R-T 化合物を見つけ、第二に、それを元にセル状構造を作る合金組成と製法を見つける必要がある。私は最初のヒントを得てから比較的早く Nd-Fe-B 化合物を見つけていたが、それを元にセル状構造を作って永久磁石にするのに難航した。1982 年にこの研究に成功して、世界最高記録の最大磁気エネルギー積をもつ Nd-Fe-B 焼結磁石（ネオジム磁石）を作製する組成と製法を見つけた。それは、図4のイラストにあるように歓喜の一瞬であった。

　図5は国際会議での Nd-Fe-B 磁石に関する最初の学術発表のときの写真である。1983 年 11 月、米国ピッツバーグで開催された Conference on Magnetism and Magnetic Materials で発表を終えてほっとしているところで

《プロローグ》 ネオジム磁石の30年

図5 1983年11月、米国ピッツバーグで開催されたConference on Magnetism and Magnetic Materialsでネオジム磁石を初めて学術発表

ある。隣にいる人は、Sm-Co磁石研究のパイオニアである、当時デイトン大学のKarl Strnat教授である。会場には500人を越える聴衆がいて、私は大喝采を浴びた。

この発表の後、私は住友特殊金属の同僚たちと共にNd-Fe-B磁石の工業化、量産化を早期に達成した。工業化の段階で最大の難問はNd-Fe-B磁石の温度特性の改善であった。この問題は、Ndの一部をDy（ジスプロシウム）で置換することで解決できた。量産化段階ではNd-Fe-B合金粉末の化学的活性度の高さに手を焼いた。これらの問題も解決して、1985年から量産を開始することができた。

## 研究者は権威に盲従するな

自信のない初学者が、なぜ日本国際賞を受賞するほどの大きい業績を上げることができたのかという最初の疑問に戻ろう。

私は、当時の最先端研究者がなぜR-Fe磁石に目を向けようとしなかったかが重要であると思う。上述したように、研究者たちは、R-T磁石のTはCo

でなければならないのは自然の摂理であり、それを説明する理論さえ保持していた。すなわち、高い一軸性の（面内異方性でない）磁気異方性を得るためにはCoが必須であることを説明する理論さえ用意していたのである。その上でR-Co磁石のCoをFeで置換して行って、20%置換の厳然たる壁に突き当たったのである。研究者たちは、その範囲で組成やプロセスを工夫して、最大磁気エネルギー積の記録が半年ごとに1MGOe（≒8kJ/m³）ずつ上がっていくのに酔いしれていた。

　私は、当時の研究者たちは集団の思い込みに陥っていたと思う。これは現在でも、権威者の動向について行くことの危険性を示唆している。それぞれの研究分野でトップ集団にいつまでもついて行くことは危険であることを示している。

　1983年6月に、B（ボロン）のことは隠して、Nd-Fe磁石で世界最高性能の永久磁石を開発したことを新聞発表した。その3カ月後、1983年9月にInternational Workshop on Rare Earth-Cobalt Permanent Magnets and Their Applicationsが北京で開催された。その会議で、最先端の研究者の中には、Nd-Fe磁石ができるはずがないと言ったり、あるとしたら$RFe_2$のラーベス相であるという説を述べたりする人がいたと、出席者の1人から聞いた。

　Nd-Fe-B磁石の学術発表の後、多くの研究機関で再現実験が行われた。そして、その次のこのWorkshopが1985年に米国デイトンで開催され、Workshopの名前はRare Earth Cobalt Permanent MagnetsからRare Earth Magnetsに変わった。図6にそのProceedings表紙の写真を示す。

　私は大学院で基礎的な勉強をよくしたけれど、研究面でめぼしい成果を上げることができなかった。大学院では基礎研究に従事したが、漠然とした自然の中から真理を追求する研究テーマでは何をしたらインパクトがあるのか掴みきれなかった。大学院博士課程修了時、私は自信のない研究者であった。

　ところが、会社に入って目標がはっきりした研究テーマをもつと、目標達成のためのいろいろなアイデアが次から次に浮かんでくることが分かった。私は研究者という仕事が向いていると思うようになった。自信のある研究者になっ

《プロローグ》 ネオジム磁石の30年

図6 Eighth International Workshop on Rare Earth Magnets and Their Applications の Proceedings 表紙

ていった。そして、アイデアが湧き出す自信のある研究者が格好の研究テーマを得た。しかも、当時のトップ研究者に洗脳されていない。恐れを知らずにR-Fe-X磁石の研究にとりかかった。トップ研究者に洗脳されていないので、容易に20%Feの壁の反対側のR-Fe側に回り込むことができたのである。後は持ち前の体力とやる気で驀進してきた。これが私の成功の理由である。

　若い研究者よ、権威に取り込まれないようにしよう。ブームの研究分野に入っても、一通り勉強のつもりでついって行ったら、今度はトップの研究者たちが見ている方向と反対側を見よう。反対側にいいものがあるかも知れない。

# 第1章

# 磁気と磁石を理解しよう

# 1-1 磁気とは何だろう

## 1. 磁気の根源と磁場の不思議

さあ、「磁気とは何だろう？」から始めよう。細かい議論はしないで、ここではイメージを捉えることを主眼とする。

結論から言うと、電気と磁気は裏腹な物理現象である。電磁気学と一括りにするのは、電気と磁気が切り離せないからである。図 1-1 に示すように、微視的には電子が回転運動（スピン）する、すなわち電流が流れると、直交方向に**磁場（磁界）**が発生する。これを**アンペールの法則**といい、現在の磁気に関する主流の単位系：ＭＫＳＡ単位の基本的な考え方である。巨視的には同様な電気と磁気の不可分的挙動として、フレミングの左手や右手の法則および電磁誘導が挙げられ、モータや発電機やトランスとして実用化されている。また、電気と磁気の表裏一体性を利用すると、電波障害の回避策として磁気を遮断することも有効な手段となる。ここで、電気・磁気の「気」とは何らかの力の源であり、電場・磁場の「場」とはその力が及ぶ空間のことであると考えると理解しやすい。重力場では質量のある物体が引力を受けるように、磁場では磁性体が吸引力や反発力を受けることになる。

ところで、我々が直接見ることのできる大きな磁場現象は、オーロラである。オーロラは、図 1-2 に示すように、太陽からのプラズマを含む太陽風が地球の地磁気の磁場（磁力線）に曲げられて、北極と南極に到達して空気中の気体分子と衝突して発光する天体現象である。そして地磁気は、渡り鳥や回遊魚のナビゲーションにも役立っていることはよく知られている。また、映画「十戒」で、モーゼの祈りで紅海が割れるシーンがある。水は反磁性物質なので、強力な磁場を避ける性質がある。神様が紅海の真上に超々強力な磁場を発生させれば起こり得る現象である。事実、宇宙においては、$10^{10}$T（テスラ）という途方もない磁場を発生している「マグネター」と呼ばれる超高密度の中性子星の存在が確認されている。興味のある人は検索調査されたい。

第 1 章　磁気と磁石を理解しよう

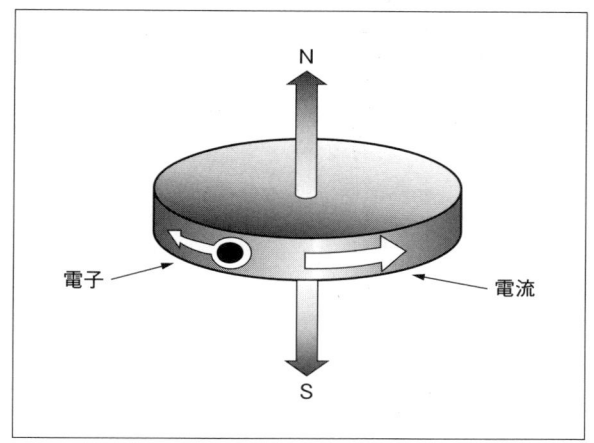

図 1-1　電子の回転運動（スピン）により発生する磁場（磁気）
(出典)（社)未踏科学技術協会編：「おもしろい磁石のはなし」、日刊工業新聞社、
　　　p.41（1998）
(注)電子運動に基づく磁気発生は自転（スピン）の他に公転的な軌道運動によるものもある。

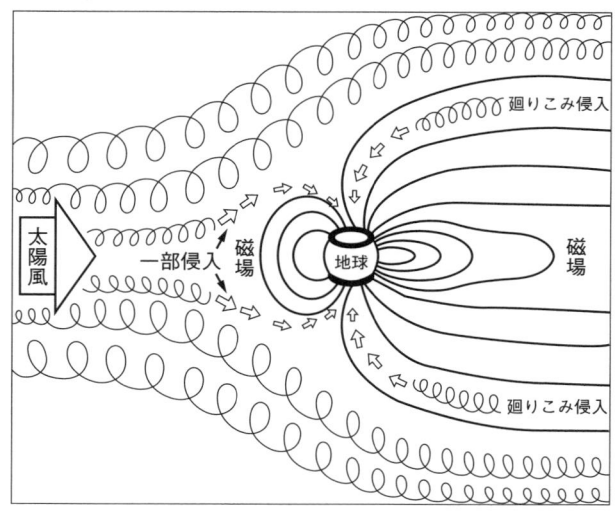

図 1-2　オーロラ出現の原理
　　　地球の上下の鉢巻状がオーロラの発光帯。最近の研究では、太陽風の
　　　量は廻りこみ進入の方が圧倒的に多い。

## 2. いろいろな磁性材料

　重力場（引力）の影響を受けるのが質量を持った物体であるように、磁場の影響を受けるのは**磁性体**と呼ばれる物質である、とバッサリ言いたい。しかし、実はすべての物質は多かれ少なかれ必ず磁場の影響を受ける。鉄のように磁場に吸着されやすい金属や、逆に前述の水のように磁場が嫌いな分子もある。そこで、磁気的挙動によって様々な物質を分類したのが**表 1-1** である。

　表中、**強磁性体**と指示された物質は、**磁気モーメント**と呼ばれる磁気ベクトルの整列（自発磁化）により磁場に敏感に反応する。特に鉄、ニッケル、コバルトや磁石材料は**フェロ磁性体**として強い磁力を発揮する。次のフェリ**磁性体**はフェライト系酸化物に多く見られる。表の下側の反強磁性体や常磁性体は磁場に対して極々わずかにしか反応しないので、反磁性体と共に実用上は**非磁性材料**と呼ばれることが多い。

　そして実用上の磁性材料である強磁性体も、用途的には**硬質（ハード）磁性材料**と**軟質（ソフト）磁性材料**とに分類される。図 1-3 にその磁気的挙動の違いを模式図的に示す。単位は後で論じるとして、物質が持つ磁気の強さを示す**磁化**（磁化の値）を縦軸に、外部からの**磁場**（磁場の強さ）を横軸にとると、磁化軸に向かって磁化曲線（ヒステリシスカーブ）が縦長に針状に変化するのが**軟質磁性材料**であり、小さな磁場に対して急速に磁化が変化する性質を有する。この軟質磁性材料は別名、**一時磁石材料**、**高透磁率材料**とも呼ばれ、磁気良導体として磁気回路の構成材料として多用されている。一方、磁化曲線が膨らみを持つのが**硬質磁性材料（永久磁石材料）**であり、磁場の変化に対してある程度の耐久性を有している。図中の**保磁力**とは、外部に発揮する磁化がゼロになる時の磁場の値であるが、ソフト材ではより小さい方が良く、ハード材では磁化の値より大きいことが望ましいが*、あまり大きくても実用上に支障が出る（着磁が困難）ので、程々に大きいことが望まれる。このためハード材は**高保磁力材料**とも呼ばれる。

---

＊　例えば、磁化と磁場の単位をテスラ（後述）でそろえた場合の比較

第 1 章 磁気と磁石を理解しよう

表 1-1 さまざまな物質の磁気的挙動の分類

| 磁性体の種類 | | 磁気モーメントの配列 | J-H特性 | J、1/χ-T特性 | 物質例 |
|---|---|---|---|---|---|
| 強磁性体 (ferro-magnetism) | フェロ磁性体 (ferro-magnetism) | →→→→<br>→→→→<br>→→→→ | $J_S$ | $1/\chi$, $T_C$ | Fe、Ni、Co、Gd<br>Alnico、Sm-Co合金<br>Nd-Fe-B合金 |
| | フェリ磁性体 (ferri-magnetism) | →→→→ A<br>←←←← B<br>→→→→ | $J_S$ | $1/\chi$, $T_N$ | フェライト、$Fe_3O_4$<br>$MnO \cdot Fe_2O_3$<br>$BaO \cdot 6Fe_2O_3$ |
| 反強磁性体 (antiferromagnetism) | | →←→←<br>←→←→<br>→←→← | | $1/\chi$, $T_N$ | FeO、CoO<br>MnO、$MnF_2$ |
| 常磁性体 (paramagnetism) | | ↗↘↖↙<br>↙↖↗↘ | | $1/\chi$ | Al、Cr、Mn<br>Pt、$O_2$、空気 |
| 反磁性体 (diamagnetism) | | スピンなし<br>←○→ e | | $1/\chi$ | Cu、Ag、Hg<br>Bi、He、Ne<br>$H_2O$ |

注) $J$：磁気分極、$H$：磁場、$\chi$：磁化率（帯磁率）、$T$：温度（絶対温度）
（出典）山元洋：「電気電子機能性材料」5章「磁性体材料」、オーム社（2003年）

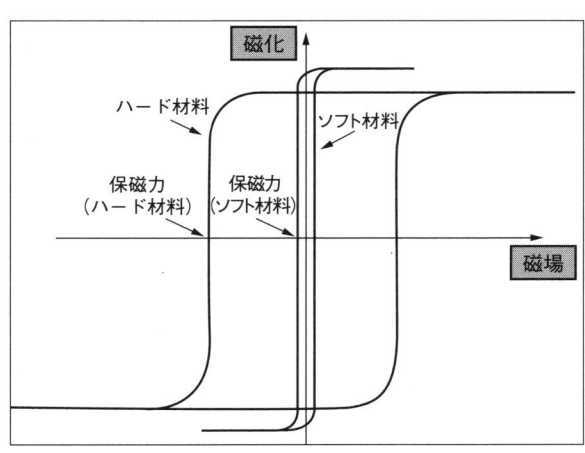

図 1-3 硬質（ハード）磁性材料と軟質（ソフト）磁性材料の
類型的な磁化曲線（ヒステリシスループ）
（出典）寺子屋BM塾資料（浜野正昭講師）、日本ボンド磁性材料協会（2011年9月2日）

## 1-2　永久磁石の基礎知識

### 1. 磁気の単位と用語

　誠に遺憾ながら、現在、磁気の単位として3種類の単位系が使われている。これこそが初心者が磁気に取り組む際の弊害となっていることは残念である。しかし、国際化が進むにつれて単位統一の機運が高まっており、趨勢は国際単位であるSI単位へ移行しようとしている。ただし、現在はその途上であるので、旧来の単位であるcgs-Gauss（ガウス）単位や、移行への過渡期的単位であるMKSA単位が、それぞれ産業界や学会を中心に使われている。

　3種類の単位について、磁気に関する基本式を以下に示す[1]。

　　　cgs-Gauss 単位系：$B = H + 4\pi M^*$ ……………(1.1)
　　　MKSA 単位系：　　$B = \mu_0 H + I$ ……………(1.2)
　　　SI 単位系：　　　　$B = \mu_0 (H + M)$ ……………(1.3)

　ここで、$B$：**磁束密度**[Wb/m$^2$]または[T]（テスラ）、$H$：**磁場**[A/m]、$\mu_0$：**真空の透磁率**（磁気定数：$4\pi \times 10^{-7}$[H/m]）であり、$M^*$, $I$, $M$ はそれぞれの単位系の磁化（の値）であるが、当然その次元や大きさなどが異なる。また、次の項で出てくる磁化曲線（$J$–$H$ 曲線）の縦軸として表示される**磁気分極** $J$ とは $J = I = \mu_0 M$ の関係があり、永久磁石の分野では、この磁気分極 $J$ を磁化と同様に物質が有する磁気量を示す代表的単位として取り扱うことが多い。この場合は、式 (1.2) は、$B = \mu_0 H + J$ となる。本書でもこの式に従ったMKSA単位を使用している。

　また、**表 1-2** に磁石と磁気に関する単位とその換算値を掲げたので、随時参考にされたい[2],[3]。なお、1Wb = 1H・A および 1J = 1Wb・A の関係は覚えておくと便利である。それぞれの物理記号の読みは、Wb：ウエーバー、H：ヘンリー、A：アンペア、J：ジュール（磁気分極の $J$ と区別すること）、m：メーターであり、T：テスラ（1T = 1Wb/m$^2$）である。

第 1 章　磁気と磁石を理解しよう

表 1-2　磁石の単位の簡略換算表[2)]とその元になる磁気に関する各単位の相関[3)]

| 〈簡略換算表〉 | cgs 単位 | | MKSA（準SI）単位 |
|---|---|---|---|
| 磁束密度 $B$（残留磁束密度 $B_r$）、 | 1kG | ⇒⇒ | 0.1T |
| または、磁気分極 $J$（$=4\pi M^*$） | 10kG | ←← | 1T |
| 保磁力 $H_{cJ}$（$J$-$H$ 曲線上） | 1kOe | ⇒⇒ | 80kA／m |
| | 12.5kOe | ←← | 1MA／m |
| 磁気エネルギー積 $(BH)_{max}$ | 1MGOe | ⇒⇒ | 8kJ／m$^3$ |
| | 50MGOe | ←← | 400kJ／m$^3$ |

| 量 | 記号 | cgs-Gauss 単位 $B=H+4\pi M^*$ | SI 単位への変換係数 | MKSA 単位（$E$-$H$ 対応）$B=\mu_0 H+I$ | SI 単位への変換係数 | SI 単位（$E$-$B$ 対応）$B=\mu_0(H+M)$ |
|---|---|---|---|---|---|---|
| 磁束密度 | $B$ | G | $10^{-4}$ | T、Wb/m$^2$ | 1 | T、Wb/m$^2$ |
| 磁束 | $\Phi$ | Mx | $10^{-8}$ | Wb | 1 | Wb |
| 起磁力 | $V_m$ | Gb | $10/4\pi$ | A | 1 | A |
| 磁場（＝磁界） | $H$ | Oe | $10^3/4\pi$ | A/m | 1 | A/m |
| （体積）磁化 | $M^*$、$M$、$I$ | emu/cm$^3$ | $10^3$ | Wb/m$^2$ | $1/\mu_0$ | A/m、J/(T·m$^3$) |
| 質量磁化 | $\sigma$ | emu/g | 1 | (Wb·m)/kg | $1/\mu_0$ | A·m$^2$/kg、J/(T·kg) |
| 磁気モーメント | $m$ | emu | $10^{-3}$ | Wb·m | $1/\mu_0$ | A·m$^2$、J/T |
| 磁化率、帯磁率 | $\chi$ | —、(emu/(cm$^3$·Oe)) | $4\pi$ | H/m[※1)] | $1/\mu_0$ | —[※2)] |
| 真空の透磁率 | $\mu_0$ | 1 | $4\pi \times 10^{-7}$ | H/m | 1 | H/m |
| 透磁率 | $\mu$ | — | $4\pi \times 10^{-7}=\mu_0$ | H/m | 1 | H/m |
| 反磁界係数 | $N$ | —[※3)] | $1/4\pi$ | —[※4)] | 1 | —[※5)] |
| 最大エネルギー積 | $(BH)_{max}$ | G·Oe | $10^{-1}/4\pi$ | J/m$^3$ | 1 | J/m$^3$ |
| エネルギー密度 | $E$、$K$ | erg/cm$^3$ | $10^{-1}$ | J/m$^3$ | 1 | J/m$^3$ |

※1) $I=\chi H$、$\chi_r=\chi/\mu_0$ とした $\chi_r$ は SI 単位の $\chi$ と同じになる。
※2) $M=\chi H$　注 3) $N_x+N_y+N_z=4\pi$
※4) 反磁場：$H_d=-(N/\mu_0)\cdot I$、$N_x+N_y+N_z=1$　※5) 反磁場：$H_d=-NM$、$N_x+N_y+N_z=1$
（注）磁気分極：$J=I=\mu_0 M$（表中の仕事量・熱量の J：ジュールとは異なる）

・簡略換算表では、保磁力と磁気エネルギー積は概算的な換算となる。
・cgs 単位の読みは、例えば、MGOe（メガ・ガウス・エルステッド）である。
・最大磁気エネルギー積の定義は、次項の「磁石特性の読み方」で説明。

## 参　考　文　献

1) 佐川眞人ら編著：「永久磁石」、p.411「磁気の単位」（杉本諭分担項目）アグネ技術センター（2007 年）
2) 寺子屋 BM 塾資料（浜野正昭講師）、日本ボンド磁性材料協会（2011 年 9 月 2 日）
3) 日本磁気学会のホームページ、論文投稿案内の推奨単位の項、（2012 年 4 月 1 日）

## 2. 磁石特性の読み方

　永久磁石の磁気特性を見るために測定されるのが、**磁気ヒステリシスループ**（**磁気履歴曲線**もしくは単に**磁化曲線**という）である。その具体例である $J$–$H$ 曲線および $B$–$H$ 曲線を図 1-4 に示す。通常は第一象限と第二象限のみで示されることが多い。

　$J$–$H$ 曲線は磁性材料のポテンシャルを評価するもので、磁石が外部磁場（$+H$ や $-H$）に対してどのような磁気量の変化を示すかを見るものである。ここで重要な材料特性は**飽和磁気分極** $J_s$ と**保磁力** $H_{cJ}$ である。

　$B$–$H$ 曲線（**減磁曲線**ともいう）は永久磁石単体の特性を評価するもので、磁石内部の**逆磁場**（**反磁場**）に対してどのような磁気量の変化を示すかを見るものである。ここで重要な磁石特性は**残留磁束密度** $B_r$ と**最大磁気エネルギー積** $(BH)_{max}$ である。この $(BH)_{max}$ は $B$–$H$ 曲線上の任意の点（$H$、$B$）で $H \times B$ で示される面積であり、ある所、すなわち最適動作点（$H_d$、$B_d$）で最大値をとる。図で四角く囲った部分であり、この面積はエネルギーの単位（J/m$^3$）に相当する。すなわち、$(BH)_{max}$ はその磁石が着磁された後に保有する磁気エネルギーの指標値であり、その値が大きいほど強力磁石といえる。余談ながら、図中の式 $B = J + \mu_0 H$ から、$B_r = J_r$（残留磁気分極）である。

　さて、反磁場であるが、図 1-5 に示すように、磁石は外部に N 極から S 極に向けた磁力線を発するが、有限の磁石内部においても N 極から S 極に向けた磁力線が存在する。それは着磁による磁気分極 $J$ の方向とは逆になるので**反磁場** $H_d$ と呼ばれる。$B$–$H$ 曲線上で、$B_r$ の所は反磁場がゼロの点で、磁石が着磁方向に無限に長い場合に相当する。また $H_{cB}$ の所は反磁場による磁束密度と磁気分極がキャンセルする点で、磁石が着磁方向に無限に短い場合に相当する。したがって、磁石特性の有効利用の最適寸法は上記の最適動作点の所になる。

　磁石特性としてもう一つ重要な指標は、材料特性の**キュリー温度** $T_C$ である。磁性を消失する下限温度として定義されるが、近年の磁石に高温耐久性が要求される応用傾向では、高い $T_C$ もしくは高い $H_{cJ}$ が必須となっている。

第 1 章　磁気と磁石を理解しよう

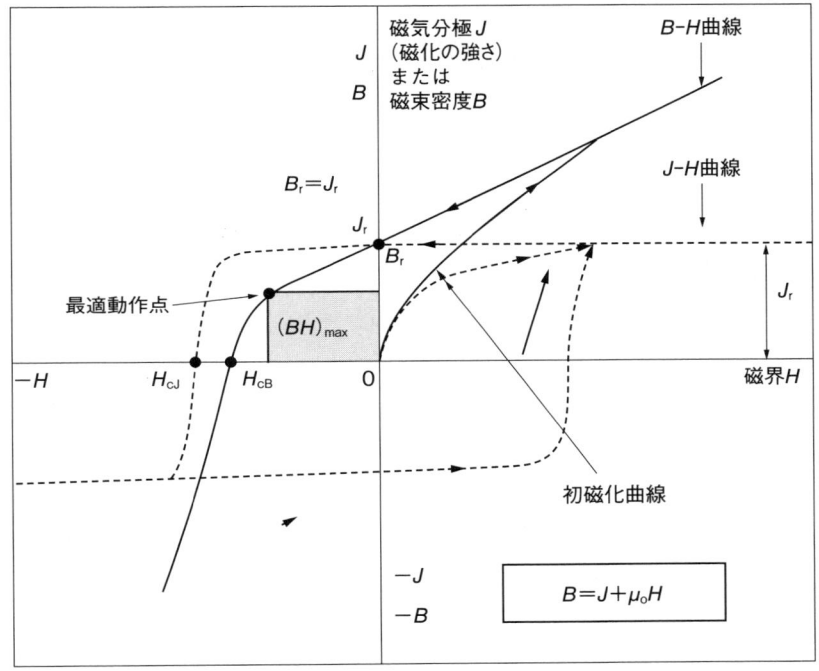

図 1-4　磁石の磁気ヒステリシスループ（$J$-$H$ 曲線と $B$-$H$ 曲線）

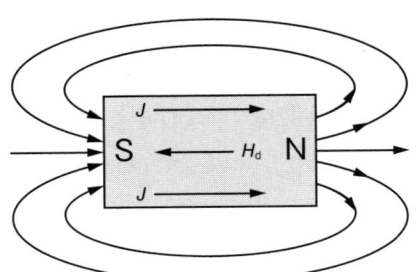

図 1-5　磁石内部の反磁場のイメージ

着磁により磁石内部ではS極からN極に向かう磁気分極 $J$ が発生し、外部ではN極からにS極向かう磁力線が発生するが、同時に有限寸法の磁石内部においてもN極からにS極向かう磁力線が存在する。これを反磁場 $H_d$ という。$\mu_o \times H_d$ で磁気分極や磁束密度と同じ単位になる。

## 1-3　希土類磁石の歴史

### 1. 磁石の高特性化

ここでは、現在最強のネオジム系焼結磁石（発明者・佐川眞人）が踏まえてきた永久磁石の歴史を概説する。

図 1-6 に歴代の代表的永久磁石の最大磁気エネルギー積 $(BH)_{max}$ の推移を示す。約 100 年の間に約 60 倍の $(BH)_{max}$ 向上がなされていることが分かる。図中、アルニコ 5, 8 系磁石と Ba 系 Sr 系のフェライト磁石、Sm-Co 系の $SmCo_5$ 型磁石を除いた磁石はすべて日本人による発明である。これぞ永久磁石は「日本のお家芸」と言われるゆえんである。

さて、本書のテーマである**希土類磁石**とは、**希土類金属**（Rare Earth Metal）R と 3d 属金属である Fe や Co との金属間化合物を主成分とする磁石のことである。構成成分的には飽和磁気分極 $J_s$ を高めるために Fe や Co の比率が高い金属間化合物であることが重要である。現在我が国で工業生産されている希土類磁石の組成系は 4 種類で、発明の古い順に並べると下記のようになる。

① $SmCo_5$ を代表とする 1-5 型サマリウム－コバルト系
② $Sm_2(Co,Fe,Cu,M)_{17}$（M=Zr, Ti, Hf など）を代表とする 2-17 型サマリウム－コバルト系（①と②との中間的組成になる 1-7 型も含む）
③ $Nd_2Fe_{14}B$ を代表とする 2-14-1 型ネオジム鉄ボロン系
④ $Sm_2Fe_{17}N_3$ や $SmFe_7N_x$ を代表とするサマリウム鉄窒化化合物系

現在の日本での生産量は、①は僅少、②は焼結磁石で数百 t、ボンド磁石（磁粉と樹脂の複合体の成形加工磁石）は僅少、③は焼結磁石とボンド磁石でそれぞれ最大規模、④はボンド磁石専用で数百 t である。その国内生産金額の推移を図 1-7 に示す。③の焼結磁石が金額面で最大であるが、ボンド磁石は日系企業の海外生産も多く、日本企業全体での総生産金額は伸張の傾向にある。ただし、生産金額は原料である希土類金属の価格が高騰している今日では、生産重量の推移と比例関係ではないので注意を要する。

第 1 章　磁気と磁石を理解しよう

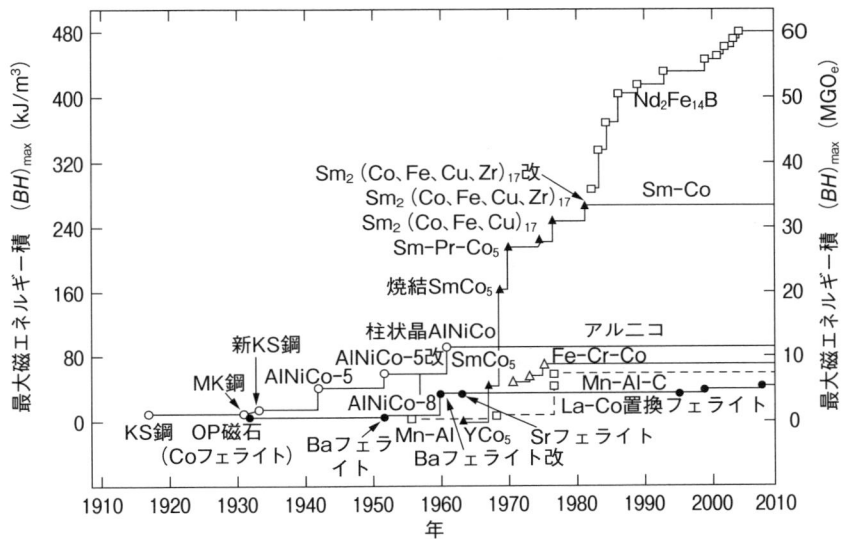

図 1-6　代表的な永久磁石の最大磁気エネルギー積 $(BH)_{max}$ の推移
(出典) 佐川眞人監修：「ネオジム磁石のすべて」、アグネ技術センター (2011年)

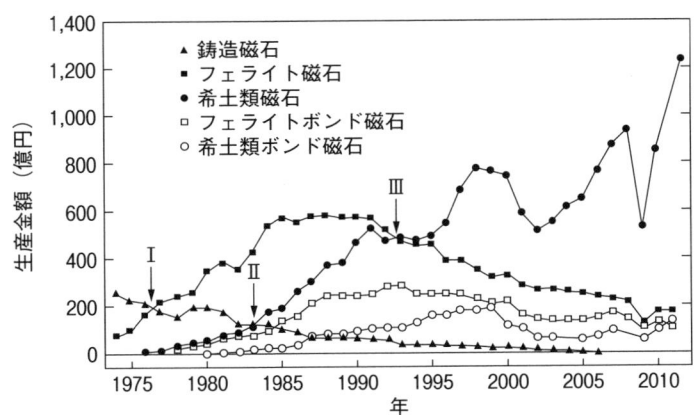

図 1-7　主な永久磁石の国内生産金額の推移

日本電子情報技術産業協会 (JEITA) と日本ボンド磁性材料協会 (BM協) の統計に基づき筆者が作図。2011 年の希土類磁石、希土類ボンド磁石 (筆者推定値) の金額は、原材料費の高騰により異常に高くなっていることに注意。図中の矢印↓は、生産金額のクロスポイント。

21

## 2. ネオジム磁石の発明秘話

　ここでは、ネオジム磁石（Nd系焼結磁石）がどのようにして生まれたのか、その発明のエピソードを述べる。

　発明者・佐川眞人によると、ネオジム磁石の発明はふとしたひらめきから始まっているという。実はNd系焼結磁石の誕生秘話には、筆者（浜野正昭）が思いがけずも一部関わっている。筆者が東北大学・金属材料研究所に在籍の頃、1978年の日本金属学会の希土類磁石のシンポジウムで講演した中で（その予稿集を図1-8に示す）、その頃、最先端の強力磁石として世界中で研究が行われていた希土類（R）の金属間化合物である$R_2Co_{17}$のコバルト（Co）を、飽和磁化がより高く、しかも廉価な鉄（Fe）に置き換えた$R_2Fe_{17}$は、残念ながらキュリー温度が低すぎて永久磁石には使えないと報告した。その理由として、結晶構造の一部に存在するFe-Feダンベル（亜鈴）構造（図1-9の左枠の結晶構造で上下に位置するペア原子）の鉄－鉄間距離が短すぎるためであると説明した。それを聞いた佐川は、「ならば、$R_2Fe_{17}$において炭素（C）やボロン（B）のような原子半径の小さい原子を間に入れれば、鉄－鉄間距離が延びてキュリー温度も上がるのではないか」という着想を得たと述懐している。

　佐川によれば、翌日から即実験を始め、新しい金属間化合物の発見は1978年の内に達成したが、それを磁石に適した合金組織に仕上げたのは1982年であるという。精細な結晶構造は発明の後しばらくして判明したが、佐川のひらめきの通りではなく、結果として優れた磁気特性を有する新規な結晶構造である三元系の正方晶$Nd_2Fe_{14}B$（図1-9の右枠）に辿り着いたわけである。

　ところで、佐川の当初のひらめきはあながち間違いではなく、現在でもボンド磁石用材料として使用されている窒化化合物$Sm_2Fe_{17}N_3$や$SmFe_7N_x$は$Sm_2Fe_{17}$や$SmFe_7$の鉄－鉄間に原子半径の小さい窒素を侵入させて距離を広げることにより、優れた磁気特性を実現している。いずれにしても、ネオジム磁石は、諸先達の磁石研究の営々たる歴史を踏まえて着想され発明され、そして急激に発展伸長してきたことは確かな事実である。

第1章 磁気と磁石を理解しよう

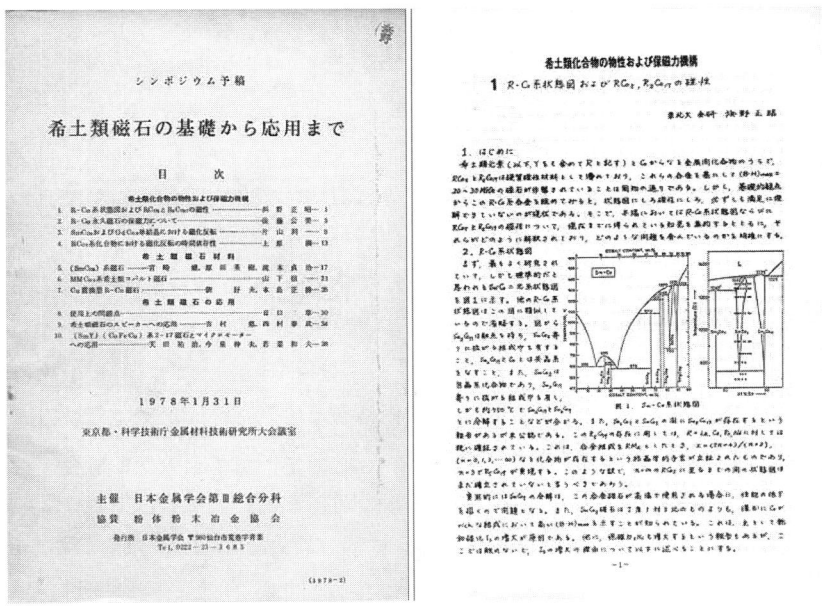

図1-8 1978年の日本金属学会シンポジウムにおける筆者（浜野正昭）の講演資料

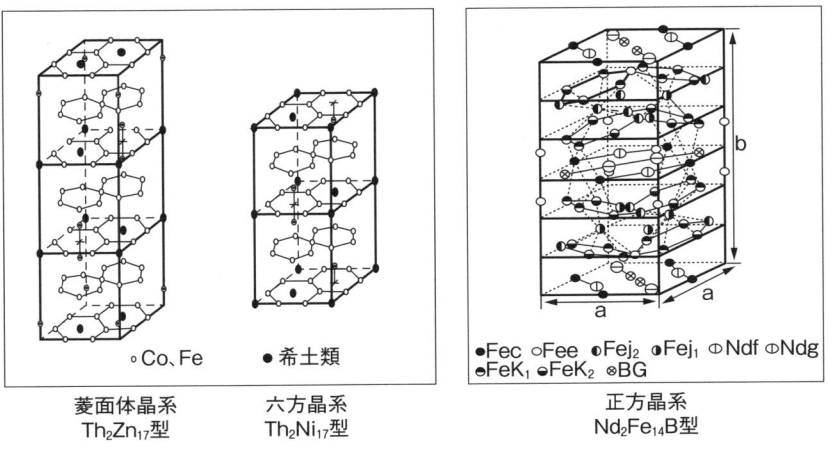

図1-9 $Sm_2Co_{17}$ や $Sm_2Fe_{17}$ を代表とする2-17型希土類金属間化合物と佐川により発明された新規な三元系の希土類金属間化合物（$Nd_2Fe_{14}B$）
（出典）佐川眞人ら編著：「永久磁石」、アグネ技術センター（2010年）

# 1-4　希土類磁石のここが問題

## 1．材料・製法の問題

　希土類磁石はその生産量から、ネオジム磁石が代表していると言って良い。ここでは、材料・製法の場からネオジム磁石の問題点を考えてみる。

　現在の知見では、ハード磁性材料の特徴である大きな保磁力の確保は、希土類元素を含む金属間化合物の大きな結晶磁気異方性を利用するしかないというのが定説である。磁石構成元素の観点からも、Sm-Co 系から Nd-Fe-B 系に移行したことにより、希土類磁石は原料価格面と磁気特性面が望ましい方向で落ち着いている。材料・製法に関する現在の問題点は下記のようになる。

　① ネオジム磁石発明から 30 年経つが次の新規な高性能磁石は出てこないか。
　② ネオジム磁石をより低コスト化する材料・製法面での工夫はないのか。
　③ 高温での磁石使用に応える保磁力増大策に関し、有効な解決策は何か。

　上記の①に関しては、希土類フリー（ゼロ）の組成探索も含めて、現在も様々な研究努力がなされている。特に次項の資源確保問題にからんで、公的資金を活用する研究開発が行われている。しかし、図 1-10 に示すように $Nd_2Fe_{14}B$ という金属間化合物の構成元素の比率バランスは絶妙であり、これ以上に Fe 比率が大きく高磁力で、かつ高保磁力を有する希土類金属間化合物を見出すのはそう簡単ではない。②の低製造コスト化はジスプロシウム（Dy）添加量の低減策を別問題にすれば、すでに 30 年の歴史でほぼ限界に近づいている。そして、③が最近の研究開発の焦点となっている。

　図 1-11 に示すように、そのアプローチの方法は二つある。一つは前述の結晶磁気異方性定数の大きい Dy を、資源問題を踏まえていかに効率良く削減して使用するかである。保磁力 $H_{cJ}$ は異方性磁場 $H_A$ に比例し、$H_A$ は結晶磁気異方性定数 $K_U$ に比例するからである。もう一つは、磁石組織を保磁力が発現しやすいように改善する方法である。主相の大きな異方性を十分に発揮させるためには、結晶サイズの微細化や粒界構造などの環境整備が必須である。

第1章 磁気と磁石を理解しよう

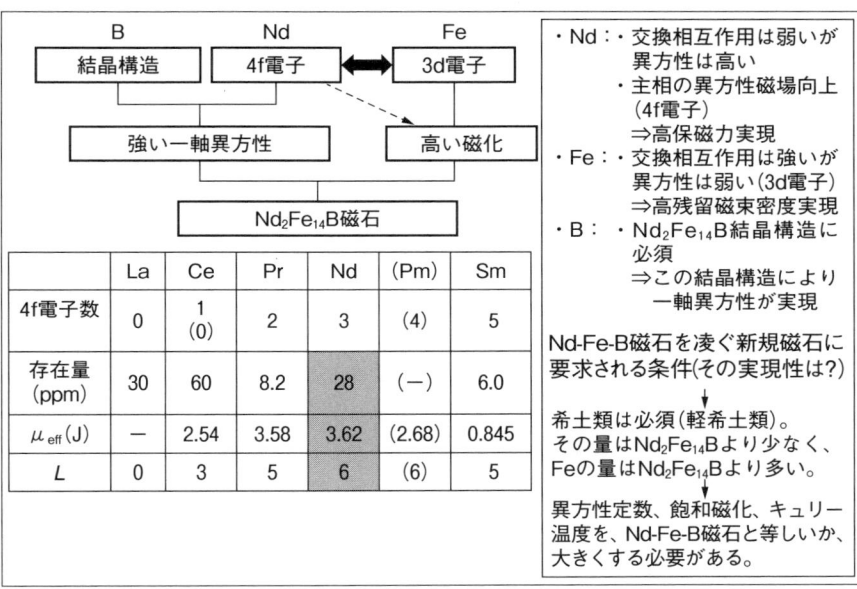

図1-10 ネオジム磁石を超える新規な高磁気特性磁石の出現の可能性は？
$\mu_{eff}$ (J) は希土類イオンの有効磁気分極、$L$ は軌道角運動量
(出典) 松浦裕：講演会資料「希土類会議シリーズ」(2012年2月14日)

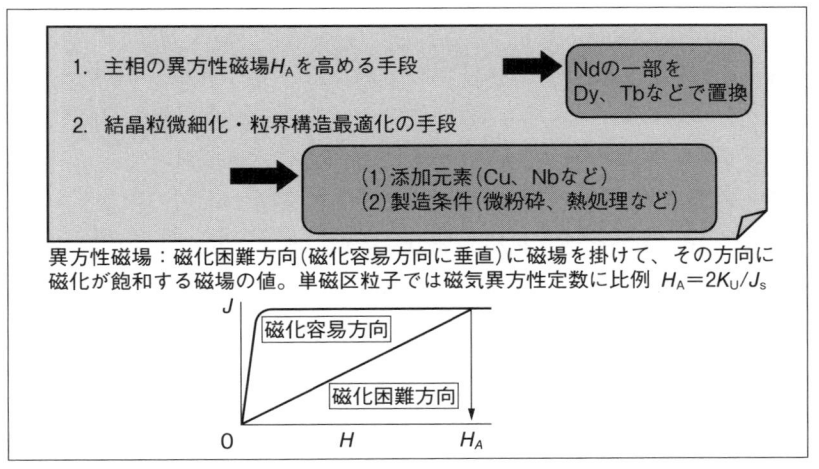

図1-11 ネオジム焼結磁石の高保磁力化の手段
(出典) 松浦裕：講演会資料「希土類会議シリーズ」(2012年2月14日)

## 2. 需要増大と資源確保の問題

　日本の総発電量の50％以上は、様々なモータ（電動機）により消費されていることはあまり知られていない。したがって、モータの電気効率を2％上げると中型の原発1基削減に相当すると言われている。ネオジム磁石の用途でモータ・発電機の比率は50％を越えているので、磁石が環境・省エネ分野で貢献度が高いことは徐々に周知されてきている。

　特に近年では、電気系自動車（HV、EV）の駆動用モータ・発電機、エアコンのコンプレッサモータにネオジム磁石を使用した高効率モータなどの適用が定着してきており、ネオジム磁石の量的必要性が高まっている。さらに洋上風力発電の機運も盛んでネオジム磁石の需要量は確実に増大する。ここで問題となるのが原料資源の必要量の確保である。

　ネオジム磁石は希土類元素であるNdを必須構成成分とし、Dyを保磁力（すなわち、根源的には異方性磁場や結晶磁気異方性の）増大の添加元素として使用している。保磁力を高めるのは、耐熱性を確保するためであり、自動車、室外機、風車はいずれも戸外で使用されるので、Dyは欠かせない添加元素となっている。そして現在、このDyは中国が唯一の生産供給国であり資源的に制約されているため、様々な問題や課題が発生している。

　図1-12にDy確保のための我が国の方策をまとめてみた。現在、この4本柱の方策が産官学を挙げて実行されている。そして、本書の後続の章で、備蓄を除く三項目に関して、それぞれの専門家が詳細に記述している。

　本章の終わりに際して、興味深い統計データを図1-13に掲げた。日本のGDP（国内総生産）と希土類輸入量の推移が、ほぼ完璧にリンクしているというデータである。本図作成者の平沼（東京財団）は、ものづくりで外貨を稼いでいる資源少国であり食料自給率の低い日本は、このチャンスを捉えて希土類の需要側と供給側の信頼・協力関係を再構築する時代であり、資源とビジネスの持続可能性を矛盾なく両立させる方策が求められていると強調している。まさに我が意を得たりである。

第 1 章 磁気と磁石を理解しよう

(1) 資源開発
　陸から海から、新たなDy含有鉱石を探索し資源開発する。
(2) 保磁力向上のためのリデュースと組織最適化
　①Dy添加使用量の削減、②Dyフリーな材料・製法の研究
　・必要最小限の使用量に抑える実験的検討。
　・結晶粒径の微細化や粒界構造の最適化
(3) リサイクルとリユースの促進
　使用済み製品からのリサイクルシステムの確立とリユース可能な部品設計と用途の開発。
(4) 備蓄
　産官で極秘裏に備蓄を進め、最低でも1年分は確保したい。

図1-12　ネオジム磁石用ジスプロシウム（Dy）確保の方策の4本柱

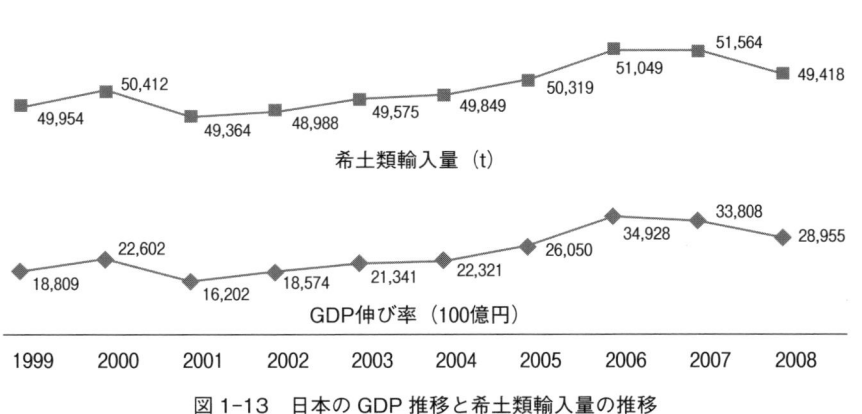

希土類輸入量（t）

| 年 | 1999 | 2000 | 2001 | 2002 | 2003 | 2004 | 2005 | 2006 | 2007 | 2008 |
|---|---|---|---|---|---|---|---|---|---|---|
| 希土類輸入量(t) | 49,954 | 50,412 | 49,364 | 48,988 | 49,575 | 49,849 | 50,319 | 51,049 | 51,564 | 49,418 |
| GDP伸び率(100億円) | 18,809 | 22,602 | 16,202 | 18,574 | 21,341 | 22,321 | 26,050 | 34,928 | 33,808 | 28,955 |

図1-13　日本のGDP推移と希土類輸入量の推移
（出典）平沼光（東京財団）：講演会資料「希土類会議シリーズ」（2012年2月14日）

# 第2章

# 希土類磁石の材料科学

## 2-1 希土類磁石の材料

フェライト磁石に始まる近代磁石とそれ以前の材料とを分ける材料物性は、**結晶磁気異方性**である。フェライト磁石以前の磁石材料では、磁石の基本性能である保磁力の源泉を形状磁気異方性に求めざるを得ず、その結果として磁石の形状は、磁極間の距離を離すべく縦長の棒や馬蹄形のような形状にしておく必要があった。高い結晶磁気異方性を利用した高保磁力の永久磁石材料が登場したことにより、前近代の材料が自己減磁作用から逃れるために受けていたそのような形状の制約から解放され、磁気回路の小型化が可能となって初めて、種々の応用分野が開拓されたことを重要な視点として強調したい。Nd-Fe-B系焼結磁石（ネオジム磁石）が1980年台半ばに生産開始された直後からその新規用途開拓が試みられ、民生用携帯電子機器分野で市場を切り開いたが、それらの用途では磁石は厚み方向に磁化方向が向いている扁平あるいはモータのロータに張り付けられるようにカーブした板の形状をしている（図2-1）。

希土類磁石は、1960年代にアメリカ合衆国で希土類金属が比較的高純度で得られるようになり種々の金属間化合物や合金の物性が研究されるようになった中で、海軍研究所のスツルナット（Strnat）らがコバルト（Co）と希土類元素との金属間化合物に永久磁石材料としてきわめて有望な磁性を示す化合物を見出したことでその歴史が始まった。その研究はサマリウム・コバルトファイブ（$SmCo_5$）磁石として結実し、高性能化研究の中から1970年代に2-17型と呼ばれるサマリウム（Sm）、コバルト、鉄（Fe）、銅（Cu）、ジルコニウム（Zr）などからなる$Sm(Co-Fe-Cu-Zr)_n$（nはおよそ7.5～8）という多成分系の磁石が生まれた。これらのコバルトベースの磁石は、当時は高価な材料であり、広く民生機器に利用されるには至らなかった。そして、1970年代の終わりから1980年代初めにかけて、国際情勢の変化によってCoの価格が高騰し、コバルトフリーの磁石材料が渇望されるようになった。

その中で、1983年にアメリカのジェネラルモータースのJ.J.クロアト

第 2 章　希土類磁石の材料科学

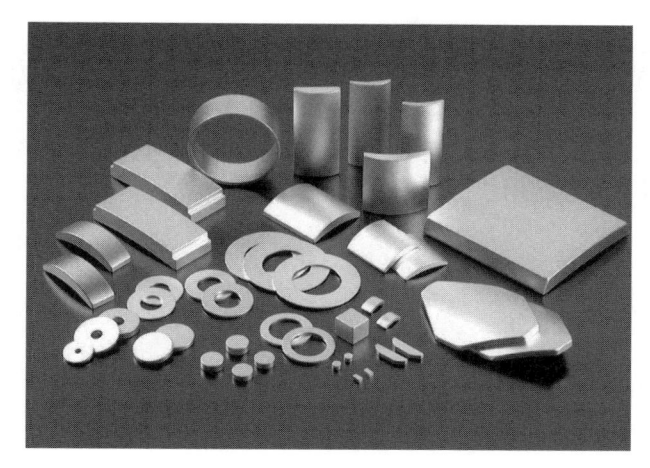

図 2-1　ネオジム焼結磁石の形状〔日立金属(株)提供〕

(Croat) と日本の住友特殊金属の佐川眞人らが同時にネオジム (Nd)、鉄、ホウ素 (B) からなる新規な三元化合物をベースにした磁石を発表し、希土類磁石材料の歴史を塗り替えた。この三元化合物は、その直後にアメリカの研究グループにより $Nd_2Fe_{14}B$ という化合物であることが明らかにされた。この物質は、それまで知られていた希土類元素を含む金属間化合物とは類似性を持たない新規な結晶構造を有し、ホウ素が存在して初めて生成する三成分の新化合物であった。

その後、三成分系新化合物の探索が盛んに行われ、1990 年に Sm、Fe、窒素 (N) から成る物質が永久磁石材料としてきわめて有望な磁性を有することが、旭化成の研究グループとアイルランド、トリニティー大学の J. M. D. コーイ (Coey) 教授のグループにより、ほぼ同時に独立に見出された。この物質は、当時すでに知られていた化合物 $Sm_2Fe_{17}$ の結晶格子の原子間位置に窒素原子を挿入した構造を持つことから、**元素侵入型化合物**と呼ばれる。高温にさらすと窒素原子が格子間位置を抜け出して Sm と結合し、より安定な化合物に熱分解するという弱点があり、今日では樹脂などを結合材として金型内で成形固化して製造される**ボンド磁石**として実用化されている。

## 2-2 希土類磁石が高特性を発揮するメカニズム

### 2-2-1 希土類化合物の磁気的な硬さ

結晶磁気異方性は、永久磁石に用いる物質のように特定の結晶方向に磁化が向きやすい性質を内部エネルギーの磁化方向の角度依存性として、

$$E_A = K_1 \sin^2\theta \quad \cdots\cdots\cdots\cdots (2.1)$$

のように表現する。実際には $\sin^4\theta$ などの高次項があるが、本書では無視する。

この係数 $K_1$ を**磁気異方性定数**と呼んでいる。$\theta$ は、結晶の主軸と磁化の方向がなす角度である。**結晶の主軸**は回転対称性が最も高い軸のことで、六方晶や正方晶ではc軸（すなわち、ミラー指数で書くと［0001］あるいは［001］方向）である。$\sin\theta$ は $\theta = 0$ の時0であるから、$K_1$ が正の値をとる場合は $\theta = 0$ の方向、すなわち主軸方向に磁化が向く場合に最もエネルギーが低くなり、磁化をその方向から傾けるとエネルギーが高くなるので、式（2.1）は $\theta = 0$ の方向に戻る力（トルク）が働くことを意味する。磁気異方性の起源にはいくつかあるが、材料の内部エネルギーとして結晶構造に依存した物質固有の磁気異方性定数を特に**結晶磁気異方性定数**と呼ぶ。

永久磁石材料における結晶磁気異方性定数 $K_1$ の重要性は、磁石が外部に作る磁界によって生じる自己エネルギーに打ち勝つだけの内部エネルギー、すなわち**磁気異方性エネルギー**を持たないと自分が作る磁界で自分自身を消磁してしまう結果になると考えると理解できる。自分が作る磁界で自分自身を消磁しようとする作用を**自己減磁作用**という。本章では磁石材料の磁気的な「硬さ」を表現するために、自己減磁作用の主要原因である磁石自身が持つ静磁気エネルギー $(1/2)\mu_0 J_s^2$ との比率から導かれる無次元パラメータ

$$\kappa = \sqrt{(\mu_0 K_1 / J_s^2)} \quad \cdots\cdots\cdots\cdots (2.2)$$

を定義することにし[2]、**磁気的硬さ指数**と呼ぶこととする。（2.2）式の平方根の中は異方性磁界 $(2K_1/J_s)$ の2分の1をテスラ単位に換算した値を飽和磁気

第 2 章　希土類磁石の材料科学

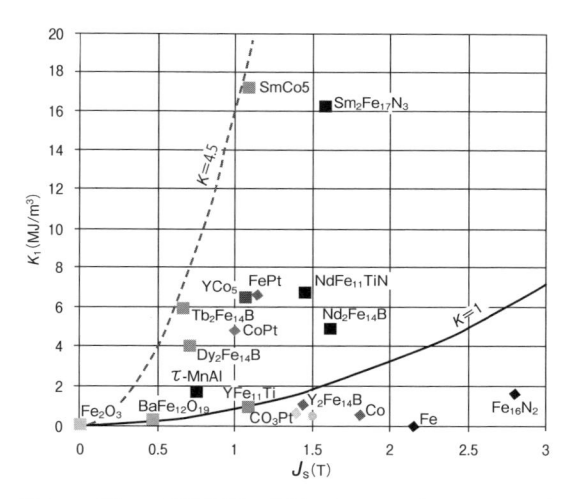

図 2-2　種々の磁性材料の室温における $J_s$ と $K_1$ のマップ、および $\kappa=1$（実線）と $\kappa=4.5$（点線）の等高線

分極 $J_S$（単位はテスラ）で割った無次元量になっていて、異方性磁界と磁化との比とみなすこともできる。

図 2-2 に種々の磁性材料の室温における $J_S$ と $K_1$ のマップを示し、$\kappa$ の等高線を図中に記した。近代磁石材料（$\kappa>1$）とそれ以前の磁石材料（$\kappa<1$）の境界を $\kappa=1$ であるとして実線で記した。現在実用されているすべての高保磁力磁石材料は室温で $\kappa>1.4$ の領域にある。また、同型化合物（たとえば $Nd_2Fe_{14}B$ と $Dy_2Fe_{14}B$）の混晶〔左記の例に対しては $(Nd_{1-x}Dy_x)_2Fe_{14}B$〕については、その $K_1$ と $J_s$ の値は一次近似として算術平均値となり、図 2-2 のように図をリニアスケールで表記すれば両端化合物を結んだ線分の混合比に応じた内分点に位置する。

磁気的硬さ指数が大きい物質が自動的に永久磁石になるのではないが、重要な点は、磁石材料の一次的に重要な機能である磁束の供給のためには、磁石材料が大きな飽和磁気分極 $J_s$ を持つことが性能を決定づけるのに対して、$J_s$ を大きくすると（2.2）式から磁気的硬さ指数 $\kappa$ は小さくなってしまうという点である。$\kappa$ 値を高めるには大きな $K_1$ を有している必要があり、希土類磁石材

料ではその源泉を希土類イオンの磁気異方性に負っている。

ここで、希土類イオンの磁気異方性について説明する。希土類イオンは、イオンの磁性を担う 4f 殻の電子がイオンの比較的内部にあって単一原子の状態をほぼ保ち、その電荷密度の空間分布が球対称ではなく、葉巻のように縦長であったり、あんぱんのように扁平な形状であったりする。その電子密度のいびつさが、結晶格子の中で隣接している他の原子やイオンの存在が原因となってできる電界の中で力を受けて、結晶の特定の方向に向きやすくなることにより磁気異方性が生じる。このように、磁気異方性に関してならば希土類イオンをほぼ単一の原子として取り扱えることから、**単イオン異方性**、あるいは**シングルイオン異方性**と言われることもある。これは、鉄族遷移金属の磁性を担う 3d 電子が周囲の原子の荷電子と直接結合して原子状態の軌道の形をほぼ完全に失っているのと対照的である。

**希土類元素**という語は、原子番号が 57 のランタン（La）から 71 のルテシウム（Lu）までのランタン系列の元素を指す〔時には 39 番のイットリウム（Y）などを含める場合もある〕。ランタン系列の元素は 4f 殻の電子軌道に 0 個から 14 個の電子が入り、0 個が La、14 個が Lu に対応する。

**表 2-1** にランタン系列の各元素の 4f 殻の電子配置を記す。物質中では外郭にある 5d および 6s 軌道の電子が外れるので 2 価または 3 価のイオンになるが、通常、希土類イオンは 3 価である。セリウム（Ce）は金属中では 4f 電子が伝導バンドに出て 4 価となり、4f 軌道が空になってしまう場合が多い。

それぞれのイオンの 4f 電子の空間分布を**図 2-3** に示す。4f 電子雲の縦または横に広がった非球対称の電荷分布が、結晶中にある隣接原子あるいはイオンの電荷および 4f 電子の外側にある価電子の電荷が作る静電場（これを特に**結晶場**という）と相互作用をして、4f 電子の軌道が結晶格子の特定の方向に向きやすくなる。その結果、希土類元素を含む化合物は磁気的規則化状態で大きな結晶磁気異方性を示す。

なお、希土類系ハード磁性化合物では 3d 遷移金属副格子も比較的大きな結晶磁気異方性を有しており、$YCo_5$ や $Y_2Fe_{14}B$ などのように 4f 電子を持たない

# 第2章 希土類磁石の材料科学

**表2-1** ランタン系列の希土類イオンの電子配置と合成軌道角運動量量子数 $L$、合成スピン角運動量量子数 $S$、合成全角運動量量子数 $J$ の値

矢印は軌道量子数 $l_z$ の各軌道に入る電子のスピン角運動量の向きを示す。合成角運動量指数は表の左にある $l_z$ の和、合成スピン角運動量は ↑1個当たり $1/2$、↓1個当たり $-1/2$ を合算したものである。合成全角運動量量子数 $J$ は、系列の前半（電子数 0 から 6 まで）は $L$ と $S$ とが逆方向を向くので、両者の差、系列の後半（電子数 7 から 14 まで）は $L$ と $S$ との和になる。

|  |  | 電子数 | | | | | | | | | | | | | | |
|---|---|---|---|---|---|---|---|---|---|---|---|---|---|---|---|---|
|  |  | 0 | 1 | 2 | 3 | 4 | 5 | 6 | 7 | 8 | 9 | 10 | 11 | 12 | 13 | 14 |
| $l_z$ | 3 |  | ↑ | ↑ | ↑ | ↑ | ↑ | ↑ | ↑ | ↑↓ | ↑↓ | ↑↓ | ↑↓ | ↑↓ | ↑↓ | ↑↓ |
|  | 2 |  |  | ↑ | ↑ | ↑ | ↑ | ↑ | ↑ | ↑ | ↑↓ | ↑↓ | ↑↓ | ↑↓ | ↑↓ | ↑↓ |
|  | 1 |  |  |  | ↑ | ↑ | ↑ | ↑ | ↑ | ↑ | ↑ | ↑↓ | ↑↓ | ↑↓ | ↑↓ | ↑↓ |
|  | 0 |  |  |  |  | ↑ | ↑ | ↑ | ↑ | ↑ | ↑ | ↑ | ↑↓ | ↑↓ | ↑↓ | ↑↓ |
|  | −1 |  |  |  |  |  | ↑ | ↑ | ↑ | ↑ | ↑ | ↑ | ↑ | ↑↓ | ↑↓ | ↑↓ |
|  | −2 |  |  |  |  |  |  | ↑ | ↑ | ↑ | ↑ | ↑ | ↑ | ↑ | ↑↓ | ↑↓ |
|  | −3 |  |  |  |  |  |  |  | ↑ | ↑ | ↑ | ↑ | ↑ | ↑ | ↑ | ↑↓ |
| $L=\Sigma l_z$ | | 0 | 3 | 5 | 6 | 6 | 5 | 3 | 0 | 3 | 5 | 6 | 6 | 5 | 3 | 0 |
| $S=\Sigma s_z$ | | 0 | 1/2 | 1 | 3/2 | 2 | 5/2 | 3 | 7/2 | 3 | 5/2 | 2 | 3/2 | 1 | 1/2 | 0 |
| $J$ | | 0 | 5/2 | 4 | 9/2 | 4 | 5/2 | 0 | 7/2 | 6 | 15/2 | 8 | 15/2 | 6 | 7/2 | 0 |
|  | | | $\|L-S\|$ | | | | | | | $\|L+S\|$ | | | | | | |
| イオン | | $La^{3+}$ $Ce^{4+}$ | $Ce^{3+}$ | $Pr^{3+}$ | $Nd^{3+}$ | $Pm^{3+}$ | $Sm^{3+}$ | $Eu^{3+}$ $Sm^{2+}$ | $Gd^{3+}$ | $Tb^{3+}$ | $Dy^{3+}$ | $Ho^{3+}$ | $Er^{3+}$ | $Tm^{3+}$ | $Yb^{3+}$ | $Lu^{3+}$ $Yb^{2+}$ |

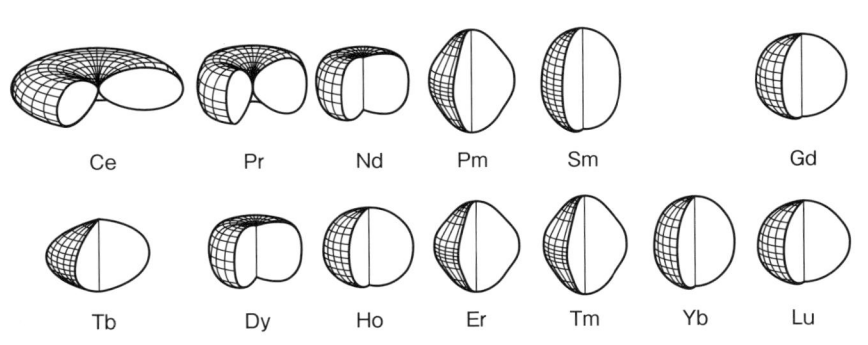

**図2-3** 希土類イオン（3価）の4f殻電子の空間密度の形状（誇張して描画されている）[1]

化合物もそれぞれ $6.5\,\mathrm{MJ/m^3}$、$1.1\,\mathrm{MJ/m^3}$ のように、3d 電子が担うものとしては比較的大きな結晶磁気異方性定数を持つ。

## 2-2-2 希土類磁石の保磁力

　希土類磁石の磁気的硬さの源泉は希土類イオンの内部にある 4f 電子の電荷分布の空間分布の異方性にあり、その性質が原子番号に従って 4f 殻にいくつの電子があるかによって決まるということを説明した。しかし、物質が十分な磁気的硬さを持つ（すなわち、$\kappa$ が 1 より十分大きい）ことと、その材料が十分に大きな保磁力を有することとは同じではない。磁性体の保磁力はその内部の微視的な構造によって支配され、物性値だけでは記述できない。希土類磁石の場合も、大きな $\kappa$ 値を示すだけでは十分ではなく、その材料組織を適正化しなければ保磁力が発現しない。もちろん、大きな $\kappa$ 値を持つことは高い保磁力を持つために必要であり、Nd-Fe-B 磁石では、Nd の一部を Tb や Dy で置換して $\kappa$ 値を高めている（図 2-2 の $Tb_2Fe_{14}B$ や $Dy_2Fe_{14}B$ の位置を参照）。

　保磁力の発現機構は後の節で詳しく論じられる。ここでは、我々が「微視的な構造」とか「材料組織」と言っている構造・組織のサイズとして、どの程度の大きさを考えればよいのかについて述べたい。

　まず**表 2-2** を見ていただきたい。機能材料の性能と密接に関係している特徴的な長さは**特性長**と呼ばれるが、磁石の保磁力を論じる際に重要な磁気的特性長は、**磁壁の厚さ**（磁壁幅とも言う）と整合回転臨界径（コヒーレント回転臨界径）である。希土類磁石における典型的な磁壁の厚さはおよそ 4 nm、整合回転臨界径は磁性体を連続体とみなす計算によれば、およそ 20 nm 以下である。**整合回転**とは、磁性体の磁化（これは大きさと方向とを持つ量、すなわちベクトル量である）が材料の中で向きをそろえて一斉に方向を変えるということを表現する言葉であり、**一斉回転**とも呼ばれる。すなわち、磁化を単一のベクトル量で表す多くの取り扱いは磁化の整合回転を仮定していることになる。しかし、整合回転というのは特殊な状況であって、小さなサイズの中でしか起こらない。磁性体を連続体とみなせる場合における、そのサイズの上限値が整

## 第2章 希土類磁石の材料科学

表2-2 代表的強磁性金属および化合物の磁性を記述するパラメータと磁気的特性長の値

| 物質名 | $J_s$ (T) | 変換スティフネス $A$ (pJ/m) | $K_1$ (MJ/m³) | 磁壁幅 $\pi\sqrt{A/K_1}$ (nm) | 一斉回転臨界径 $4\sqrt{6\mu_0 A/J_s^2}$ (nm) | 単磁区粒子臨界径 (nm) |
|---|---|---|---|---|---|---|
| Fe | 2.15 | 8.3 | 0.05 | 40.5 | 15 | 12 |
| Co | 1.81 | 10.3 | 0.53 | 13.8 | 20 | 8 |
| Ni | 0.62 | 3.4 | −0.005 | 81.9 | 33 | 32 |
| $BaFe_{12}O_{19}$ | 0.47 | 6.1 | 0.33 | 13.5 | 66 | 660 |
| $SmCo_5$ | 1.07 | 22 | 17.2 | 3.6 | 48 | 1500 |
| $Nd_2Fe_{14}B$ | 1.60 | 7.7 | 4.5 | 3.9 | 19 | 210 |
| $Sm_2Fe_{17}N_3$ | 1.57 | 11.5 | 8.6 | 3.6 | 24 | 380 |

合回転臨界径である。それを超える大きさの磁性体では、もはや材料の磁化がどこでも同じ方向と言うことができなくなり、例えば材料の端と他の側の端とでは方向が異なった状態が起こり得る。

大きな磁性体では、材料内部が磁化の方向の異なる多数の領域に分かれて、材料の外に磁界が発生しないような、材料内の磁化が領域ごとに方向を変えた状態がエネルギーが低い自然な状態であり、その多数の領域の一つ一つを**磁区**と呼んでいる。そして、隣り合う磁区の境界面を**磁壁**と呼ぶ。孤立した強磁性粒子が外部磁界ゼロの状態にある時に、磁性体内に磁壁が1枚ある状態（すなわち、2つの逆向きの磁区に分かれた状態）と、磁区が形成されずに単一の磁区だけの状態との、エネルギーが拮抗するような臨界径を**単磁区臨界粒子径**と呼び、その大きさは希土類磁石化合物では数百nmである。ここで大きな磁性体と言ったのは、単磁区臨界径程度以上のサイズの磁性体のことである。

強磁性物質を磁石として使うためには、磁石全体が同じ向きの磁区を持つ状態にする必要がある。そのためには、磁石を強い磁界の中に置いて、材料内が外部磁界の方向に磁化した磁区だけになるようにした後に、磁界から遠ざけても磁化方向と逆向きの磁区が生成しないとか、逆向きの磁区が生成しても磁壁が材料の中の何らかの構造物に引っかかって容易に運動できないとかの理由に

よって、エネルギーの低い元の多数の磁区に分かれた状態（**多磁区**）に戻らないような状況を作る必要がある。これが実現できるのは、磁石内に磁化の反転が始まり磁化反転した領域（**逆磁区**）が磁石内を伝搬拡大することを阻止するような材料組織が存在するからである。整合回転臨界径よりも小さな磁区は安定には存在しないはずであるし、磁壁と相互作用するような材料内の構造物の大きさは磁壁と同じようなサイズのものであるはずなので、磁気特性長の1 nm～10 nmのサイズで磁石の材料組織の特徴的な長さ（例えば、結晶粒のサイズや結晶粒界の幅、析出物の大きさなど）が制御されて初めて、その磁石材料に十分大きな保磁力が付与されることになる。次節に希土類磁石の材料組織の例をいくつか示す。

### 2-2-3 希土類磁石の微細組織

代表的な希土類磁石材料の典型的組織を**図2-4**～**図2-9**に示す。

**図2-4**は2:17型Sm–Co磁石の組織の透過型電子顕微鏡像である。2:17系Sm–Co磁石は添加元素としてFe、Cu、Zrなどを含み、CuおよびZrの添加により薄いSm(Co, Cu)$_5$の壁で仕切られたSm$_2$(Co, Fe, Cu, Zr)$_{17}$の微細なセル状の組織が形成される。これらの相は格子整合していて、六方晶のc軸（すなわち[0001]方向）を共有している。

図2-4の(a)、(c)は2:17化合物のc軸を含む面の透過像、(b)、(d)はc軸に垂直な面の透過像である。このセル組織はおよそ800℃の熱処理で生成するが、保磁力はその後の除冷却過程でCuが次第にSmCo$_5$相の中に移動してセル壁のCu濃度が増加する結果発現する。(a)、(b)は820℃で熱処理した後の金属組織、(c)、(d)は520℃で熱処理して高保磁力化した後の組織である。(a)、(c)の中のc軸に垂直な平行線はZrリッチプレートレットと呼ばれるc軸に垂直な板状相である。

**図2-5**はNd–Fe–B系焼結磁石の組織の走査型電子顕微鏡による反射電子線像である。Nd–Fe–B系焼結磁石は500℃～600℃で熱処理をして保磁力を高めたものが製品として用いられる。

第 2 章　希土類磁石の材料科学

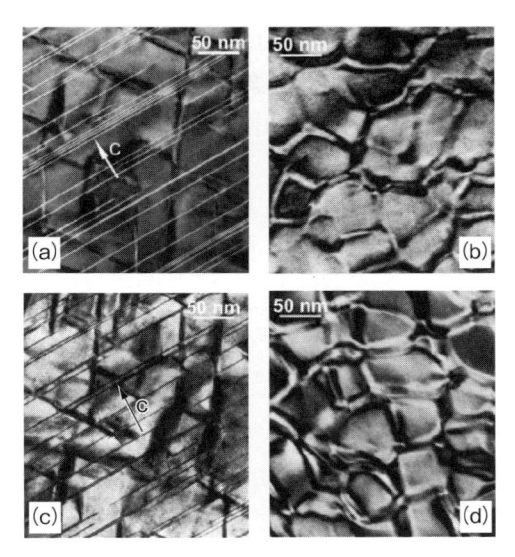

図 2-4　2:17 型 Sm-Co 磁石〔Sm(Co$_{0.72}$Fe$_{0.20}$Cu$_{0.055}$Zr$_{0.025}$)$_{7.5}$〕の組織の透過型電子顕微鏡像[2]
(a)、(b)：820 ℃から急冷後。(c)、(d)：520 ℃から急冷後。

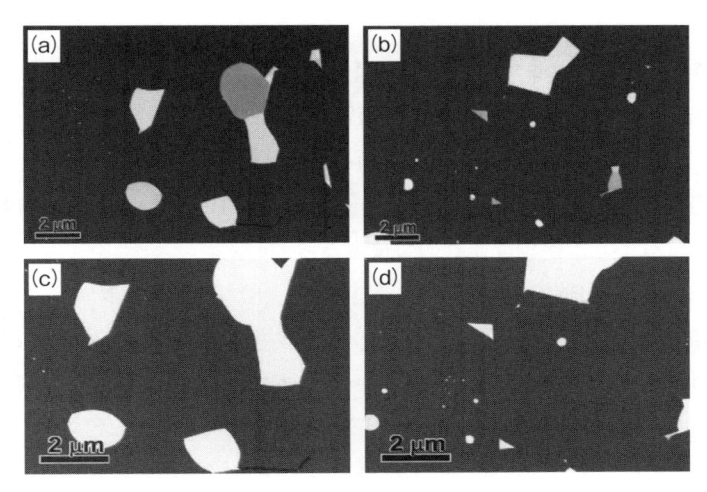

図 2-5　Nd-Fe-B 系焼結磁石（Nd$_{11.7}$Pr$_{2.8}$Fe$_{76.8}$B$_{6.0}$Al$_{0.5}$Cu$_{0.1}$O$_{2.1}$）の組織の走査型電子顕微鏡による反射電子線像[3]
(a)、(c)：焼結直後。(b)、(d)：最適熱処理後。

図2-5の（a）と（c）は熱処理前、（b）と（d）が熱処理後の組織を示している。図の白く見える部分は反射電子線強度の高い部分、すなわち重い元素を多く含む部分であり、Ndリッチ相と呼ばれる。この部分は主としてNdの酸化物および金属Ndであり、その他にも、AlやCuなどの添加元素とNdとの低融点共晶反応の生成物であるNdCuなどの化合物を含み、その組織は熱履歴によっても多種多様である。最も濃いグレイの部分が主相の$Nd_2Fe_{14}B$型化合物であり、その結晶粒界がやや明るいコントラストで見えることから、結晶粒界部分のNd濃度が高くなっていることがわかる。熱処理後に粒界の部分の明るいコントラストがより明瞭になることから、熱処理による保磁力の向上は$Nd_2Fe_{14}B$粒子間の結晶粒界にNdがより多く侵入することと関係があると考えられる。特に、0.1％というような微量のCuが熱処理工程での結晶粒界へのNdの侵入を促進することが知られている。

熱処理後の結晶粒界におけるCuのプロファイルも三次元アトムプローブ法により測定されていて、Cuが主相最表面に張り付くように偏在していることから、熱処理過程でCuがNdと主相間の界面エネルギーを下げることにより粒界へのNdの侵入を促進するのではないかと推定される。最近、結晶粒界のNd濃度が、アトムプローブや走査型透過電子顕微鏡に装着したエネルギー分散型検出器を用いた解析により測定され、30原子パーセント程度と意外と低く、FeおよびCoを60〜70％も含むことが明らかになった。このことから、結晶粒界部分が強磁性を有している可能性が指摘され、Nd-Fe-B系焼結磁石の保磁力発現メカニズムが再度研究の対象となっている。

図2-6は、Nd-Fe-B超急冷凝固磁石（a）、（b）および、ホットプレス成形後熱間塑性加工した磁石（c）の組織の透過型電子顕微鏡像である。超急冷凝固で得られる微結晶合金の結晶方位はランダムで特定の方向に磁化容易方向が向いていないという意味で等方性である。この磁石の結晶粒径はおよそ20nm〜50nmで極めて微細である。これをホットプレスにより緻密化した後にダイアップセット法で圧下して熱間塑性変形を加えた磁石（c）では、結晶がc軸（紙面上下方向）に垂直な方向に成長した板状結晶がc軸方向に積み重なった

第 2 章 希土類磁石の材料科学

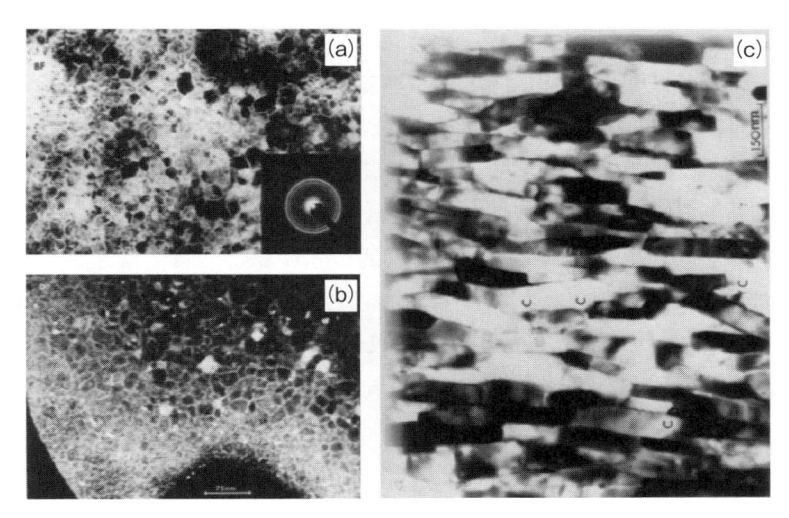

図 2-6 Nd-Fe-B 超急冷凝固磁石 (a)、(b)、およびホットプレス成形後熱間塑性加工した磁石 (c) の組織の透過型電子顕微鏡像[4]

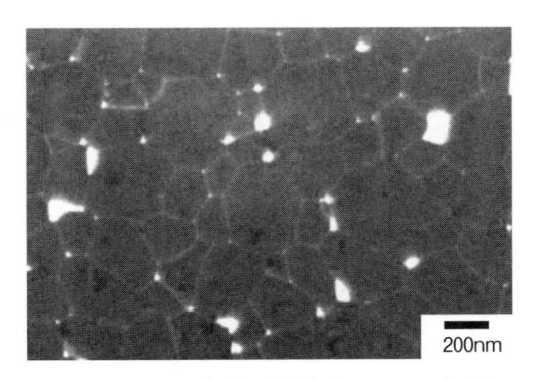

図 2-7 HDDR 処理で得られた Nd-Fe-B 磁石 ($Nd_{12.5}Fe_{73}Co_8B_{6.5}$) の組織の走査型電子顕微鏡による反射電子線像[5]

ような異方的組織を呈し、磁化容易方向である c 軸の向きがそろった異方性の磁石になっている。

図 2-7 は、HDDR 処理（後述）で得られた Nd-Fe-B 磁石（$Nd_{12.5}Fe_{73}Co_8B_{6.5}$）

の組織の走査型電子顕微鏡による反射電子線像である。像の印象は図2-5とよく似ていて、グレイの主相結晶粒子、明るく見えるNdリッチ相とNd濃度の高い結晶粒界によって構成されているが、組織のサイズが焼結磁石よりも約1桁小さい。主相の中にところどころ黒い斑点のような部分があるのは反応過程の残留Feの結晶で、その量は処理条件によって変化する。主相結晶粒の形状は特定の方向への広がりを持たない等軸的なものであるが、c軸方向がある程度配向したものが作製可能であり、異方性の磁石が得られている。HDDR処理で得られる異方性のNd-Fe-B系磁石はボンド磁石の原料粉末として用いられるほか、その結晶組織が微細なことを利用して、高保磁力磁石の実現に利用する検討も進められている。

図2-8は、Ueharaらによって作製された[Nd-Fe-B/Ta]多層膜(5層)の組織の走査型電子顕微鏡像である。加熱基板上に作製したNd-Fe-B系多結晶薄膜は$Nd_2Fe_{14}B$結晶相のc面が基板に平行に成長し、c軸が膜面に垂直に立った垂直磁化膜になることが知られている。図2-8の多層膜は、Ta相を周期的に挟むことにより$Nd_2Fe_{14}B$相の結晶粒子の大きさを適切な範囲に制御し、高保磁力と高い結晶配向性を共に実現した高性能異方性薄膜磁石である。100層程度積層すれば$20\mu m$程度の厚さの薄い磁石が得られ、微小電気機械素子(Micro Electro Mechanical System:MEMS)の磁石部材としての応用が期待される。

図2-9は、Zhangらによって作製された$Sm(Co-Cu)_5/Fe-Co$多層膜の断面組織の透過型顕微鏡像である。この磁石膜はハード磁性化合物$Sm(Co, Cu)_5$と高磁化のFe-Co合金とで構成された交換結合ナノコンポジット磁石の実現例の一つで、$SmCo_5$単相磁石の理論限界値を超えた磁気エネルギー積を実現した実験例として知られている。$Sm(Co, Cu)_5$相の磁化容易方向は膜面内を向いている。

### 2-2-4 希土類化合物の磁化とその温度変化

表2-3に、ハード磁性を示し希土類磁石の主相となり得る主な希土類化合

第 2 章　希土類磁石の材料科学

(a) 二次電子線像　　　　(b) 反射電子線像

図 2-8　[Nd-Fe-B/Ta] 多層膜（5 層）の組織の走査型電子顕微鏡像[6]

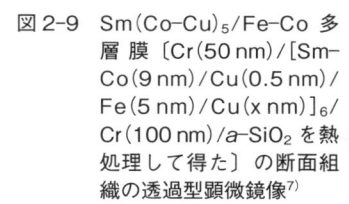

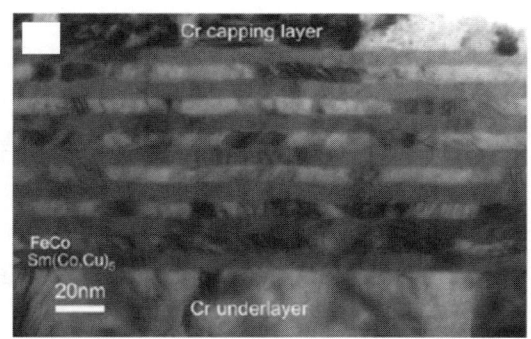

図 2-9　Sm(Co-Cu)$_5$/Fe-Co 多層膜〔Cr(50 nm)/[Sm-Co(9 nm)/Cu(0.5 nm)/Fe(5 nm)/Cu(x nm)]$_6$/Cr(100 nm)/$a$-SiO$_2$ を熱処理して得た〕の断面組織の透過型顕微鏡像[7]

表 2-3　代表的な希土類磁石の主相となる化合物の磁性パラメータの値

| 化合物 | $J_S$(T) | $K_1$(MJ/m$^3$) | $H_A$(MA/m) | キュリー温度(K) | 備　考 |
|---|---|---|---|---|---|
| Nd$_2$Fe$_{14}$B | 1.60 | 4.5 | 5.3 | 586 | 130K 以下でスピン再配列 |
| Pr$_2$Fe$_{14}$B | 1.56 | 5.5 | 6.9 | 569 | |
| Dy$_2$Fe$_{14}$B | 0.712 | 5.4 | 11.9 | 598 | |
| SmCo$_5$ | 1.07 | 17.2 | 28 | 1,000 | |
| Sm$_2$Co$_{17}$ | 1.25 | 3.2 | 5.1 | 1,193 | 2-17 型 Sm-Co 磁石の主相 |
| Sm$_2$Fe$_{17}$N$_3$ | 1.54 | 8.6 | 20.7 | 746 | 約 500 ℃で熱分解 |
| NdFe$_{11}$TiN | 1.45 | 6.7 | 9.6 | 729 | 約 450 ℃で熱分解 |

物の磁性パラメータを示す。磁石材料が使用される温度環境は、特殊な用途を除けば、冷間地では−40℃、自動車のエンジン近傍で使用されるハイブリッド自動車用の駆動モータや発電機では200℃と言われる。磁石の主相とする希土類化合物には、このような広い温度範囲での磁化および磁気異方性の安定性が求められる。本節では磁化とその温度変化について述べる。

希土類磁石が優れた磁気特性を示すのは、単に結晶磁気異方性が高いだけではなく、その磁化（磁気分極）が大きいからである。磁石材料の代表的な性能指数である最大磁気エネルギー積 $(BH)_{max}$ の値は、理想的に角張ったヒステリシス曲線を想定しても、残留磁束密度の2分の1とその時の磁界の値（絶対値）との積 $(1/2)\mu_0 B_r^2$ を超えることはない。$B_r$ が飽和自発磁気分極 $J_s$ を超えることはないので、$(BH)_{max}$ の理論限界値は $(1/2)\mu_0 J_s^2$ である。

鉄などの強磁性遷移金属と希土類元素とで構成される化合物の磁化は、希土類イオンの磁化の総和と遷移金属の磁化の総和との合成されたものであり、Pr、Nd、Sm など、ランタン系列の前半の元素（**軽希土類元素**という）の磁化と Fe や Co などの磁化は同じ向きに結合し、Gd、Tb、Dy などのランタン系列後半の元素（**重希土類元素**という）の磁化は Fe や Co の磁化と反平行に結合する。例えば $Nd_2Fe_{14}B$ では、化学式あたりの磁化を M$(Nd_2Fe_{14}B)$ のように書くと、

$$M(Nd_2Fe_{14}B) = M(Fe_{14}) + M(Nd_2) = 14m(Fe) + 2m(Nd)$$

と表すことができ、$Dy_2Fe_{14}B$ の磁化は

$$M(Dy_2Fe_{14}B) = M(Fe_{14}) - M(Dy_2) = 14m(Fe) - 2m(Dy)$$

と表すことができる。

ただし、上式の m(Fe) と m(Nd) などは、Fe あるいは Nd 原子あたりの平均の磁気モーメントを意味する記号として用いている。$M(Fe_{14}) = 14m(Fe)$、$M(Nd_2) = 2m(Nd)$ などは化学式あたりの Fe および Nd の磁化で、それぞれ、Fe 副格子の磁化、Nd 副格子の磁化、などと呼ぶ。

表2-3 の $J_s$ の値を見ると、$Nd_2Fe_{14}B$ が 1.60T であるのに対して、$Dy_2Fe_{14}B$ は 0.72T しかないのはこのような事情による。希土類と鉄などの遷移金属の化

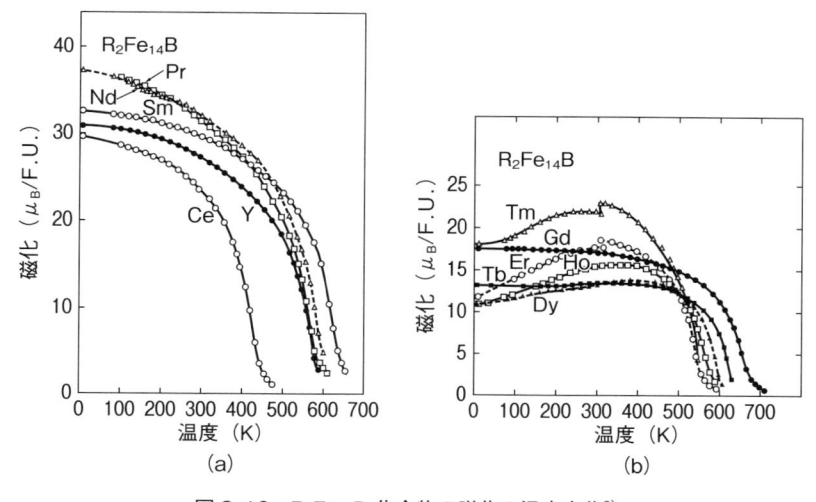

図 2-10　$R_2Fe_{14}B$ 化合物の磁化の温度変化[8)]
縦軸は化学式あたりのボーア磁子数

合物で磁石に用いられるのは、遷移金属濃度が高く自発磁気分極が大きな化合物である。それらの化合物の磁気的性質の特徴の一つは、遷移金属原子間の磁気的な相互作用が強く、高いキュリー温度を有することである。このことは、磁石材料がさらされる温度環境がハイブリッド自動車駆動用モータなどでは200℃近くに及ぶことからも、磁石材料が優れた磁気特性を高温まで保持できるために重要である。これに対して、希土類イオンの磁気モーメント間の相互作用は弱くて、温度が室温付近になると、それだけでは強磁性状態を維持できなくなる。磁石化合物では、希土類の磁気モーメントと鉄の磁気モーメントとの間に比較的強い相互作用が働いていて、それにより希土類イオンが示す磁気的性質が誘起されていると言ってよい。

図 2-10 に一連の $R_2Fe_{14}B$ 化合物の磁化の温度変化を示す（R は希土類元素の意味し、Nd や Dy などである）。(a)が軽希土類、(b)が重希土類元素との化合物の場合である。これらの中に、希土類元素イオンが 4f 電子を 1 個も持たない $Y_2Fe_{14}B$ および $Ce_2Fe_{14}B$ がある。Y はランタン系列の元素ではないが、

化学的性質が似ていて同型の化合物を形成することが多いので、希土類の中に加えることが多い。

$Y_2Fe_{14}B$ の磁化は Fe だけによると考え、キュリー温度で規格化した温度軸に対して化合物の磁化をプロットし、各温度での $R_2Fe_{14}B$ 化合物の磁化との差を計算すると、それが化合物の中の希土類の磁化を与えると考えることができる（ただし、Fe-R 間の相互作用により Fe 副格子の磁化が変化することを無視した近似的な取り扱いである）。そのようにして求めた希土類の磁化の値を絶対零度に外装した値で規格化して示したものが図 2-11(a) である。図から、希土類副格子の磁化の温度依存性が希土類の種類によってかなり異なることが分かる。すなわち、Gd、Tb、Dy……と Gd から離れるに従って温度依存性が大きくなっている。これは、希土類イオンと鉄との磁気結合が希土類イオンの原子番号に従って変化し、おおむね表 2-1 に示した $S$ の大きさの順になっていることを示している。より正しくは、希土類副格子と鉄副格子の間の磁気的結合は希土類イオンのスピン角運動量の全角運動量方向への射影に比例して変化する。

同様にして、結晶磁気異方性も希土類副格子と鉄副格子との和と考え、$Y_2Fe_{14}B$ の結晶磁気異方性から Fe 副格子の結晶磁気異方性を見積もって、温度軸をキュリー温度で規格化して $R_2Fe_{14}B$ との差をとり、それを R 副格子の結晶磁気異方性とみなすことが（近似的ではあるが）できる。さらに希土類副格子の磁化を横軸に、結晶磁気異方性を縦軸にしたグラフを作成すると、図 2-11(b) のような図が得られる。この図の軸は対数目盛である。この図から、少なくとも重希土類の Tb と Dy 化合物については、希土類副格子の結晶磁気異方性への寄与が希土類の副格子磁化の 3 乗に比例して変化することが読み取れる。軽希土類元素については Pr の場合しか示していないが、同様な依存性があることが分かる。

このように、希土類磁石化合物では、希土類副格子の磁気的寄与が鉄副格子の強い磁化との結合により誘起され、その温度依存性は希土類イオンのスピン角運動量の大きさ（正しくは磁気モーメント方向への射影の大きさ）に依存し

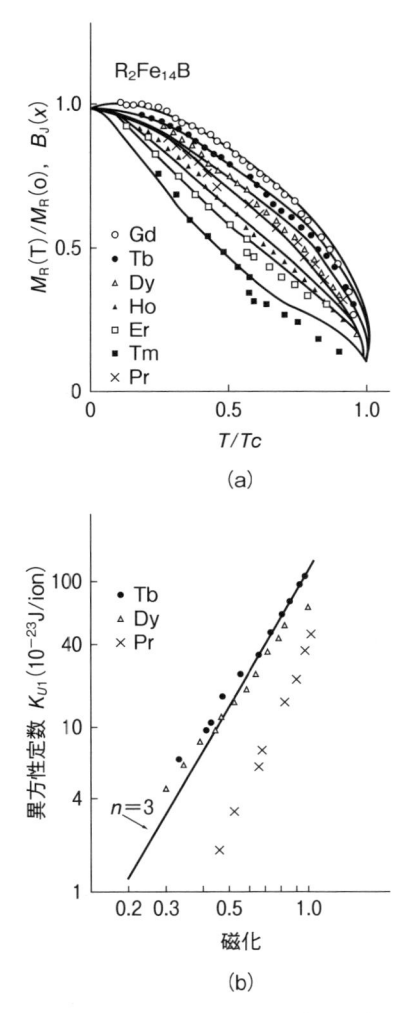

図2-11 (a) 規格化温度と希土類副格子の規格化磁化との関係、および
(b) 希土類副格子の磁化と結晶磁気異方性定数との関係[8]

て比較的大きい。このことは希土類磁石の温度安定性を議論する際に頭に入れておくべき重要な点である。

## 2-3 希土類磁石の製法

　ネオジム磁石の製法の代表的なものは**焼結法**であるが、磁石組織の節で述べたように、その他にも**超急冷凝固法**や**熱間塑性加工法**、**HDDR 法**などがある。それらはいずれも磁石組成の合金を出発原料とするが、その上流工程では、希土類鉱石の採掘、精製、希土類元素の分離、還元、磁石組成合金の溶製がある。還元法には、希土類の生成分離工程で得られる酸化物や塩化物を希土類金属よりも卑なカルシウムなどの金属を用いて還元する際に鉄の顆粒と混ぜて還元と目的化合物の合成を同時に行う**還元拡散法**や、希土類溶融塩を電気分解し、電極として用いる鉄上に生成した金属希土類と鉄との反応で生じる低融点合金溶融物を炉の底部から取り出す**溶融塩電界還元法**がある。

　ネオジム磁石の製造方法を記述するに先立って、理解を助けるために合金状態図を図 2-12 と図 2-13 に示す。

　図 2-12 は液相線投影図と 1,000 ℃での等温状態図（計算状態図）で、液相線投影図は Fe リッチの一部の領域だけが示されている。三元状態図では組成は正三角形の辺上に原子濃度で示される。Fe、Nd、B 各純金属が正三角形の頂点、二元化合物が成分元素の二頂点を結ぶ辺上に、三元化合物が三角形の内での対応する組成の点に示されている。各相を結ぶ直線は、その両端にある化合物の二相共存、三つの相を結んでできる三角形の内部は各頂点にある相の三相共存領域を表す。液相線投影図は液相から初晶として生成する固相の存在限界を示す点の軌跡で、例えば、$E_1$-$p_5$-$p_6$ は初晶 Fe が液相から生成する限界、$E_1$-$e_5$-$E_2$ は $Nd_2Fe_{14}B$（$T_1$ と表記）が初晶として液相から生成する限界を表すと同時に $Nd_{1.1}Fe_4B_4$（$T_2$）が初晶として液相から生成する限界線ともなっている。1,000 ℃（この図は計算による[10]）では液相（L と表記）が存在する領域も示されている。液相の境界と化合物相とを結ぶ数本の直線は化合物と平衡する液相の組成とを結ぶ共役線である。

　図 2-13 は Nd:B の比が 2:1 の部分の状態図で、縦軸を温度、横軸を Nd 濃

第 2 章　希土類磁石の材料科学

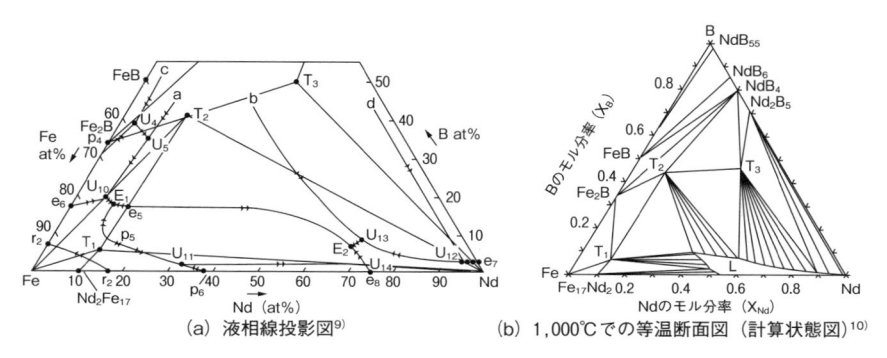

(a) 液相線投影図[9]

(b) 1,000℃での等温断面図（計算状態図）[10]

図 2-12　Nd-Fe-B 系の状態図
$T_1$ は $Nd_2Fe_{14}B$、$T_2$ は $Nd_{1.11}Fe_4B_4$、$T_3$ は $Nd_2FeB_3$、E は三相間の共晶反応、e は二相間の共晶反応、p は包晶反応、U は遷移反応を表す。

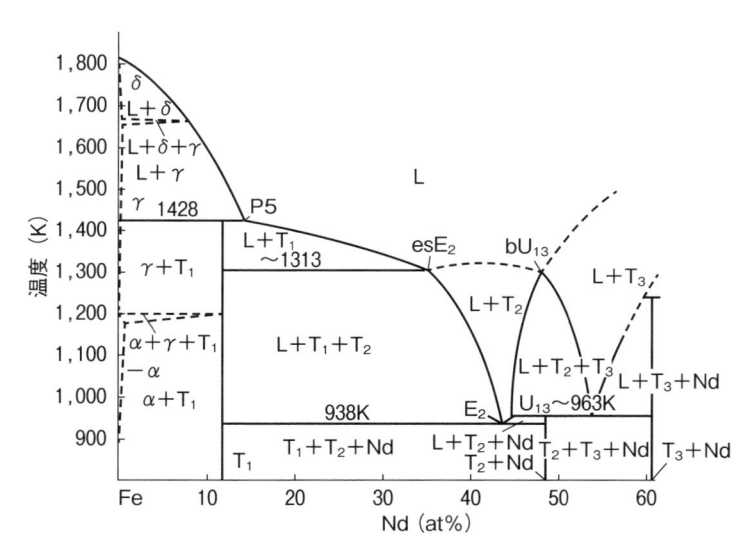

図 2-13　Nd:B の比が 2:1 の部分の状態図垂直断面[9]
　　　図中の記号については図 2-12 の説明を参照。

度で表した図である（B 濃度は示されていないが、常に Nd 濃度の 1/2）。L が液相、$T_1$ が $Nd_2Fe_{14}B$、$T_2$ が $Nd_{1.11}Fe_4B_4$、$T_3$ が $Nd_2FeB_3$ を表す。Fe の構造変態が α（体心立方）、γ（面心立方）、δ（体心立方）として表記されている。磁石組成は図 2-13 の Nd 濃度 13 原子パーセントの近傍であり、その組成の合金を溶かして凝固させると、液相から Fe がまず晶出し、その後、1,428K で固体の Fe 相と $p_5$ と表記した組成の液相とが包晶反応を開始して $Nd_2Fe_{14}B$ が生成することが読み取れる。Nd : B = 2 : 1 の断面で見ているので、磁石組成と述べた Nd13 % の合金は B を 6.5 % 含むことになるが、実際には B 濃度は 6 % 以下のことが多い。Nd13 %－B6.5 % の合金の場合を例として説明を続けると、1,428K から冷却されるに従って $Nd_2Fe_{14}B$ の生成量が増加するとともに液相量が減少し、液相組成が Nd-B リッチに移動していく。およそ 1,313K からボロンリッチ相とも呼ばれる $T_2$ が生成を始める。さらに冷却が進むに従い液相量はさらに減少して、938K で全ての液相が三元共晶反応（$E_2$ と表記）により凝固して金属固体の Nd が生成する。ただし、三元状態図として表記されたこの図には酸化物や添加元素の存在は表現されていない。

### 2-3-1　焼結法

　焼結法による Nd-Fe-B 系磁石の製造工程の概略と各段階で存在する代表的な相を図 2-14 に示す。

　焼結法では、原料合金をジェットミルなどの装置を用いて微粉砕し、主相の $Nd_2Fe_{14}B$ 型化合物相を直径数 μm の単結晶微粒子にする必要がある。微粉砕を容易にするために、合金に水素を吸蔵させて、その時に生じる体積膨張により多数のクラックを生じさせ、その後、微粉砕を行う。この水素吸蔵を利用した前処理工程を水素粉砕と呼ぶこともある。微粉砕した粉末に必要に応じて添加剤を加えた後、金型に入れて磁界中で粒子の磁化容易方向を揃え、圧力をかけてプレス成形した圧粉成形体を不活性雰囲気中で約 1,000 ℃ に加熱保持して焼結するという工程をとるのが一般的である。

　この製法では、酸化しやすい磁石化合物の微粉末を取り扱う際に、酸化によ

第2章 希土類磁石の材料科学

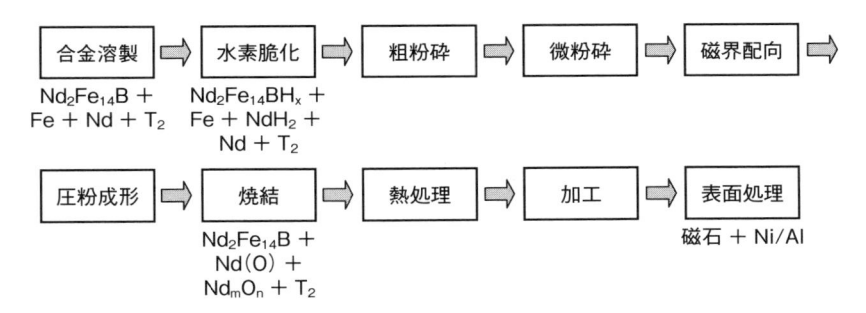

```
合金溶製 → 水素脆化 → 粗粉砕 → 微粉砕 → 磁界配向 →
Nd₂Fe₁₄B +    Nd₂Fe₁₄BHₓ +
Fe + Nd + T₂   Fe + NdH₂ +
              Nd + T₂

圧粉成形 → 焼結 → 熱処理 → 加工 → 表面処理
         Nd₂Fe₁₄B +                磁石 + Ni/Al
         Nd(O) +
         NdₘOₙ + T₂
```

図2-14 Nd-Fe-B系焼結磁石の製造工程の概略と各工程で存在する代表的な相

る酸素の混入を避けることが重要である。そのために、微粉砕は不活性ガス中で行い、微粉砕後直ちに低酸素雰囲気で微粉末を油に浸してスラリーとし、後の成形工程での大気と粉末粒子との接触を避ける方法や、プレス成形での粉末と成形体のハンドリングをなくすために、型にある程度密に充てんした粉体に磁界パルスをかけて粉体中の粒子を配向し、そのまま型ごと焼結する方法などのバリエーションがある。

焼結工程では、水素粉砕工程で生じた希土類水素化物の微粒子から水素が脱離して金属希土類が生成すると同時に周囲の主相粒子などと反応して液相が生成する。この液相は主相よりも希土類リッチな組成を有し、主相粒子の表面を濡らして表面エネルギーを下げることにより、主相微粒子同士が顕著な粒成長をせずに焼結して高密度化する。この過程で、表面の曲率が大きい微細な主相粒子は、より大きな直径の粒子よりも表面エネルギーが高いため早く溶解し、その成分がより大きな粒子径の主相粒子の表面に析出するという過程で物質移動が起こる（再溶解析出反応）。その結果、比較的均一な粒子径でマクロに見れば滑らかで平坦な粒界面を持つ図2-5のような焼結組織が形成される。液相は主相粒子間の隙間に集まり、焼結後の冷却過程で凝固する際に、その中に含まれる合金元素や酸素などとの化合物を析出させ、複雑な多相組織を有する希土類に富んだ領域を形成する。この領域が通常、Ndリッチ相と呼ばれる部分である。このように、焼結が進むためにはNdリッチな液相が生成する必要が

あるため、磁石組成は $Nd_2Fe_{14}B$ 化合物の化学量論的組成よりも Nd に富む組成にする必要がある。また、ネオジム磁石に保磁力が発現するためにも主相間に Nd に富む薄い層が存在する必要がある。

　磁石製品は、磁気特性、外形寸法、耐食性、使用限界温度などについての詳細な仕様の取り決めに従って製造されるオーダーメイド製品であり、まとまった数量の製品が自動化された工場で製造されている。粉末冶金法の特徴の一つは、製品仕様に応じて製作されるプレス金型を用いた成形により、焼結後の部材の形状が最終製品の形状に近いニアネットシェイプ工法が取れることである。この工法による製品には、ロータ表面に磁石を張り付ける表面磁石（SPM）式モータに用いられる弓型断面を持つ磁石などがある。それらの生産においては、成形過程での原料粉末粒子の配向方向にも注意深い制御を加えるために、磁石原料粉末を充てんする金型空間の磁界分布についてのシミュレーション解析などの技術も用いられる。焼結後は、仕上げ寸法の断面形状を持つ回転砥石による表面研削、防錆のためのめっきや塗装処理などの工程がある。一方、比較的大きな焼結体ブロックを切断して磁石形状に仕上げる工法もあり、埋込み磁石（IPM）式モータ用の薄い平板形状の磁石の製造などに用いられる。

　ネオジム焼結磁石の保磁力が結晶粒界近傍の主相の磁気的性質によって強く支配されていることが定説となっており、資源問題のある Dy の使用量を削減するために、Dy は粒界近傍の主相表面層に集中的に配置されるのが効果的であると考えられる。Nd-Dy-Fe-B 系の高保磁力焼結磁石では、Dy をなるべく有効に利用できるよう結晶粒界近傍に集めるための方法がいくつか考案され、実用化されている。すなわち、Dy 濃度が高く比較的低融点の化合物の粉末を含む合金を、主相を主成分とする合金粉末と混合して成形し、焼結する方法（**2合金法**）と、低 Dy 濃度の焼結磁石を作製した後、その表面から Dy を粒界に沿って拡散させる方法（**粒界拡散法**）がある。

　粒界拡散法では、Dy 源として Dy 化合物や金属 Dy を塗布あるいは蒸着したり、Dy の蒸気圧が高いことを利用して真空中で磁石と共に加熱し、昇華した Dy を磁石表面から吸収させたりする。図 2-15 にその概念図と Dy の濃度

第 2 章　希土類磁石の材料科学

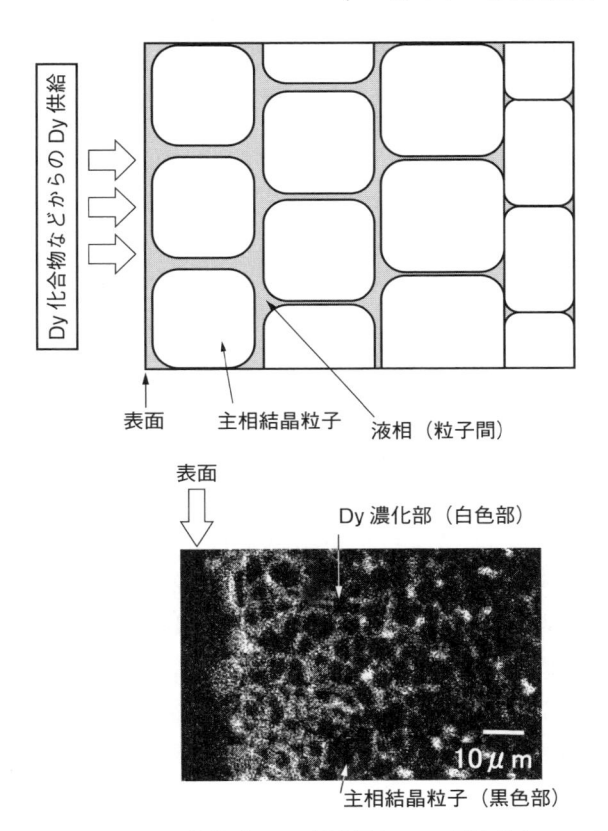

（図中ラベル）
Dy 化合物などからの Dy 供給
表面　主相結晶粒子　液相（粒子間）

表面
Dy 濃化部（白色部）
10μm
主相結晶粒子（黒色部）

図 2-15　Dy 粒界拡散プロセス概念図と Dy の濃度分布マップ
の電子線マイクロ分析像[10]

分布マップの電子線マイクロ分析像を示す。粒界拡散法は、その処理温度が900℃前後で焼結温度よりも低く、2合金法と比較して Dy をよりシャープな分布で粒界近傍に集めることができるが、図 2-13 から推定できるように、処理温度では粒界相の一部は溶融しており、拡散は、いわゆる粒界拡散というよりも、外部から供給される Dy による局所相平衡の変動と液相内の物質移動を伴う過程であると推定される。表面から磁石内部への深さ方向には大きな濃度分布が生じるので、薄い平板形状磁石にその適用が限られる。逆に、Dy の濃

度勾配を利用すれば、減磁界が働きやすい磁石表面や角部分に Dy を濃化させて不要な部分への Dy の配分を節約した一種の傾斜機能材料を作ることも可能である。

### 2-3-2 超急冷凝固法

　超急冷凝固法によるネオジム磁石の製造はネオジム焼結磁石とほぼ同じ長さの歴史を持ち、ボンド磁石用磁粉や次項で述べる熱間塑性加工磁石用の原料合金の製造に用いられる。

　この製造方法では、図 2-16 に示すような装置を用いて、高速回転する銅合金などの水冷ロール表面にガスで加圧した磁石合金の溶湯（溶融金属のこと）を細いノズルを通して押し当て、毎秒 100 万℃に近い超高速で冷却・凝固させることにより、結晶粒成長を抑制して非晶質または結晶粒径数十 nm の微細な結晶からなる合金フレークを製造する。フレークの厚みは数十 $\mu$m と非常に薄い。超急冷凝固のままでは金属組織が冷却速度の局所的分布によって不均質となり磁気特性がばらつくので、急冷速度が大きい側に条件を振って急冷合金フレークを製造し、このフレークに熱処理を加えて組織を適正化することにより、永久磁石としての性能が安定的に得られるようにする。このようにして生成する微結晶組織の合金では主相結晶粒子の方位がランダムで、その磁気的性質は等方的である。

　フレーク状のままでは磁石として利用できないのでバルク形状にする必要があるが、高温にさらすと結晶が粒成長を起して粗大化し、磁気特性が低下するため、通常の焼結はできない。超急冷合金フレークをバルク磁石として利用するためには、図 2-17 に示すように、フレークを微粉砕して樹脂と混合し、金型で成形した後、樹脂を固化させる方法と、フレークをホットプレスにより 800 ℃程度の比較的低温で加圧して焼結させる方法がある。これらはそれぞれ開発者によって MQ1、MQ2 と命名された。前者はさらに、樹脂として熱硬化性樹脂を用いるか熱可塑性樹脂を用いるかにより、**圧縮成形磁石**（または**圧粉成形磁石**）と**射出成形磁石**とに分かれる。いずれも成形金型の寸法や形状にほ

第 2 章　希土類磁石の材料科学

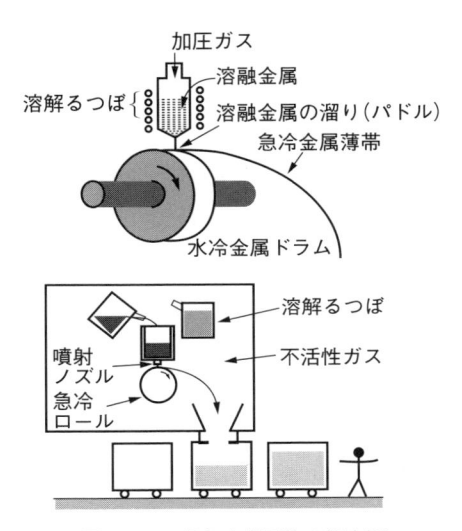

図 2-16　超急冷凝固法の概念図

雰囲気は不活性ガスで、溶解および超急冷工程はすべて高真空排気が可能なチャンバーの中で行われる。下の図の大型の装置では溶解るつぼは数百 kg の合金を溶かすことができ、底にノズル孔のあいた貯湯るつぼ（タンディッシュ）に溶湯を移し、その重量により発生する静水圧でノズル孔から噴出させる構造をとる。溶解るつぼを複数個装備して交互に合金を溶解し、貯湯るつぼに補充し続けることにより連続的に操業することも可能である。

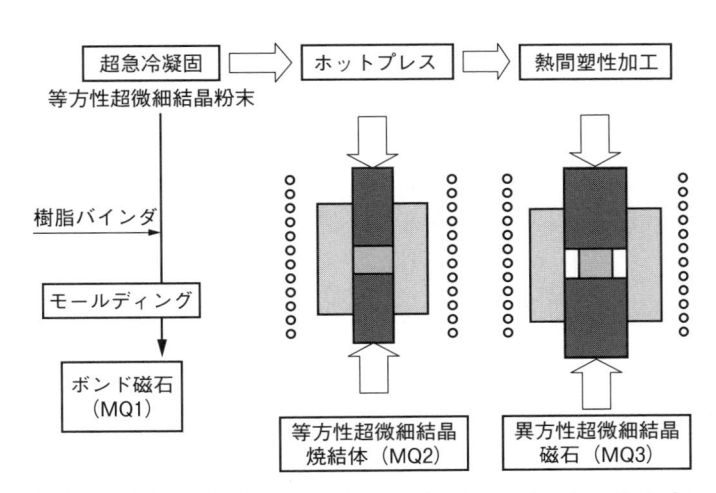

図 2-17　超急冷凝固による Nd-Fe-B 合金フレークをバルク磁石に加工する方法の概念図

ぽ等しい製品が得られるので、二次加工レスで高い寸法精度が得られるのが特長である。

### 2-3-3 熱間塑性加工法

熱間塑性加工法による Nd–Fe–B 系磁石の製法も超急冷凝固法と共にジェネラルモータースの技術陣によって開発され、微結晶組織を持つ異方性 Nd–Fe–B 系バルク磁石のユニークな製法として工業化された。

初期には、図 2-17 に示すように、ホットプレス成形で得た前駆加工物を、加工代を空隙として配置した大きめの金型内に入れ、再度 800 ℃近傍で加圧して塑性変形を加え、形状を整えるダイアップセットと呼ばれる工法がとられ、MQ3 と命名されたが、均質な磁気特性の磁石を得ることが難しく、焼結磁石に匹敵する発展はなかった。しかし、日本の技術者により**後方押出法**によるリング磁石の製法が開発され、現在では径方向に磁化容易方向が配向したラジアル異方性リング磁石の製法の一つとして工業化されている。ラジアル異方性リング磁石は焼結法でも製造できるが、後方押出法は小径長尺な形状でも磁気特性が比較的高い製品が得やすいという特長を持っている。

後方押出の工程は、**図 2-18** に示すように、加熱した金型にホットプレス成形により緻密化した等方性微結晶磁石の前駆成形体を置いて中心部にプランジャーを押し込み、後方に解放されたプランジャーと金型の内壁の間の空間に合金を押し出す。この工法によれば塑性加工中に圧縮応力しかかからないので、磁石合金内の引張りによる亀裂が入りにくい。塑性加工後、プランジャーを引き抜いて材料を金型から取り出すとカップ状の半製品が得られ、これを加工軸に垂直ないくつかの面で切断すればリング状の磁石が得られる。カップの底部にあたる部分は製品とはならず、原料工程にリサイクルされる。

### 2-3-4 HDDR 法

HDDR は水素化・不均化・脱水素・再結合を意味する Hydrogenation Disproportionation Desorption Recombination の各語の頭文字をつなげた用語

第 2 章　希土類磁石の材料科学

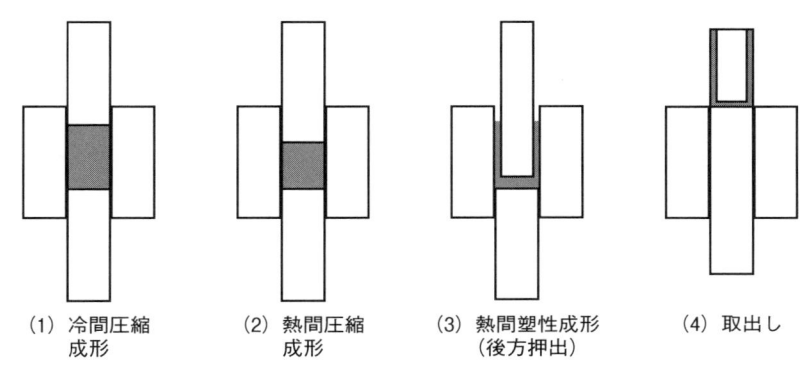

(1) 冷間圧縮成形　(2) 熱間圧縮成形　(3) 熱間塑性成形（後方押出）　(4) 取出し

図 2-18　後方押出法による Nd-Fe-B 系ラジアル異方性磁石の製造工程概念図

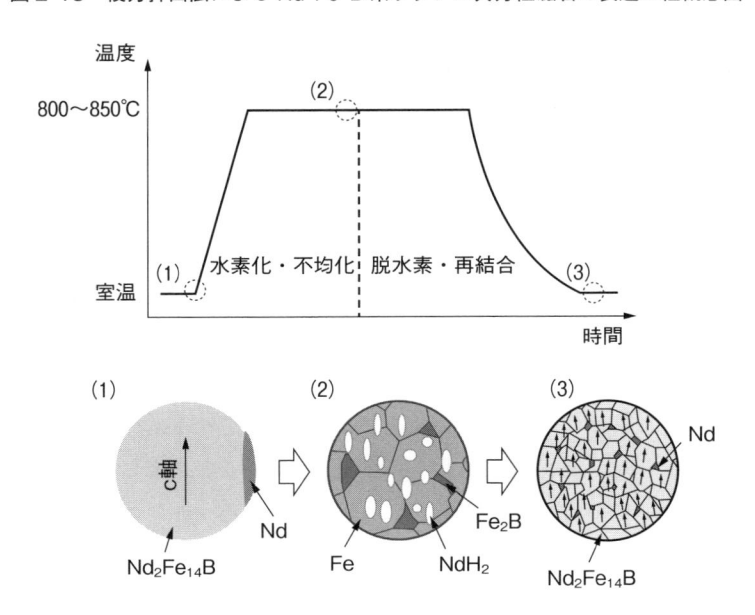

図 2-19　HDDR 法の熱処理と各段階〔(1)～(3)〕における組織の模式図
　　　　図中の太い矢印は $Nd_2Fe_{14}B$ 結晶の c 軸（磁化容易方向）を示す（組織微細化後の図では一部省略してある）。

であり、このプロセスで起こる素過程を表現している。

　HDDR 法の特徴は、Nd-Fe-B 系合金を 700 ℃～900 ℃の高温で水素ガスと反応させることにより一旦分解して微細な不均化組織を生成させた後に、同様

な温度で真空排気によって水素ガス分圧を低下させることにより脱水素し、不均化組織から元の $Nd_2Fe_{14}B$ 型結晶相を再結合させるという熱処理にある。再結合組織は微細な不均化組織を引き継いだ微細な多結晶組織となり、合金組成と熱処理条件を適正化すれば、再結合した $Nd_2Fe_{14}B$ 結晶相の方位が元の方位の周辺にかなりの程度配向した集合組織となる。熱処理と反応に伴う組織変化の模式図を図 2-19 に示す。

不均化反応は

$$Nd_2Fe_{14}B + H_2 \rightarrow 2NdH_2 + 12Fe + Fe_2B$$

再結合反応はこの逆反応で

$$2NdH_2 + 12Fe + Fe_2B \rightarrow Nd_2Fe_{14}B + H_2$$

と表わされる。

しかし、反応途中で $Fe_3B$ のような高温相の生成が認められることがあり、Co や Ga、Al などを添加することも多いため、実際の磁石合金における反応はもう少し複雑なものと思われる。不均化から再結合に至る過程でどのようにして元の方位に再結合するのかのメカニズムの詳細は未解明であり、現在も研究が続けられている。

### 2-3-5 薄膜法

薄膜法は、石英ガラス基板や対称性の高い物質の単結晶基板上に成分元素を蒸着して堆積させ、組成および材料組織を制御することにより、非平衡相やナノメートルオーダーの微細な組織でも人工的に作り出すことのできる方法として広く用いられている。希土類磁石に関しても古い歴史があり、基礎研究におけるモデル材料の作製に用いられている。薄膜プロセスは制御された組織生成のために低速度で膜を成長させる必要があり、高い真空度の雰囲気の中で行われる。とりわけ、ナノメートルの層厚みを制御する多層膜や、原子尺度での体積を制御する人工格子膜では超高真空装置が必要となる。

蒸着源から原料の元素を原子として取り出す方法には、るつぼ加熱、電子線加熱、分子線セル、スパッタ（叩き出し）、パルスレーザー加熱などがある。

第 2 章　希土類磁石の材料科学

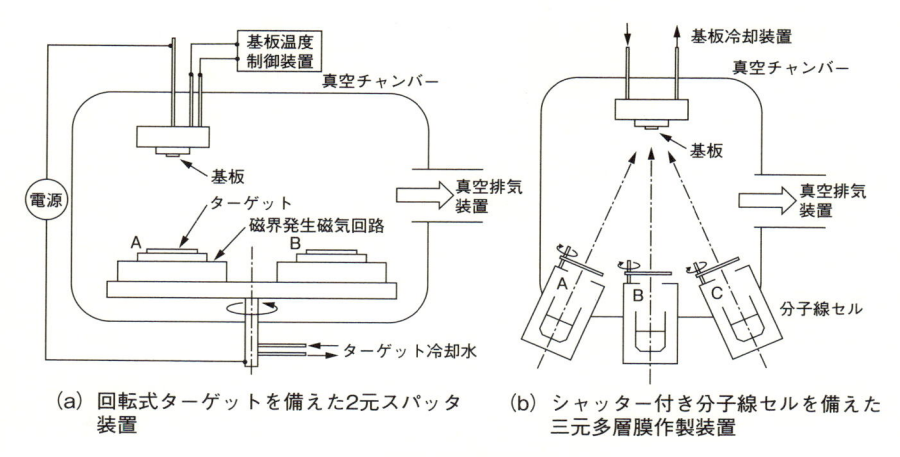

(a) 回転式ターゲットを備えた2元スパッタ装置
(b) シャッター付き分子線セルを備えた三元多層膜作製装置

図 2-20　薄膜作製装置の構造概念図。

多元系の合金膜を作製するためには、合金を蒸発源として用いたり、純物質を原料として複数のるつぼ、セル、ターゲットを用いてシャッターや交互スパッタなどの方法で所望の組成や層構造を得るように堆積させたりする。作製装置には多数の種類があり、目的や製膜条件に応じてそれぞれの構造が異なっているが、典型的なものの概念図を図 2-20 に示す。基板を搬送していくタイプのものも多い。

Nd-Fe-B 合金を冷却基板上に蒸着させるとアモルファス構造となり、熱処理による結晶化が必要となるが、700 ℃程度の過熱基板上に蒸着すると結晶質の多結晶膜が得られ、基板に対して磁化容易方向（c 軸方向）が垂直に立った垂直磁化膜が得られる。薄膜磁石を磁界源として用いるにはある程度の体積が必要で、厚みのある膜を高速に堆積させることが必要になる。加熱基板に高速で厚みのある膜を蒸着すると、結晶粒成長も同時に起こり、保磁力の高い膜が得られない。図 2-8 に示した ［Nd-Fe-B/Ta］n 多層膜は、周期的に Ta 層を挟んで $Nd_2Fe_{14}B$ 相の粒成長をリセットし、均一な粒径の多結晶組織を実現することにより高い磁気特性を獲得した例である。高い保磁力を獲得するには $Nd_2Fe_{14}B$ 相結晶粒を膜面方向にも分断することが必要で、粒子間には Nd リ

ッチな粒界相がなければならない。

垂直磁化膜を一様に着磁しても磁石外部にはほとんど磁束を取り出せないので、薄膜にパターニングを施すか、微細な磁極を着磁する必要がある。微細な磁極の着磁はパルス磁界を用いても導線の線形が限られコイルの面積も限られるので大きな磁界を得ることが困難であり、容易ではない。薄膜を一様に着磁した後にレーザなどを用いて局所的に加熱し、逆磁界下で冷却して反対符号の磁極を形成することも提案されている。

元素供給源となる金属および合金には高い純度が求められる。特に酸素不純物が低いものを用いるべきである。スパッタ用合金ターゲット材は多相組織となり、各相ごとにスパッタレートが大きく異なるので、組織が微細で均質なものが望ましい。

### 2-3-6 ネオジム磁石の製法のまとめ

以上に述べた製造方法および典型的な組織のサイズを図2-21にまとめて示す。組織のサイズは、重希土類元素濃度低減化のために結晶サイズを微細化して高保磁力化する傾向があるため、近年では微細化に進んでいる。

各プロセスにおける組織微細化、結晶配向、および緻密化の基本原理を表2-4に示す。

ネオジム磁石には製法だけを見ても他の材料系にはない種々の可能性があり、それらにおける組織生成メカニズムの詳細には未解明の点も多い。特に、保磁力を決定づけていると考えられる結晶粒界近傍の磁気的特性長、すなわちナノメートルスケールでの微構造の詳細とその生成過程については、最先端の計測および理論研究の技術をもってしても挑戦的な難度の高い課題であり、これまで十分な取り組みがなされてこなかった領域である。しかし、近年のこれらの分野での解析研究技術の進歩は目覚ましく、まさにこれから、この方面の本格的な研究が可能になりつつあるといえる。

第2章　希土類磁石の材料科学

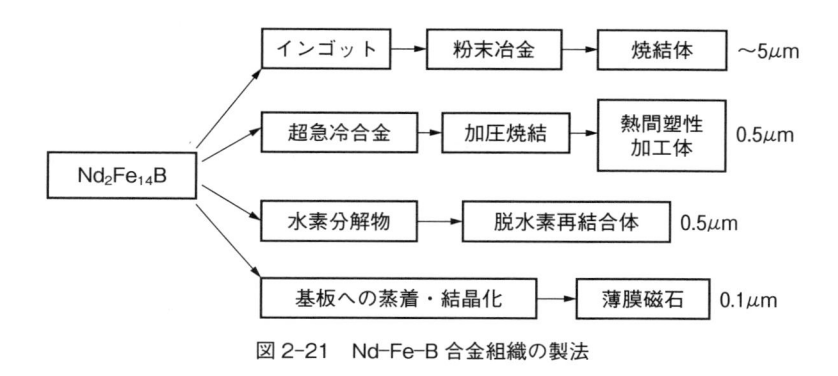

```
                    ┌─→ インゴット ──→ 粉末冶金 ──→ 焼結体      ～5μm
                    │
                    ├─→ 超急冷合金 ──→ 加圧焼結 ──→ 熱間塑性    0.5μm
Nd₂Fe₁₄B ──────────┤                                  加工体
                    │
                    ├─→ 水素分解物 ──→ 脱水素再結合体           0.5μm
                    │
                    └─→ 基板への蒸着・結晶化 ──→ 薄膜磁石        0.1μm
```

図 2-21　Nd-Fe-B 合金組織の製法

表 2-4　Nd-Fe-B 系異方性磁石の組織微細化原理と結晶配向原理および緻密化方法

| プロセス | 組織微細化原理 | 結晶配向原理 | 緻密化方法 |
|---|---|---|---|
| 粉末冶金 | 微粉砕（4μm） | 磁界によるトルク | 焼結 |
| 超急冷凝固 | 多数の結晶核凍結（～0.1μm） | 結晶の選択的成長 | ホットプレス |
| HDDR | 不均化・再結晶（0.5μm） | （研究中） | ホットプレス |
| 薄膜 | 気相急冷・結晶化 | 界面エネルギーの異方性 | なし |

## 2-3-7　窒素侵入型磁石の製法

　$Sm_2Fe_{17}N_3$ などの窒素侵入型磁石は、母材となる金属間化合物をまず作製した後、窒素ガスや水素・窒素混合ガス、あるいはアンモニアガスを用いて窒素原子を拡散させて格子内に導入し、格子間位置に挿入することによって作製される。母材は、熱力学的安定相である $Sm_2Fe_{17}$ を溶解と溶体化熱処理プロセスで作製した後に微粉砕するか、あるいは、還元拡散法で微粉末を作製する。

　これとは別に、液体超急冷凝固法により $TbCu_7$ 型不規則相の微結晶組織を得る方法もある。この方法では等方性の組織しか得られないが、$TbCu_7$ 型不規則相が2：17組成比よりも Fe リッチ側まで生成するので、高磁化を得ることができる。窒化処理温度は格子侵入型化合物が熱分解しない 500℃程度の低温なので、母材金属間化合物を微細な粒子にするか薄膜にするかして拡散距離を十分短くしないと、均質な窒素濃度が得られない。

## 2-4 ネオジム磁石の特性

　前節で述べた種々の製法で作製されたネオジム磁石の磁気特性と残留磁束密度および保磁力の温度係数〔$\alpha(B_r)$ および $\alpha(H_{cJ})$〕を**表 2-5**、**表 2-6** に示す。温度係数は1℃の温度上昇あたりの変化率を室温の値を基準にして百分率で示したものである。

　Nd-Fe-B 系焼結磁石の磁気特性は、高保磁力化のために添加される Dy 量によって大きく変化し、表 2-5 に示すような広い保磁力範囲をカバーしている。これらのうち、比較的低保磁力で高磁化の材料は、ハードディスクドライブの磁気ヘッド駆動用アクチュエータであるボイスコイルモータ（VCM）などに使用される。また、高保磁力で比較的低磁束密度の材料は、電気自動車の駆動および発電用回転機に用いられる。これらの用途では使用環境温度が 200 ℃近傍に達するため、高温で界磁などによって減磁しない十分な保磁力を担保するために室温では不必要といえる高保磁力になる。Dy の粒界近傍への濃化手法を用いると、主相粒内の Dy 添加量の削減が可能で、同一保磁力水準で比較すれば磁束量が増加し、高性能化できる。

　超急冷 Nd-Fe-B 系磁石薄帯、ホットプレス等方性磁石、および熱間塑性加工後の磁気特性例を**表 2-6** に示す。表に示した例は、Dy を含有しない Nd-Fe-B 三元系または Co で Fe の一部を置換した組成系での磁気特性である。表は2行がペアになっており、熱間塑性加工前後の磁気特性を比較して表示してある。微結晶型等方性磁石では比較的高保磁力のものが得られるが、異方化すると残留磁束密度は向上するが保磁力は低下することが分かる。

　HDDR 法で作製された磁石粉末に対しても Nd 系合金を接触させて拡散する手法が開発され、磁化をあまり低下させずに高保磁力化できることが示され、比較的高い磁気特性のものが得られている。ネオジム系ボンド磁石の典型的な磁気特性を、超急冷凝固法による等方性磁粉を原料としたものと、HDDR 法による異方性磁粉を原料にしたものとについて**表 2-7** に示す。

第2章 希土類磁石の材料科学

表2-5 Nd-Fe-B系焼結磁石の一般的な磁気特性（室温）と温度係数

| 分　類 | $B_r$ (T) | $H_{cJ}$ (kA/m) | $(BH)_{max}$ (kJ/m$^3$) | $\alpha(B_r)$ (%/℃) | $\alpha(H_{cJ})$ (%/℃) |
|---|---|---|---|---|---|
| 高$B_r$タイプ | 1.45〜1.51 | ≧880 | 405〜437 | −0.11 | −0.6 |
| 中保磁力タイプ | 1.30〜1.37 | ≧1600 | 326〜366 | −0.1 | −0.55 |
| 高保磁力タイプ | 1.24〜1.31 | ≧2000 | 294〜334 | −0.1 | −0.5 |
| 超高保磁力タイプ | 1.12〜1.20 | ≧2600 | 238〜278 | −0.09 | −0.44 |

出典：磁石メーカーのカタログ値を元に編集

表2-6 Nd-Fe-B系超急冷薄帯、ホットプレス磁石、熱間塑性加工磁石の磁気特性と温度係数

| 分　類 | $B_r$ (T) | $H_{cJ}$ (kA/m) | $(BH)_{max}$ (kJ/m$^3$) | $\alpha(B_r)$ (%/℃) | $\alpha(H_{cJ})$ (%/℃) | 組　成 |
|---|---|---|---|---|---|---|
| 等方性ホットプレス磁石 | 0.81 | 1,560 | — | −0.09 | −0.43 | $Nd_{14}Fe_{78.3}B_{7.7}$ [a] |
| ダイアップセット異方性磁石 | 1.07 | 995 | — | −0.09 | −0.56 | |
| 超急冷薄帯 | 0.79 | 1,200 | 104 | — | −0.64 | $Nd_{13.1}Fe_{81.3}B_{5.6}$ [b] |
| ダイアップセット異方性磁石 | 1.31 | 828 | 318 | — | −0.38 | |
| 後方押出ラジアル異方性リング磁石 | 1.3 | 1,040 | 320 | −0.1 | −0.63 | $Nd_{13.4}Fe_{73.9}Co_{6.7}Ga_{0.5}B_{5.5}$ [c] |

出典：a) R. W. Lee, E. G. Brewer, N. A. Schaffel：IEEE Trans. Magn. MAG-21 (5), (1985) 1958.
　　　b) F. E. Pinkerton, C. D. Fuerst：J. Appl. Phys. 67 (9), (1990) 4753.
　　　c) T. Iriyama, N. Yoshikawa, H. Yamada, Y. Kasai, V. Panchanathan：Denjiseiko, 69 (4), (1998) 219

表2-7 ネオジム系ボンド磁石の磁気特性

| 成形方法 | | $B_r$ (T) | $H_{cJ}$ (kA/m) | $(BH)_{max}$ (kJ/m$^3$) | $\alpha(B_r)$ (%/℃) | $\alpha(H_{cJ})$ (%/℃) |
|---|---|---|---|---|---|---|
| 超急冷 (等方性) | 圧縮成形 | 0.50〜0.77 | 630〜840 | 56〜99 | −0.1〜−0.12 | |
| | 圧縮成形 (耐熱型) | 0.58〜0.68 | 835〜1,350 | 60〜77 | −0.13〜−0.15 | |
| | 射出成形 | 0.41〜0.72 | 570〜800 | 28〜76 | −0.1〜−0.12 | |
| | 射出成形 (耐熱型) | 0.46〜0.58 | 535〜1,075 | 37〜56 | −0.1〜−0.13 | |
| HDDR (異方性) | 圧縮成形 (Nd拡散型) | 0.95〜0.98 | 1,110〜1,430 | 155〜175 | −0.11 | −0.46〜−0.56 |

出典：磁石メーカーのカタログ値を元に編集

## 2-5 ネオジム磁石以外の希土類磁石

　表2-3に示した化合物の中で、ネオジム系以外で磁石材料として現在用いられているのは**サマリウム−コバルト（Sm-Co）系とサマリウム鉄窒素（Sm-Fe-N）系**である。

　サマリウム系の磁石化合物は、図2-2、表2-2および表2-3に示したように、極めて高い異方性定数と異方性磁界を持ち、磁気的硬さ指数も大きい。また、Smはランタン系列の中央付近に位置し、スピン磁気モーメントが大きいので、磁性の温度依存性の点でも有利である（2-2-4節を参照）。特にSm-Co系磁石はキュリー温度が高いため、磁石が高温にさらされる用途で貴重であるほか、2:17系はその組織が極めて微細で磁化反転が一挙に進展しにくいため、中性子や荷電粒子線の照射環境でも磁束の経時変化が小さいという特長を有している。そのため、宇宙環境や航空機などの用途では重要な磁石である。

　主要な窒化物磁石の磁気特性を**表2-8**に示す。このように作製された窒化物微粒子を磁石として用いるためには、バインダと混合して熱分解しない温度で緻密化し、バルク磁石にする必要がある。

　Sm-Fe-N系は、すでに述べたように樹脂ボンド磁石として実用されている。ボンド磁石としての磁気特性を**表2-9**に示す。窒化前の微細結晶化を超急冷凝固法を用いて行う等方性磁石と、微粉砕により作製した単結晶微粒子粉末を用いる異方性磁石とがある。また、その粉末粒子径が小さいことを利用して、ネオジム系HDDR磁粉を用いたボンド磁石において粒子間の空隙に充填する磁性粉としての利用法もある。

　サマリウム系以外では、$NdFe_{11}TiN_x$に代表されるような1:12系窒素侵入型化合物があるが、サマリウム系よりも窒素侵入状態での熱安定性が劣るため実用化されていない。

　Nd-Fe-B以外の$R_2Fe_{14}B$系では、重希土類元素との化合物は全て希土類と鉄との反強磁性的結合のため磁化が小さく、永久磁石としての魅力に欠ける。

第 2 章　希土類磁石の材料科学

表 2-8　希土類鉄窒素系磁石材料の磁気特性例

| 分　類 | $B_r$ (T) | $H_{cJ}$ (kA/m) | $(BH)_{max}$ (kJ/m$^3$) |
|---|---|---|---|
| $Sm_2Fe_{17}N_3$ 単結晶粉末[a] | 1.35 | 851 | 292 |
| $(Sm_{0.75}Zr_{0.25})(Fe_{0.7}Co_{0.3})_{10}N_x$ [b] | 1.08 | 503 | 144 |
| $NdFe_{11}TiN_x$ 急冷凝固合金（等方性）[c] | 0.9 | 172 | — |
| $Nd(Fe_{0.93}Co_{0.02}Mo_{0.05})_{12}N_y$ (002) 配向膜[d] | 1.62 | 693 | 242 |
| $Sm_2Fe_{17}N_3$-5mass%Zn 加圧焼結バルク磁石[e] | 0.98 | 640 | 158 |

出典：(a) T. Ishikawa, A. Kawamoto, K. Ohmori：J. Jpn. Soc. Powder Powder Metallurgy 55 (11) (2003) 885.
　　　(b) S. Sakurada, A. Tsutai, T. Hirai, Y. Yanagida, and M. Sahashi：J. Appl. Phys. 79 (1996) 4611.
　　　(c) S. Hirosawa, K. Makita, T. Ikegami, M. Umemoto：Proc. 7th International Symposium on Magnetic Anisotropy and Coercivity in RE-TM Alloys, Camberra, 16 Jul. 1992, p. 389.
　　　(d) A. Navarathna, H. Hegde, R. Rani, F.J. Cadieu：Journal of Applied Physics 75 (10), pp. 6009–6011 (1994)
　　　(e) T. Saito：Materials Science and Engineering B 167 (2010) 75～79

表 2-9　Sm-Fe-N 系ボンド磁石の磁気特性例

| 作製プロセス | 成形方法 | $B_r$ (T) | $H_{cJ}$ (kA/m) | $(BH)_{max}$ (kJ/m$^3$) | $\alpha(B_r)$ (%/℃) |
|---|---|---|---|---|---|
| 超急冷凝固・窒化（等方性）[a] | 圧縮成形 | 0.82 | 670 | 112 | −0.05 |
| 還元拡散・窒化（異方性）[b] | 射出成形（ポリアミド 12） | 0.86 | 692 | 141 | |

出典：(a) http://www.daido-electronics.co.jp/product/nitroquench_p/material/index.html
　　　(b) 大森賢次：金属、74 (2004) 372

　Pr は Nd に変えて用いることができ、一部のネオジム焼結磁石やボンド磁石でそのような使い方がされている他、$Pr_2Fe_{14}B$ には $Nd_2Fe_{14}B$ に見られるような低温（130K 以下）での磁化容易方向の変化がないので、極低温でハルバッハ型磁気回路など強い横磁場が磁石に働く用途に使用したい場合には Pr-Fe-B 系磁石の使用が推奨される。La や Ce の化合物では 4f 電子がないため、結晶磁気異方性が小さく、現時点では十分な保磁力が得られていない。

## 2-6 ネオジム磁石の保磁力

　自動車の駆動用モータでは、エンジンルーム内部の 473 K（200 ℃）以上の比較的高温で磁石特性をある程度保持する必要がある。温度が上昇すると磁石特性は低下して、キュリー温度（$T_C$）と呼ばれる温度（ネオジム磁石では 583 K である）で磁化や保磁力は消失してしまうので、とくに保磁力としては、室温で 2.4 MA/m（3 T）程度必要である。つまり、エンジンルーム内部の温度で保磁力が室温より低下しても使用できるように、その分、室温の保磁力を上乗せしておく必要があるのである。この問題の重要性は、これから説明するように広く認識されている[12]、[13]、[14]。

### 2-6-1 保磁力の定義とその発現機構

　保磁力の説明のために最小限必要な永久磁石（以下、磁石）の基本的性質を初めに簡単に説明する。

　図 2-22(a) のように、ネオジム磁石を構成している鉄（Fe）原子は、原子として磁性（磁気モーメント）を発現する。このようなネオジム磁石内部の Fe 原子集団はきれいな結晶構造を組んでいるが、その磁気モーメントはお互いに同じ方向に整列する性質を示す。これが**強磁性**である。磁石としては Fe 原子集団が構成する N-S 極が結晶の c 軸方向を向くとき安定であるが〔図 2-22(b)〕、この c 軸方向を**結晶磁化容易軸**とよぶ。c 軸方向が磁化容易軸であることは、ネオジム磁石では主に Nd 原子が決めている。強い磁気異方性を有する物質を**硬質（ハード）強磁性体**と分類する。つまり、磁石は硬質強磁性物質である。さらに、図 2-22(c) のように、2 つの c 軸方向を向く原子集団が互いに反対方向を向いていれば、合計の磁化はゼロとなり、全体のエネルギーが低くなる。この集団の 1 つ 1 つを磁区とよび、磁区と磁区の境界にある、磁気モーメントが段階的に回転して、最終的に反転する領域（灰色部分）を**磁壁**という。

第 2 章　希土類磁石の材料科学

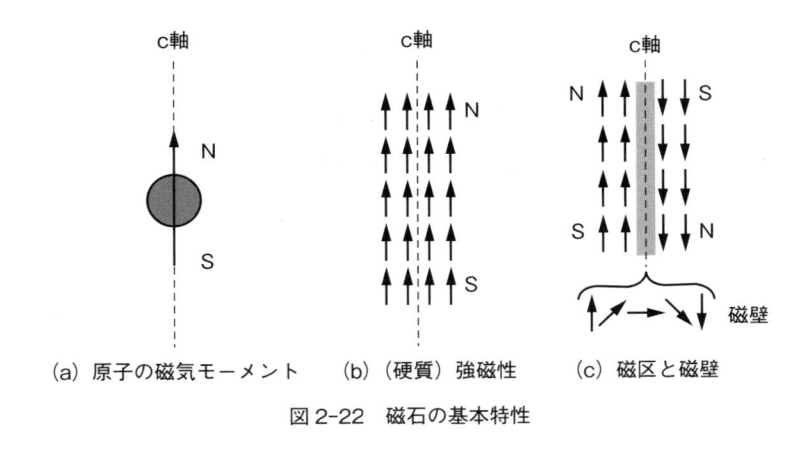

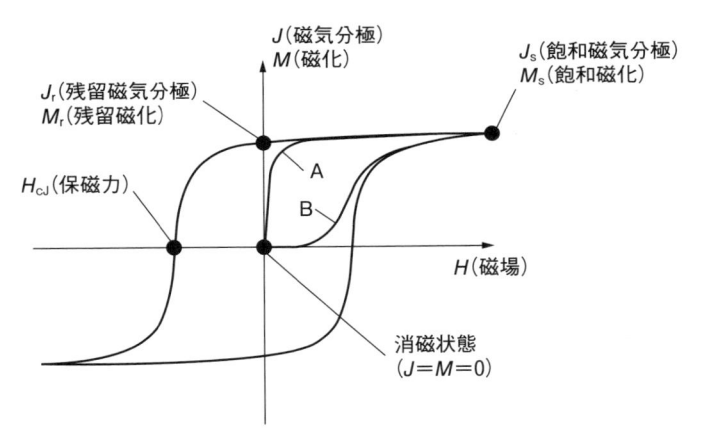

(a) 原子の磁気モーメント　(b) (硬質)強磁性　(c) 磁区と磁壁

図 2-22　磁石の基本特性

図 2-23　磁石のヒステリシス曲線と初磁化曲線の区別
A：核生成型、B：ピンニング型

　この節の主題である**保磁力**（$H_{cJ}$ または $H_{cM}$）は、通常の定義では、図2-23 に示すように磁石をある方向に強い磁場（$H$）を印加して一旦着磁して、磁気分極（磁化）を飽和させて〔**飽和磁気分極**（$J_s$）または**飽和磁化**（$M_s$）と呼ぶ〕、その状態に逆方向の磁場を印加していき、磁化がヒステリシス曲線の第 2 象限で消失する磁場のことである。ただし、保磁力に相当する磁場の大きさは、その方向は表示せずに絶対値で表現する。よく使用するいくつかの用語

を図中に示した。

図 2-23 の磁化の立ち上がり部分を**初磁化曲線**とよび、図中の A のような比較的真っ直ぐな磁化の立ち上がりを示す磁石を、保磁力の発現機構として（磁化反転）**核生成型磁石**とよぶ。この磁化の立ち上がりは、実は磁壁〔図 2-22(c) の N-S 極の境界領域〕の移動で起こるものである。一方、図中の B で示したように、なかなか磁化が増加せず、ある磁場以上を印加して急激に磁化増加が起こる磁石のことは、後で説明する理由で（磁壁の）**ピンニング型磁石**とよぶ。

保磁力の意味する内容は、単純化すれば図 2-24 に示すように、外部からの磁場 $H_{ex}$ により磁石全体として N-S 極対の方向逆転が起こる印加磁場のことである。ただし、注意すべきことは、磁石が回転するわけではないことである。あくまで N-S 極の現れる方向が磁石の内部で反転するのである。この反転が保磁力付近で起こっていると解釈するのである。

なお、磁石を熱消磁（温度をかけて磁石特性を消すこと）したとき、磁石は先述の磁区という N-S 極方向の決まった小さな（通常 $\mu$m サイズ）細い領域の集合体となって、見かけ上は総和の磁化が消えている（図 2-23 の原点の状態に相当する）。その磁区集合体としての磁石では、磁区同士の境界部分で、図 2-22(c) で説明したような N-S 極方向の逆転がゆっくりと起こる。その逆転が起こっている部分である磁壁の厚さ（**磁壁幅**）は、磁石では磁区幅の 100 分の 1 程度の 10 nm 程度以下である。感覚的には、磁壁内部で N-S 極対の方向がネジを回すように少しずつ回転して、最終的に逆転するわけである。

なお、これまでに説明した部分も含めて、磁区や磁壁などの永久磁石の特性を理解するのに基本的な事項の説明は、別の参考書を参照していただきたい[13),14),15),16)]。

さて、核生成型とピンニング型の保磁力発現機構の内容を少し詳しく説明する。図 2-24 に示した N-S 極の反転現象が起こるのに必要なエネルギーを計算してみると、工業的に使用されるサイズの磁石では、大変大きなエネルギーが必要である。図 2-25 では、その大きなエネルギーを $E_1$ とした。このような磁化反転のエネルギーは体積に比例するので、同じ図 2-25 の下列に示した磁

第 2 章　希土類磁石の材料科学

図 2-24　磁石の磁化反転（模式図）

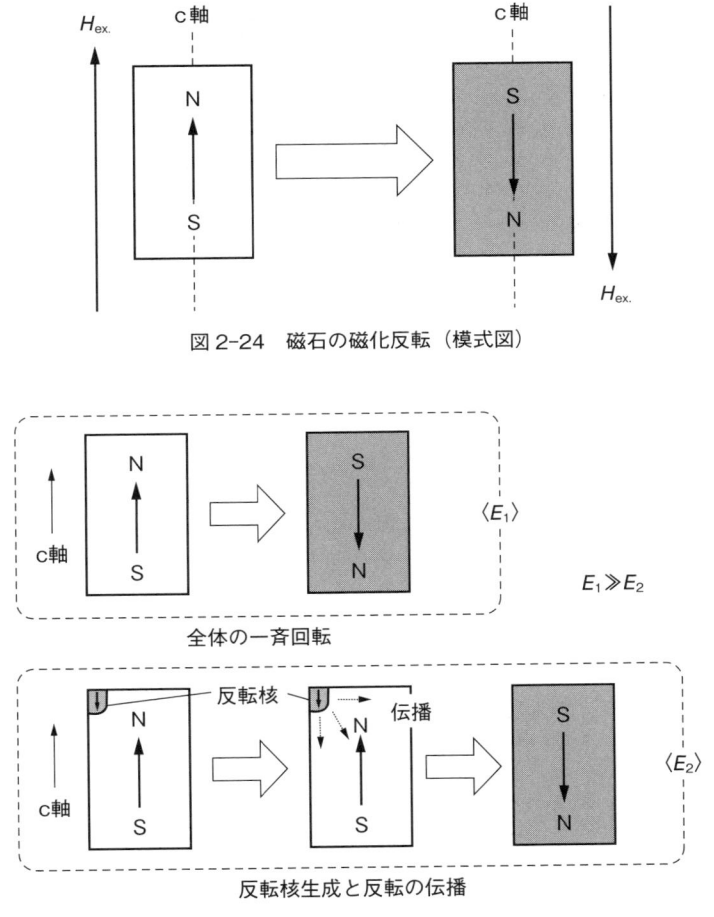

全体の一斉回転

反転核生成と反転の伝播

図 2-25　磁石の磁化反転機構

石の小さな部分が反転するのであれば、比較的小さなエネルギーで反転核が生成する。したがって、現実に起こる磁化反転では、図示したように小さな磁化反転核が生成して、そこから反転が周囲に伝播すると考えると、比較的小さなエネルギー（$E_2$）で磁石としての磁化反転が起こることになる。そこで、図 2-25 の下部に示したような磁化反転機構が現実に起こっていると考えられて

きた。

　一方、磁壁のピンニング型の保磁力発現機構を示す磁石については、何が磁壁の移動を「ピン留め」するのかが、これまで実験と理論の両面から研究されてきた。図 2-26 に示すのは、これまでの研究の標準モデルの一つで、ガンツ（Gaunt）が提案した磁壁のピンニング・モデルである。希土類磁石が全盛となる以前には、磁壁のエネルギーを低下させ、安定化する原因は、酸化物や格子欠陥のような、局在する、磁石にとっての副相（異物）であると見られていた。Sm-Co 系希土類磁石が出現してからは、磁壁エネルギーが主相と異なる粒界相（磁壁幅以下の極めて微細な面状析出相の場合もある）がピン留めを行うと考えられている。いずれにしても、図 2-26 の様子は、現在でも磁壁ピンニングの典型的モデルである。

### 2-6-2　磁石の微細構造と保磁力の関係

　ところで、現実のネオジム磁石を見ると、この磁石は焼結体である。つまり、多くの単結晶粒子と見なせる結晶粒子が粒界を挟んで結合した多結晶体である。図 2-25 上部のような単結晶の大きなネオジム磁石粒子では、事実、保磁力がほとんど発現しない。つまり、図 2-25 下部のように、いずれかの部位に磁化反転核が発生すると、単結晶磁石全体が磁化反転を起こす。逆にいえば、反転の伝播は、単結晶内部では極めて容易であると考えられる。

　図 2-27 には、実際に走査型電子顕微鏡（SEM）で観察したネオジム磁石焼結体（NEOMAX-48）と粉体磁石粒子（HDDR 粉体）の微構造を示す。焼結磁石は通常、図のような 5～10 $\mu$m の磁石結晶粒子の集合体であり、HDDR粒子 1 個は、SEM 像の下に模式的に示したようにサブミクロンサイズの小さな 1 次結晶粒子の数百から数千個の集合体である。すなわち、実際のネオジム磁石を模式図で表すと、図 2-28 のように直径（$D$）がサブミクロンから 10 $\mu$m 程度の磁石粒子の集合体であることが理解できる。つまり、図 2-25 の上部に示したような大きな単磁区磁石粒子ではないことが理解できる。

　現実のネオジム磁石の微構造（微細結晶粒子構造）に基づいて考えると、図

第 2 章　希土類磁石の材料科学

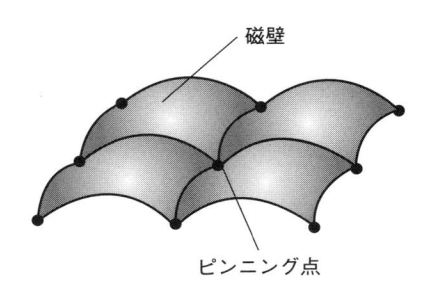

図 2-26　(磁壁) ピンニングの典型的モデル
　　　　　(ガンツによる)

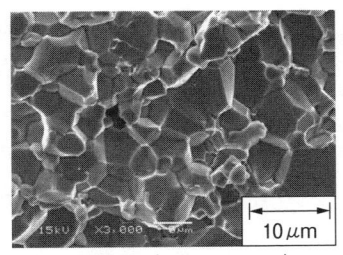

焼結磁石 (NEOMAX-48)　　　　　HDDR粉体

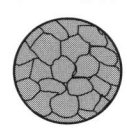

図 2-27　実際の磁石の微構造

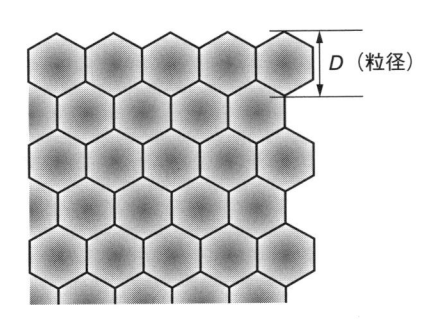

$D$ (粒径)

図 2-28　焼結体微構造モデルと粒径の定義

2-25 に示した磁化反転機構、すなわち、改めて図 2-29 の上部に示すような単結晶粒子中で磁化反転核が生成するような場合には、実験的にも保磁力はほとんど消失している（$H_{cJ} \approx 0$）ことが理解できる。一方、現実に保磁力が発現しているネオジム磁石では、図 2-29 の下部のように多くの小さな結晶粒子が集団を形成していて、その粒子群のいずれかで磁化反転核が生成するわけである。もし、結晶粒子を分割している粒界が、磁化反転に対して何の障壁にもならない場合は、単結晶磁石の場合と同様に保磁力は発現しないことになる。ところが、焼結磁石では、現実に比較的大きな保磁力が発現するのである。すなわち、磁化反転核が生成した結晶粒子から他の未反転の結晶粒子への磁化反転の伝播を粒界が障壁となって阻止しているか、難しくしていることになる。そこで、図 2-29 の下部には、磁化反転に巻き込まれる結晶粒子集団を、協同現象領域サイズとして、あるサイズに限定するモデルを示した。

この議論をもう少し続けよう。図 2-30 に示すように、結晶粒子の粒界による分割を考えると、図 2-29 の下部に示した磁化反転の協同現象領域内では、粒界部を通して磁気的な連結が存在することになる。粒界を通しての磁気的結合とは、どのようなものであろうか。図 2-30（左）に示すように、磁化反転した結晶粒子から反転が周囲の粒子に図 2-30（右）のように伝播するには、第一に、（A）磁壁のような磁気モーメント秩序が粒界部分に貫入して、隣接粒子に伝播することが考えられる。この場合、粒界部分が非磁性物質で構成されていると磁気秩序の伝達媒体が存在しないことになり、矛盾が起こる。

第二の可能性（B）として、もし粒界が非磁性であっても、通常の磁石集団のような N-S 極間の静磁的な相互作用は十分に伝わるので、「-N-S-N-S-」という静磁結合が結晶粒子集団内で伝達されることで磁化反転も伝達される可能性がある。この場合、少し専門的に考えると、粒子集団の形状や粒界部分の厚さなど、いくつかの重要な変数を決定すれば、その伝達の様子は計算シミュレーションで理解できそうである。

上記の場合以外に、第三の可能性（C）もある。それは、電子スピンの情報が、トンネル電子として粒界部を通して隣接粒子に伝播する機構である。この場合

第2章 希土類磁石の材料科学

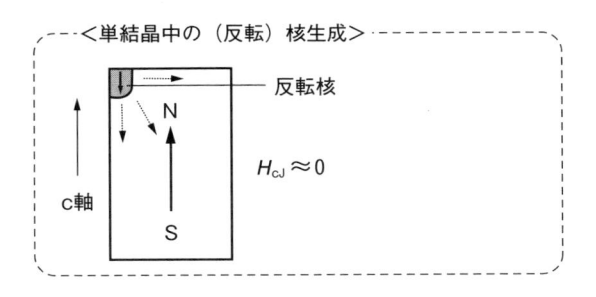

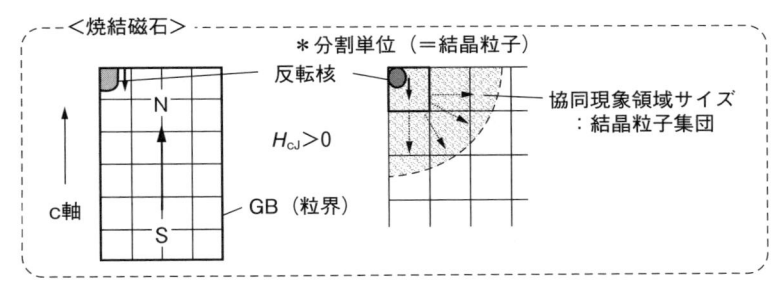

図2-29 単結晶磁石(上)と燃焼後の結晶磁石(下)および協同現象(粒子集団)磁化反転領域

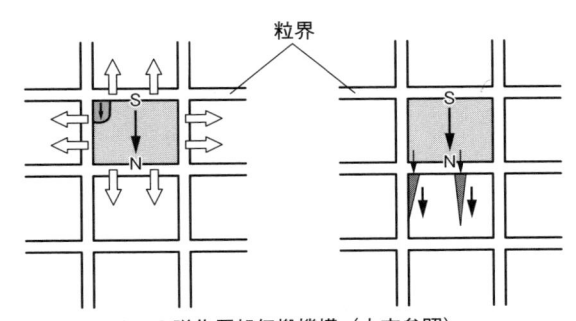

3つの磁化反転搬機構(本文参照)
(A) 磁壁の粒界への貫入
(B) 静磁的連絡(-N-S-N-)
(C) 粒界のトンネル(スピン)電子流

図2-30 粒界を通しての磁化反転伝播機構

も粒界は非磁性でもよいが、ただし、厚さは数 nm よりも薄いことが条件である。トンネル電子について、40～50 年前の理論計算結果では、到達距離が 10 nm にも達するという論文が見られるが、もし、そうであれば、ネオジム磁石の粒界層は通常、数 nm という報告が多いので、この第三の機構の可能性もある。

　ここまで、磁化反転核が生成して、その反転がどのように伝播するのか、という点について考察した。ここで少し話を戻して、**磁化反転核**という存在について考えてみよう。実は、この「核」の実物を見た研究者は 1 人もいない。なぜなら、他の金属分野における副相の生成、たとえば、主相中に析出する反応相などという場合、その反応は途中で止めることが可能で、生成した反応核の様子を段階的に観察することもできる。ところが、磁化反転核が一旦生成すると、少なくともその結晶粒子が全体として磁化反転し終わるまで核の成長を途中で止める手立てはない。しかも、これまでの研究では、核のサイズは 10 nm 以下で、生成後の成長も、おそらくマイクロ秒よりも短く、ナノ秒、ピコ秒で終了する可能性もある。そうなると、観察手段が極めて限られてくる。

　そこでこれまでは、磁化反転核生成については、モデルに基づくシミュレーションが研究手段の主体となってきた。大きく分類すると二つの流儀が存在する。どちらを先に説明してもよいが、初めにルイ・ネール流の考え方を説明しよう。彼は地磁気の研究分野でも極めて有名である。たとえば、北極の位置が地質学上の時代変遷とともに移動することなどの証拠に用いられる、岩石中の磁性鉱物の地磁気方向の記憶作用は、彼の**磁気余効**とよばれる現象の理論的研究で基礎づけられている。

　その理論の基礎に、磁化反転核が明瞭な実体的モデルとして存在する。すなわち、**図 2-31** に示すように、ある方向に着磁された磁性体内部に、反対方向を向く磁化反転核が生成する場合、必ずそれは実体的なサイズと構造を有していて、反対方向に反転した体積領域の周囲に磁壁が存在して、外部の着磁されたままの領域に接続されると考える。このような実体としての磁化反転核（あるいは**活性化体積**）が発生するというモデルである。このモデルは、反転領域

第 2 章　希土類磁石の材料科学

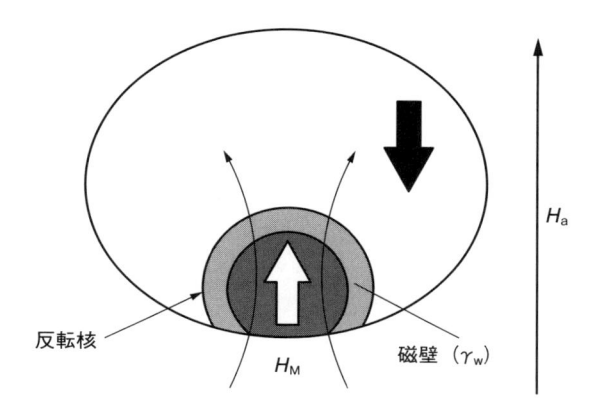

図 2-31　磁化反転核（活性化体積）のモデル図

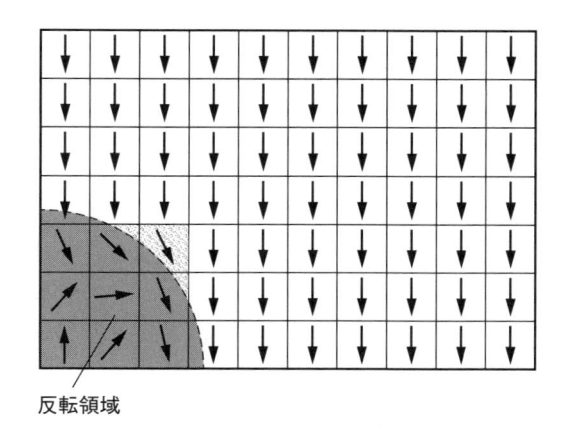

図 2-32　マイクロ・マグネティズムのシミュレーションモデル図

のエネルギーや磁壁エネルギーを計算することで、他のモデルに基づく理論計算と非常に明瞭に対応関係を理解できる。

一方、1960 年代から発展してきたマイクロ・マグネティズム計算に基づく考え方もあり、こちらは図 2-32 に示すように磁化反転核の実体的モデルを必ずしも必要としない。磁性体を原子よりも大きいが、磁性現象を考察するには十分に小さな領域に分割する。その基本的磁気単位群のエネルギー計算を行う手法である。単位間の相互作用エネルギーは物理的に完全なモデルを構成でき

るまで詳細に各項に分られる。したがって、計算結果を支配する要因の見通しが良くつくわけである。この計算モデルでは、各磁気単位間の相互作用を、ある大きさの系について計算して、総エネルギーが低い現象が現実的に発生すると考える。したがって、磁化反転核のサイズなどを規定せずに、系全体として磁化反転が成長するかどうかを計算で検定するわけである。つまり、ネールのモデルのような物理的実体の把握は、ある意味で必要ない。このモデルによる計算は、各研究グループに細部の工夫があり、ある意味でコンピュータープログラムソフトの開発と似た側面を持っている。

### 2-6-3 保磁力増大のセオリー

前頁では磁化反転核の実体について少し詳しく考えてみた。そこで、その実体から離れて、それがどのようなものであろうと、反転核生成の易難や結晶粒子径の変化が保磁力をどのように変化させるか、また、その保磁力変化をどのような物理的要因が支配しているかを実験結果もまじえて考えてみる。

図2-33には、筆者（小林久理眞）らのグループで研究した一連のネオジム磁石の保磁力変化を示す。図中のDyの記号がついた試料群は、ジスプロシウム（Dy）を試料全体に均一に添加した焼結磁石である。添え字Dyx（x＝0～1.0）はDyの添加割合であり、たとえば、Dy1.0試料はNdの替わりに全量Dyにした焼結磁石である。一方、A、BやIntと表示した試料群はDy無添加試料である。これらの無添加試料群は、図2-33(b)に表示したとおり、出発粉体径や工程の雰囲気管理、焼結温度、時間などの変更で、結晶粒子径のみを制御した試料群である。

Dy添加試料群では、図2-33(a)に表示したように、Dy添加量の増加につれて**結晶磁気異方性磁場**（$H_A = 2K_1/J_s$、ここで$K_1$は結晶磁気異方性定数）が増加して、保磁力も増加している。この結晶磁気異方性磁場とは、**図2-34**に示すように、磁石の磁化をc軸の1方の方向に維持するようにネオジム磁石の結晶構造自体が発生している磁場のことである。すなわち、この磁場が大きい場合は、N-S極を外部からの磁場$H_{ex}$で反転させようとしても、大きな磁場を

第 2 章　希土類磁石の材料科学

(a) 結晶磁気異方性磁場と保磁力の関係

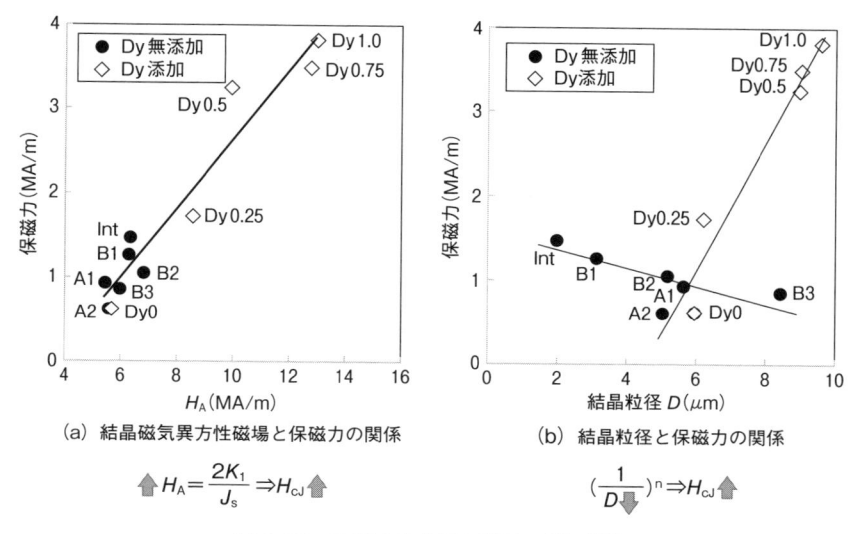

$$H_A = \frac{2K_1}{J_s} \Rightarrow H_{cJ}$$

(b) 結晶粒径と保磁力の関係

$$\left(\frac{1}{D}\right)^n \Rightarrow H_{cJ}$$

図 2-33　実際のネオジム磁石の磁気特性

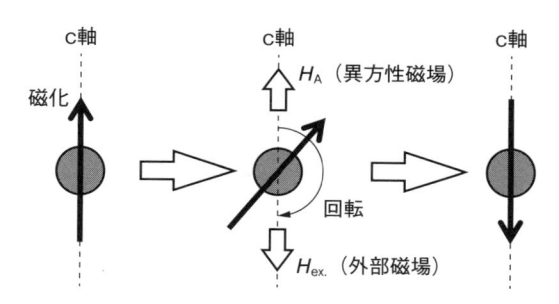

図 2-34　結晶磁気異方性磁場と磁化反転の関係モデル（ストーナー・ウォルファスモデル）

印加しない限り N-S 極対の回転が起こらないことを意味している。この磁場の表示（$H_A = 2K_1/J_s$）から明らかなように、$K_1$ が大きいと磁場（$H_A$）も大きくなる。ネオジム磁石の場合、実際に測定してみると、室温の $K_1$ 値は Dy の添加量が増えても変化が小さい。むしろ、Dy の添加量が増加すると飽和磁気分極（$J_s$）が低下するので、結晶磁気異方性磁場（$H_A$）は増加している。

図2-34について説明を追加すると、この図に示したような磁化反転のモデルは、これまで磁石の保磁力を考えるための標準モデルとなってきた。60年以上前に、このモデルに基づく古典的論文を書いたストーナーとウォルファスの名前をつけてストーナー・ウォルファスモデルと呼ばれており、現在でも磁化反転を考える研究者が必ず立ち戻る基本モデルとなっている。

　話を戻すと、いずれにしても、図2-33(a)のデータが示している事実は、結晶磁気異方性磁場（$H_A$）の増加は保磁力を増加させることである。一方、図2-33(b)のデータが示しているのは、図2-33(a)で無添加試料群の$H_A$は、ほとんど変わらないにもかかわらず、平均結晶粒径（$D$）が小さくなると保磁力は逆に増加することである。つまり、数式で表示すれば$(1/D)^n \propto H_{cJ}$である。なお、n値は正の数値であるが、磁石材料ごとに異なることが実験的に確認されている。

　磁化反転核生成は、図2-25や図2-29、さらに図2-31に表示したように、N-S極対の反転現象にとって極めて重要な出発点である。その生成の易難を支配しているのが結晶磁気異方性（磁場）であることが、図2-33(a)に示した実測データでも確認できる。その反転核自体としての反転磁場が小さく、容易に生成する反転核を大きな円で表し、逆に、なかなか反転を起さない核を小さな円で描くと、**図2-35**(a)に示すように、磁石は全体として調製直後の段階で大小さまざまな円で表される磁化反転核を含んでいるというモデルが立てられる。反転核が形成される理由には、磁石の原料や調製工程におけるいろいろな要因が考えられる。

　そのようないろいろなタイプの欠陥を含む現実の磁石を仮定すると、図2-33(b)に示した結晶粒子径の微細化による保磁力の増加を説明するモデルを考えることができる。つまり、図2-35(b)のように粒界で細かく分割された磁石では、容易に磁化反転する反転核は、分割された1つの結晶粒子に閉じ込められる。したがって、磁気的な分割が完全であれば、そのような反転核が含まれる粒子のみが小さな保磁力となる。他の粒子群は、より大きな磁場を印加しない限り磁化反転を起さない。

第 2 章　希土類磁石の材料科学

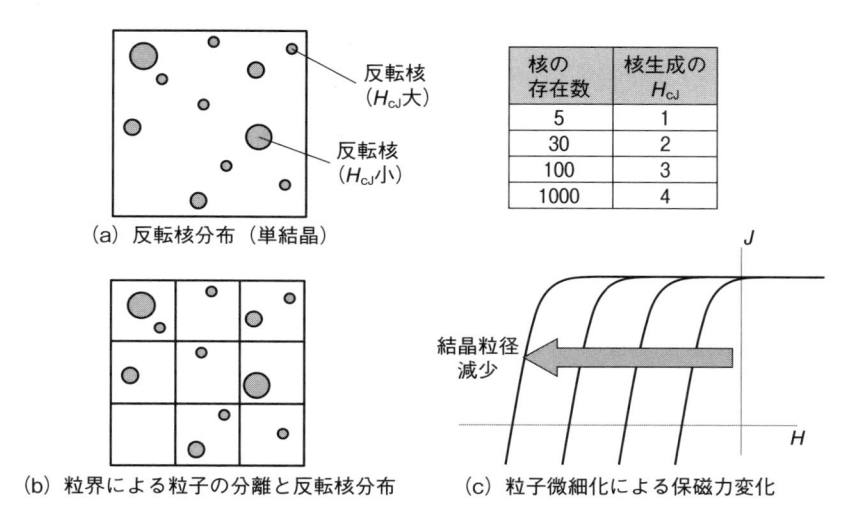

| 核の存在数 | 核生成の$H_{cJ}$ |
|---|---|
| 5 | 1 |
| 30 | 2 |
| 100 | 3 |
| 1000 | 4 |

(a) 反転核分布（単結晶）

(b) 粒界による粒子の分離と反転核分布　　(c) 粒子微細化による保磁力変化

図 2-35　結晶粒径微細化と磁化反転核分布

　図 2-35(c) に示したヒステリシス曲線の第 2 象限は、大きな円で表示される容易に磁化反転する核の数が少なく、小さな円で示される保磁力の大きな反転核は比較的多いと仮定する場合に、結晶粒子径を微細化すると保磁力が増加することを説明できることを示している。すなわち、同図表中にあるように、あるサイズ以上のネオジム磁石の単結晶に、たとえば、保磁力が 1 相当の反転核が 5 個、2 相当の核が 30 個というように、表に示すような保磁力で磁化反転を起こす反転核合計 1,135 個が初めから存在していると仮定する。大きな単結晶のままの同図(a)では、保磁力が 1 相当の核の存在で、磁石全体の保磁力も 1 である。

　ところが、同図(b)のように単結晶を磁気的切断が完璧な粒界で小さく分割していくと、保磁力 1 相当の反転核を含む結晶粒子は 5 個しか存在しないので、他の結晶粒子は全部保磁力が 2 以上になる。そのように考えると、分割単位、すなわち結晶粒径を微細化すればするほど保磁力が増加することが説明できる。このような保磁力と磁石粒径の相関関係の理解がこれまでに提案されているが、その理解で磁石全般のこのような相関関係が説明できるかどうかは現在研究中

である。

　ところで、円が大きいほど磁化反転が容易であるとするモデル、あるいは表現方法は、物理的に意味があるのかは気になるところである。実は、この表現には物理的なモデルが存在する。図 2-36 には、バルビエが初めに提案した、多くの磁性材料についての保磁力（$H_\mathrm{cJ}$：横軸）と磁気余効係数（$S_\mathrm{V}$：縦軸）の対数の相関関係を示す。この関係はバルビエ・プロットとよばれて有名である。つまり、保磁力が大きくなると縦軸の $S_\mathrm{V}$ が比例して大きくなる相関関係が実験事実としてある。この縦軸（$S_\mathrm{V}$）は、温度から来る熱エネルギーに対する磁化反転核生成の困難さと理解でき、磁気余効の実験から決定できる。

　したがって、$S_\mathrm{V}$ が大きい場合は、反転核を生成させるために必要な熱的な**ゆらぎ磁場**が大きいことになる。つまり、図 2-35 などの円の大きさを、この磁気余効係数の（$S_\mathrm{V}$）、すなわち、反転核生成に必要なゆらぎ磁場の大きさの逆数（$S_\mathrm{V} \propto 1/v$：$v$ は逆数の**活性化体積**である）と読み替えると、これまでの説明は、この古典的とも言えるプロットの内容ともつながるわけである。なお、図中の $Sm_2Fe_{17}N_x$ 磁石や $(Nd_x, Dy_{1-x})_2Fe_{14}B$ 磁石についてのデータは、筆者のグループが測定したもので、図 2-36 で初めて同プロット上に記入したものとして示してある。2 つの磁石材料物質もこのプロットの直線上にあるが、同じ物質の組成を変化させると依存性の傾きが磁石ごとに異なる。その意味は現在のところ不明である。

　図 2-37 に、これまで述べた内容をまとめる。ネオジム磁石のように焼結磁石や微粒子の集合体でできた粉体として用いられる磁石では、1 次結晶粒子は粒界によって結合されている。これまで述べたように、この 1 次結晶粒子は、ナノサイズの小さな磁石から数十 $\mu$m 径に達する焼結体まで広いサイズの分布をもつ。保磁力を大きくすることに有用なのは、第一に磁化反転核（図 2-37 中の粒子内の黒い円で表示）の生成確率が各条件下で低いことである。すなわち、図中の（A）と（B）の状態の比較では、（A）は反転核の生成数が多く、（B）は少ない〔$N(A) > N(B)$〕。このような場合の比較では、（B）の状態となる磁石の保磁力は、（A）の状態の磁石よりも大きいと考えられる。

第 2 章　希土類磁石の材料科学

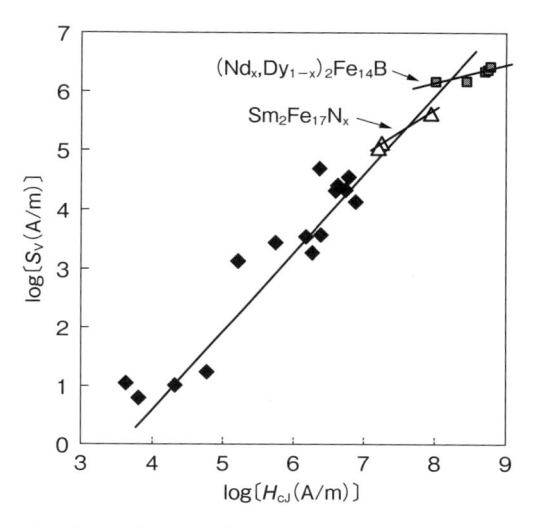

図 2-36　バルビエ・プロット（保磁力と平均的反転核サイズの相関関係）

核生成の数（濃度）($N$)

(A) $E_{act}$（小）　　　　(B) $E_{act}$（大）

$N(A) > N(B)$

反転核

磁化反転領域の伝搬

(C) $E_{act}$（小）　　　　(D) $E_{act}$（大）

$V(C) > V(D)$

図 2-37　磁化反転核の発生数の相違〔(A) と (B)〕と、磁化反転の伝播領域サイズの相違〔(C) と (D)〕の模式図
　　　　$E_{act}$ は反転核生成エネルギーである。

一方、一つの磁化反転核の生成により磁化反転する領域の体積（$V$）が、同図（C）と（D）のように異なる場合も、保磁力に差異が生じると考えられる。すなわち、同図（C）のように、1つの磁化反転核の生成で2次元的に10個の結晶粒子が反転に巻き込まれる場合と、同図（D）のように4個しか巻き込まれない場合を比較すれば〔$V(C) > V(D)$〕、明らかに（C）のような場合の保磁力は、（D）の場合のそれよりも小さい。この磁化反転核の生成に巻き込まれる結晶粒子数の差異は、現実の磁石では3次元的であるが、いずれにしても、結晶粒界の磁気的な切断の完全・不完全性の度合いの相違により生じると考えられる。

　ここまでの結論として言えることは、モデルの詳細は異なるとしても、磁石の保磁力を決定する要因の第一は、磁化反転核生成がどの程度難しいかということで、それは、磁石のN-S極の方向を保持しようとするエネルギー、つまり結晶磁気異方性磁場がどの程度大きいかということと同義である。もちろん、反転核の様子を反転領域が磁壁に囲まれている実体的存在と考える立場と、磁気モーメント集団内における磁化反転領域の生成と成長の動力学的存在とする立場は、磁化反転核のイメージを大きく左右する。しかし、いずれにしても、この核生成機構が保磁力にとって重要なことに違いはない。

　さらに、一つの反転核生成後に、それが巻き込む結晶粒子集団サイズの問題がある。この問題については、結晶粒子間に存在する粒界部分の磁気的結合性がどの程度強いかが重要である。ある粒子集団における磁化反転に巻き込まれる粒子数が小さければ保磁力は大きくなると考えられる。

### 2-6-4　ネオジム磁石の保磁力向上に関する研究開発

　この項目に関連して、インターメタリックス㈱が開発したDy無添加（フリー）で保磁力が1.6 MA/m程度発現するネオジム磁石で、興味深い新しい磁化機構が観察された。この磁化機構の説明は、今後の保磁力発現機構の研究の方向性を示唆する極めて重要な論点であると考えるので、本節の最後として取り上げる。

第 2 章　希土類磁石の材料科学

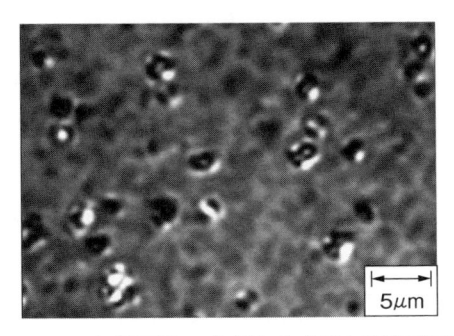

図 2-38　新規調製 Dy 無添加ネオジム焼結磁石の
結晶微構造と磁区構造（実際の観察例）

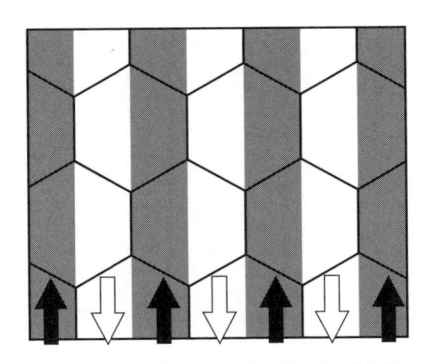

図 2-39　平均粒子径が磁区幅のほぼ 2 倍の
場合の磁石内部の様子（模式図）

　この焼結磁石の最大の特徴は、図 2-38 と図 2-39 に示すように、大変微細な 2 μm 弱の平均結晶粒径と、1 μm 以下の磁区幅である。図 2-33(b) で Int と表記した試料が、この Dy 無添加試料である。

　このように微細な結晶粒径の粒子群が形成する微構造の上に、その半分程度の幅の磁区が磁区構造を構成すると、図 2-39 のように、模式的には磁区の境界面を形成する磁壁の片方が必ず粒界部分に位置することになる。このことは、次に説明するこの磁石の特異な着磁機構に深く関連している。

　図 2-40 は、この新規調製 Dy フリーネオジム磁石の着磁曲線を筆者の研究

グループが独自のステップ法で測定した結果である。（図中の $H_{\text{appl.}}$ は印加磁場、$H_\text{d}$ は試料の反磁場で、ネオジム磁石では通常 0.4 MA/m 程度である）。図中で（A）と（B）とした着磁過程は、これまで研究してきた多くのネオジム磁石でも同様である。つまり、小さな印加磁場でも徐々に着磁される部分と、それに続く明瞭な磁壁運動を伴い着磁される部分が存在する。しかし、その着磁の最終段階で 1.2 MA/m から 2.4 MA/m までの印加磁場で現れる横方向に直線的な磁化曲線群（C）は、このネオジム磁石のみに現れる新規な着磁機構である。

図中下部の（C）で示したように、これは磁壁の粒界から粒界へのホッピング機構で進行する着磁で、粒界と磁壁の強い相互作用（粒界位置における磁壁の安定化とも言える）を示していると考えている。このような機構は、結晶粒子径を微細化したこの磁石で初めて観測されたものである。

この最後に説明した新規に調製された Dy フリーネオジム焼結磁石における磁化機構は、これまで磁石の保磁力の説明に用いられてきた核生成型とピンニング型という分類が、次第にあいまいな分類法になりつつあることを示すものと考えられる。このことは、結晶粒子内部の磁壁ピンニング以外に、結晶粒界における磁壁ピンニングという新たな現象が見えてきたとも言える。粒界から粒界に磁壁がホッピングする現象は、言い換えれば、そのジャンプに挟まれた結晶粒子（群）は粒子全体として磁化反転すると理解することもできる。それは別の意味では、単磁区粒子の磁化反転と同じ現象（言い換えれば"核生成型磁化反転"）である。

磁石の保磁力問題は、なかなか物理学の相転移現象の分野に還元できない。その理由は、現実の磁石の保磁力、つまり磁化反転が多くの場合、原子レベル、磁区レベル、微構造レベルの多層構造の複合的現象であることにあると思われる。つまり、何重にも重なるミクロからマクロな現象が複雑に関連し合って、ある現実の磁石の保磁力を決定しているのである。したがって、保磁力を説明することはやさしい問題ではない。しかし、多重構造を有する複合的な相転移を説明する学問分野は、必ず広い応用の可能性をもつと信じて筆者は研究を続けている。

第 2 章　希土類磁石の材料科学

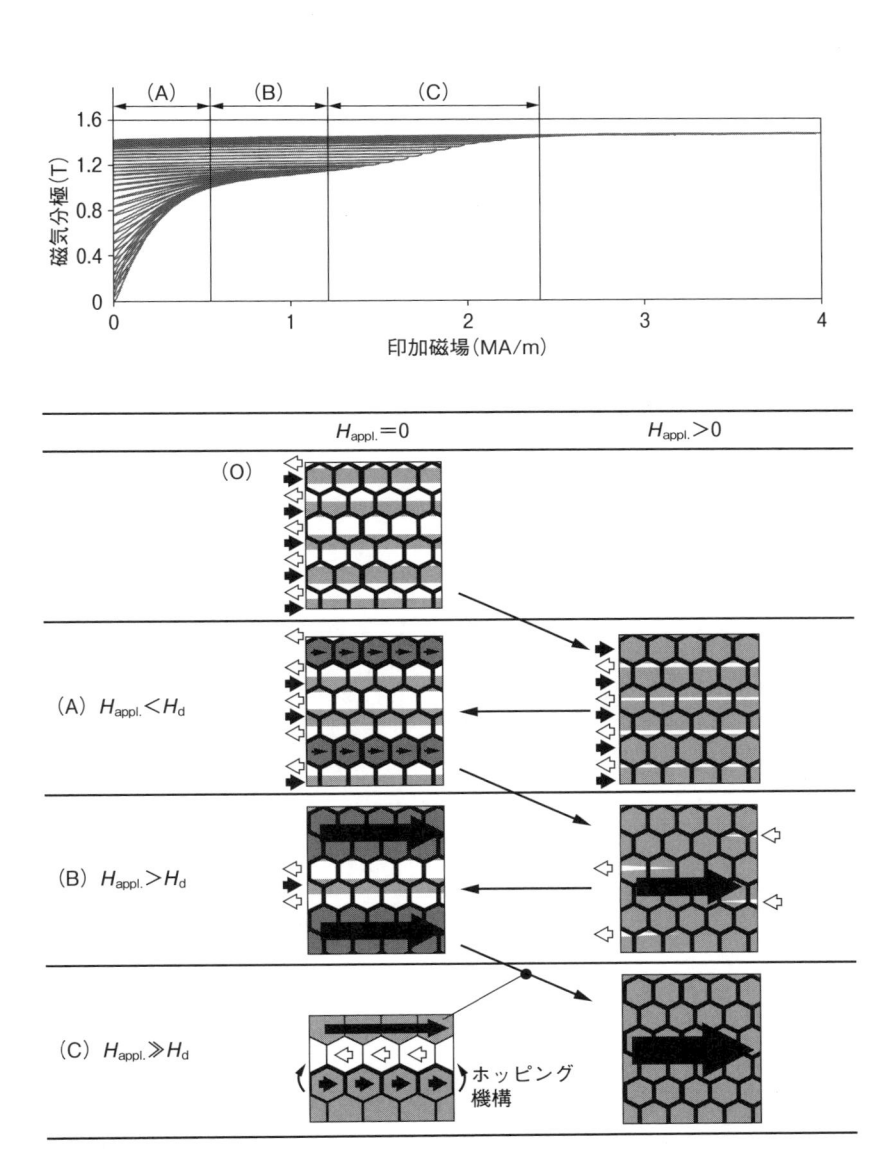

図 2-40　新規調製 Dy 無添加ネオジム焼結磁石で実際に観察された特異な磁化機構

## 参 考 文 献

1) R. Skomski and J. M. D. Coey：Permanent Magnetism, Institute of Physics Pub., 1999
2) X. Y. Xiong, T. Ohkubo, T. Koyama, K. Ohashi, Y. Tawara, K. Hono：Acta Mater. 52 (2004) 737〜748
3) W. F. Li, T. Ohkubo, K. Hono：Acta Mater. 57 (2009) 1337〜1346
4) R. K. Mishra：J. Magn. Magn. Mater. 54〜57 (1986) 450〜456
   R. K. Mishra and R. W. Lee：Appl. Phys. Lett. 48 (1986) 733〜735
5) W. F. Li, T. Ohkubo, K. Hono, T. Nishiuchi, and S. Hirosawa：J. Appl. Phys. 105 (2009) 07A706
6) M. Uehara, N. Gennai, M. Fujiwara, T. Tanaka：IEEE Trans Magn. 41 (2005) 3838〜3843
7) J. Zhang, Y. K. Takahashi, R. Gopalan, and K. Hono：Appl. Phys. Lett. 86 (2005) 122509〜122601
8) S. Hirosawa, Y. Matsuura, H. Yamamoto, S. Fujimura, M. Sagawa, H. Yamauchi：J. Appl. Phys., 59 (3), (1986) 873〜879
9) Y. Matsuura, S. Hirosawa, H. Yamamoto, S. Fujimura, M. Sagawa, and K. Osamura：Jpn. J. Appl. Phys. 24 (1985) L635
10) B. Hallemans, P. Wollants and J. R. Roos：J. Phase Equil. 16 (2), (1995) 137
11) 藤森信彦：第14回磁気応用シンポジウム (2006) B1-1-1.
12) 佐川眞人監修：「ネオジム磁石のすべて」、アグネ技術センター (2011)
13) 佐川眞人、浜野正昭、平林眞編：「永久磁石」、アグネ技術センター (2007)
14) 俵好夫、大橋健：「希土類永久磁石」、森北出版 (1999)
15) 小林久理眞：「したしむ磁性」、朝倉書店 (1999)
16) 近角聰信：「強磁性体の物理 (上) (下)」第6版、裳華房 (1985、)

# 第3章

# 希土類磁石の応用技術

## 3-1 普及編：ネオジム磁石は地球を救う

　希土類磁石は第1世代である$SmCo_5$系焼結磁石の出現から現在に至るまで、従来の磁石と比較して高性能な磁気特性ゆえに、応用されるデバイスの小型・高性能化に大きな役割を果たしてきた。第2世代である$Sm_2Co_{17}$系焼結磁石を経て、第3世代であるFeとNdを主成分とするNd-Fe-B系焼結磁石（ネオジム磁石）が開発された1980年代以降は、Ndが資源的に豊富で、戦略物質であるCoフリーという材料的な特徴から、その応用範囲は格段に広がった。本章ではネオジム磁石の応用分野の状況を省エネ・新エネルギー応用を含めて概観する。

### 3-1-1　地球温暖化問題とネオジム磁石の貢献

#### 1. 地球温暖化の状況と対応

　地球温暖化の様子をIPCC（Intergovernmental Panel on Climate Change：国連の気候変動に関する政府間パネル）の資料から見てみよう。

　図3-1に世界平均地表気温（1961～1990年の平均気温との偏差）と世界平均海面水位の推移[1]を示す。平均気温は地球上の1,800カ所の観測点のデータの平均値である。1890年から1989年の100年間に平均気温は0.5℃上昇している。最近、世界気象機関（WMO：World Meteorological Organization）も同様の温度上昇を報告している[2]。また、海面水位も1901年から2000年の100年間に17 cm上昇している。この世界平均地表気温上昇の原因は、大気中の温室効果ガス（二酸化炭素、メタン、亜酸化窒素、フロンガス）の濃度、中でも二酸化炭素ガス濃度の上昇にあるとされている。

　図3-2に南極の氷床コアから推計された二酸化炭素濃度の推移[3]を示す。なお、氷床コアからの二酸化炭素の推計は、南極の氷床をボーリングして、その中に閉じ込められている空気を分析することによって行われる。産業革命の黎明期である1750年までは280 ppmであったものが、1960年代には300 ppm

第 3 章　希土類磁石の応用技術

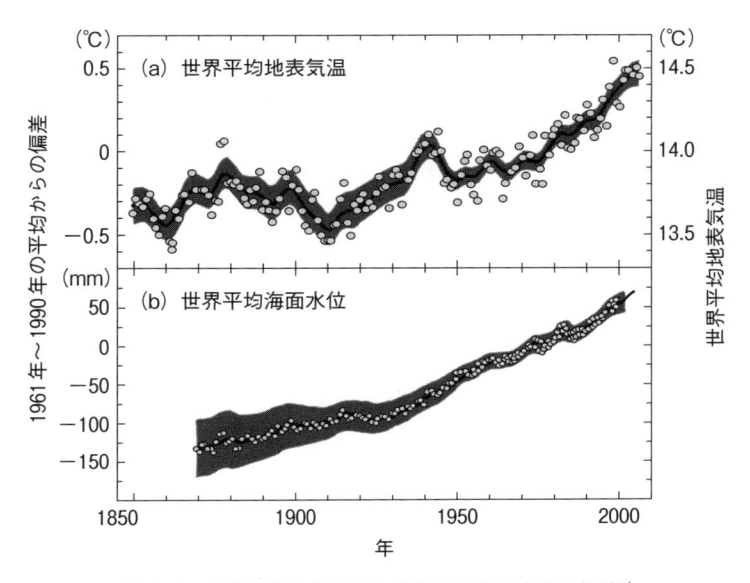

図 3-1　世界平均地表気温と世界平均海面水位の推移[1]

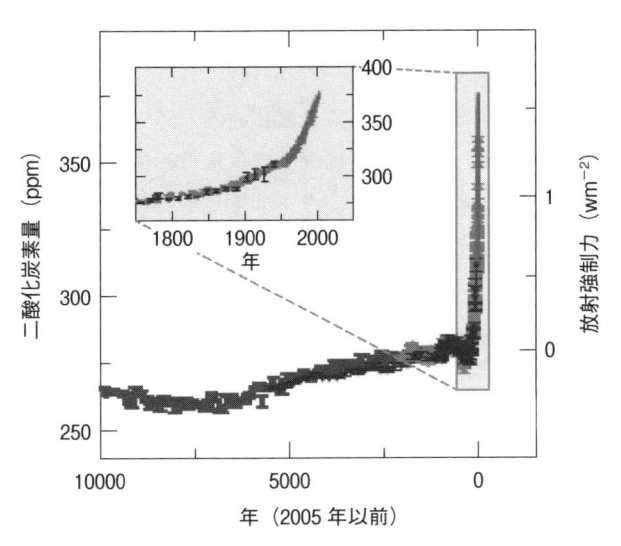

図 3-2　二酸化炭素濃度の推移（2005 年をゼロとし、2005 年以前を表示）[3]

を越え、以後急速に上昇している。化石燃料の燃焼による二酸化炭素の放出量と大気中の二酸化炭素濃度には密接な関係があることが検証されている。年ごとに排出される二酸化炭素の58％が大気中に残ると仮定して計算された大気中二酸化炭素濃度が1958年から2012年現在までのマウナ・ロア山（米国ハワイ州）での観測データ[4]（図3-3参照。キーリング曲線と呼ばれる。）と一致するからである。このように、地球温暖化の原因は人類の経済活動によって排出される温室効果ガスによることが明確になった。

　地球温暖化に対する世界的な取組みとして1992年にリオデジャネイロで開催された国連環境開発会議（UNCED：United Nations Conference on Environment and Development）で国連気候変動枠組条約（UNFCC：United Nations Framework Convention on Climate Change）が採択された。1997年に京都で開催されたのは「第3回UNFCC締約国会議」（COP3：The 3rd session of the Conference of the Parties to the United Nations Framework Convention on Climate Change）である。京都会議では「京都議定書」が採択され、2005年2月16日に発効した。表3-1に京都議定書の要点を示す。2008年から2012年までの5年間で、$CO_2$、$CH_4$、$N_2O$、HFC、PFC、$SF_6$の温室効果ガスの排出量を先進国全体で1990年実績の5％減、すなわち95％に減らそうというものである。削減量の中には二酸化炭素ガスなどの温室効果ガスの森林による吸収値も含まれており、森林育成による目標値達成も手段として認められている。国際的に協調して目標達成を図るための仕組みである排出量の取引や売買に関する京都メカニズムも導入されている。主な先進国の具体的目標値は日本6％減、米国7％減、EU8％減、カナダ6％減である。米国は本議定書を批准せずに離脱している。

　2010年における日本の温室効果ガスの排出量[5]は12億5,600万トンで、京都議定書の規定による基準年（$CO_2$、$CH_4$、$N_2O$は1990年度。HFC、PFC、$SF_6$は1995年度。）の総排出量と比較すると0.4％の減少ではあるが、目標である6％減は達成されていない。さらなる低減は、森林吸収対策による−3.8％、京都メカニズムによる−1.6％などで6％減を計画している。

第3章 希土類磁石の応用技術

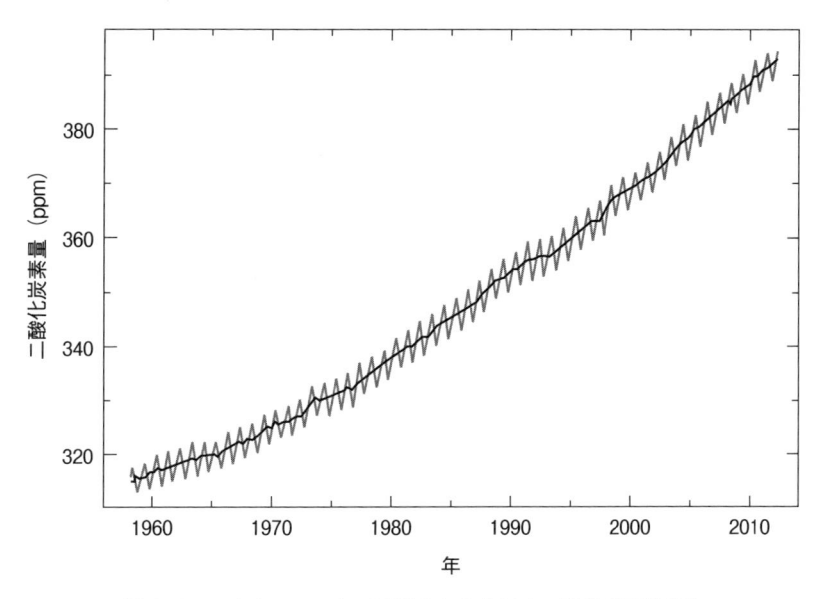

図3-3 マウナ・ロア山で観測された大気中二酸化炭素濃度[4]

表3-1 京都議定書の要点（発効：2005年2月16日）

●先進国の温室効果ガス排出量について、法的拘束力のある
数値目標を各国ごとに設定
●達成方法については各国の政策に任されている。

| 策対ガス | $CO_2$、$CH_4$、$N_2O$、代替フロンなど3ガス（HFC、PFC、$SF_6$）の合計6種類<br>HFC：Hydrofluorocarbon、<br>PFC：Perfluorocarbon、$SF_6$：6フッ化硫黄 |
|---|---|
| 吸収源 | 森林などの吸収源による$CO_2$吸収量を算入<br>（日本3.9%、EU0.5%、カナダ7.2%） |
| 基準年 | 1990年（HFC、PFC、$SF_6$は1995年としてもよい。） |
| 目標期間 | 2008年～2012年の5年間 |
| 数値目標 | 先進国全体で少なくとも5%削減を目指す<br>各国の目標→日本△6%、米国△7%、EU△8%など<br>（参考）　数値目標　吸収源枠　温室効果ガス排出量<br>　　　　日本　　△6%　　3.9%　　　△2.1%<br>　　　　EU　　　△8%　　0.5%　　　△7.5% |

●国際的に協調して目標を達成するためのしくみ（京都メカニズム）導入

基本的に 2010 年 6 月に閣議決定された「エネルギー基本計画」[6]（**表 3-2**）では温室効果ガスを 2020 年に 25 ％排出削減、2050 年に 80 ％排出削減のためにゼロエミッション電源（原子力および再生可能エネルギー）を 2020 年までに 50 ％以上（現状 34 ％）とする方針を掲げた。この数字を実現するために 2020 年までに原子力発電所を 9 基増設、設備稼働率 85 ％がシナリオとなっていたのである。しかし、2011 年 3 月 11 日に東日本大震災が発生し、東京電力福島第一原子力発電所の 4 基の原発が地震と津波の被害を受け、多量の放射性物質を放出するに至った。原発の安全性をめぐり議論が沸騰し、ストレステストの是非や原発に対する地元住民の反発から定期点検後の原発再稼働ができない状況に至っている。2012 年 5 月 6 日現在、商用原発 50 基のすべてが稼働を停止した。現状および今後の原発の稼働率を考えると、2011 年度以降の温室効果ガス排出量低減のシナリオは破綻したことになる。現在、「エネルギー基本計画」の見直しが行われているが、原子力発電の電源構成における位置付けが委員によって 0 ％から 23 ％に分散しており、原発に対する考え方の差が見て取れる。

　脱原発に日本全体が舵を取るならば、省エネの一層の推進と風力発電、太陽光発電、バイオマス発電などの再生可能エネルギーの導入がカギとなる。デンマーク、ドイツなどの再生可能エネルギー導入の先進国の実態を学習し、社会システムを含めた導入検討が必要である。最も無理のないシナリオは、原発の寄与を段階的に低下し、再生可能エネルギーを増加促進することであろう[7]。

　2011 年に南アフリカのダーバンで開催された COP17 において、日本は京都議定書からの離脱を表明した。温室効果ガスの 2 大排出国である米中が参加していない枠組みに留まる意味が見出せないことに原因があり、新たな温室効果ガス低減へのシナリオを模索している。環境省の中央環境審議会小委員会は 2012 年 4 月 12 日、2030 年の時点で発電電力量に占める原発の割合をゼロにしても温室効果ガスの排出量が 1990 年比で最大 25 ％削減できるとの試算を公表した[8]。

第 3 章　希土類磁石の応用技術

表 3-2　エネルギー基本計画抜粋（2010 年閣議決定）[6]

| | |
|---|---|
| 2030 年に向けた目標 | (1) 自主エネルギー比率を約 70％（現状 38％）とする。<br>(2) ゼロ・エミッション電源の比率を約 70％（2020 年には約 50％ 以上）とする。（現状 34％）<br>(3) 家庭部門のエネルギー消費から発生する $CO_2$ を半減させる。 |
| 原子力発電の推進、目指すべき姿 | 2020 年までに 9 基の原子力発電所の新増設を行い、稼働率約 85％ を目指す。（現状：54 基稼働、稼働率 2008 年度 60％）<br>2030 年までに少なくとも 14 基以上の原子力発電所の増設を行い、稼働率 90％ 以上を目指す。ゼロ・エミッション電源比率を 2020 年までに 50％ 以上、2030 年までに約 70％ を目指す。 |
| 再生可能エネルギーの導入拡大、目指すべき姿 | ・太陽光発電：今後の発電コスト低下に期待。<br>・風力発電：事業採算性が高い。洋上風力など新技術が登場。<br>・水力発電：立地制約がある。中小発電への関心が高まっている。<br>・バイオマス利用：発電、熱、燃料部門に幅広い用途がある。<br>・地熱発電：安定発電が可能。立地制約とコストアップの可能性あり。 |

## 2. ネオジム磁石の貢献

　地球温暖化対策にネオジム磁石は、モータや発電機などの回転機応用を通して省エネおよび再生可能エネルギーの増大に貢献してきた。省エネは「エネルギーの使用に関する法律」（以下、省エネ法）によって加速してきた歴史がある。省エネ法は 1979 年に制定され、1997 年、京都開催の COP3 を受け、1998 年に大幅改正された。本改正によって「トップランナー基準」が導入された。トップランナー基準とは、省エネ法で指定された機器の省エネ基準をエネルギー消費効率が現在商品化されている製品のうち最も優れている機器（トップランナー）以上にするというものである。基準に達しないと、ペナルティーとして社名が公表され、罰金を科される。トップランナー基準によるエネルギー効率改善実績[9]を表 3-3 に示す。ガソリン乗用自動車を除くいずれの機器においても当初見込みよりも高い実績が得られていることが分かる。ただし、ガソリン乗用自動車は省エネ見込み期間が 1995 年から 2010 年であるのに対し、実績は 1995 年から 2004 年であることに注意する必要がある。中でもエアコンと電気冷蔵庫の消費効率改善の大きいことが特徴である。

　地球温暖化対策でネオジム磁石が活躍しているのは、省エネを目的として、次世代自動車駆動用モータおよび発電機（次世代自動は HEV、EV、PHEV、

表3-3 トップランナー基準によるエネルギー消費効率改善実績[9]

| 機器名 | エネルギー消費効率改善<br>（実績） | エネルギー消費効率改善<br>（当初見込み） |
|---|---|---|
| テレビジョン受信機 | 25.7%<br>（1997年度→2003年度） | 16.4% |
| ビデオテープレコーダー | 73.6%<br>（1997年度→2003年度） | 58.7% |
| エアコンディショナー | 67.8%<br>（1997年度→2004年度） | 66.1% |
| 電気冷蔵庫 | 55.2%<br>（1998年度→2004年度） | 30.5% |
| 電気冷凍庫 | 29.6%<br>（1998年度→2004年度） | 22.9% |
| ガソリン乗用自動車 | 22.0%<br>（1995年度→2004年度） | 22.8%<br>（1995年度→2010年度） |

燃料電池車などでエコカーとして国の認定を受けている）、電動パワステ（Electric Power Steering）、エアコン、冷蔵庫、洗濯機の各分野であり、新エネルギーを目的として、風力発電、小水力発電、コージェネの各分野である。これら分野においてネオジム磁石は、回転機であるモータおよび発電機の高効率化に大きな寄与をしている。

2004年時点で2010年にどれぐらいの省エネと新エネルギー導入を目標としていたかを2004年のエネルギー白書などから見てみよう。表3-4に省エネ導入目標[10]を、表3-5に新エネルギー導入目標[11]を示す。

省エネについては、2010年度の省エネ予測は5,700万kL（原油換算）で、最終消費エネルギーの2010年予測値、400 MkLの約14％に相当する。5,700万kLの省エネの内、トップランナー規制関連は1,250万kLで約22％を占める。新エネルギーについては、現行大綱目標において1,910万kLで、第1次エネルギー予測値620 MkLの3％程度である。新エネルギーの1,910万kLの内訳は太陽光発電6.2％、風力発電7.0％と少ないのに対し、廃棄物発電＋バイオマス発電31％、黒液・廃材など26％、太陽熱利用23％などが多い。地球温

## 第3章 希土類磁石の応用技術

表3-4 2010年の省エネ導入目標（原油換算、単位：万kL）[10]

| 部門 | 省エネ量（%） | 主たる内容 |
|---|---|---|
| 産業 | 2,050（36.0） | 経団連自主行動計画 |
| 民生 | 1,860（32.6） | トップランナー規制、他<br>（冷蔵庫、エアコン、洗濯機） |
| 運輸 | 1,690（29.6） | トップランナー規制、他<br>（クリーンエネルギー自動車、車両） |
| 分野横断 | 100（1.8） | 技術開発（ボイラー、レーザー、クリーンエネルギー自動車） |
| 計 | 5,700（100.0） | |

表3-5 2010年の新エネルギー導入目標（原油換算、単位：万kL）[11]

| 新エネルギー量 | 2010年度レファレンスケース | 2010年度現行対策推進ケース | 2010年度追加対策ケース | 2010年度現行大綱目標 |
|---|---|---|---|---|
| 太陽光発電 | 62 | 118 | 118 | 118 |
| 風力発電 | 32 | 134 | 134 | 134 |
| 廃棄物＋バイオマス発電 | 231 | 586 | 586 | 586 |
| 太陽熱利用 | 74 | 74 | 90 | 439 |
| 廃棄物熱利用 | 164 | 186 | 186 | 14 |
| バイオマス熱利用 | ― | 67 | 308[※1)] | 67 |
| 未利用エネルギー[※2)] | 5 | 5 | 5 | 58 |
| 黒液・廃材など[※3)] | 483 | 483 | 483 | 494 |
| 総合計 | 1,051<br>(1.7%) | 1,653<br>(2.7%) | 1,910<br>(3%程度) | 1,910<br>(3%程度) |

※ 上記発電分野および熱分野の各内訳は、目標達成にあたっての目安である。
※ 1) 輸送用燃料におけるバイオマス由来燃料（50万kL）を含む。
※ 2) 未利用エネルギーには雪氷冷熱を含む。
※ 3) 黒液・廃材などはバイオマスの1つであり、発電として利用される分を一部含む。

暖化対策として評価すると、省エネは即効性があるのに対して、新エネルギーは話題先行で実質はスローとの感を拭えない。なお、省エネに関しては、2006年5月に「新・国家エネルギー戦略」を策定し、今後、2030年までに少なくともエネルギー消費効率を30％改善するという目標を掲げている。

### 3-1-2 ネオジム磁石応用分野の推移

現在、工業材料として使用されている Nd-Fe-B 系永久磁石材料は、①異方性 Nd-Fe-B 系焼結磁石（ネオジム磁石）、②異方性 Nd-Fe-B 系後方押出熱間加工リング磁石、③等方性超急冷 Nd-Fe-B 系ボンド磁石、④異方性 HDDR Nd-Fe-B 系ボンド磁石、⑤等方性ナノコンポジット Nd-Fe-B 系ボンド磁石がある。現状の生産量は圧倒的にネオジム磁石と超急冷 Nd-Fe-B 系ボンド磁石が多く、それぞれ希土類焼結磁石および希土類ボンド磁石の No. 1 の生産量を誇る。

図 3-4 に日本における永久磁石の生産量（金額）推移[12]を示す。希土類焼結磁石は、バブル崩壊、IT バブルおよびリーマン・ショックの影響で 1994 年、2002 年および 2009 年に生産量の底が見られるが、全体の傾向としては増加を示している。2011 年の生産量は 1,285 億円である。希土類磁石の国内生産量が初めて 1,000 億円を越えた訳であるが、希土類原料の高騰の影響を考慮して評価する必要がある。一方、フェライト磁石は 1990 年近傍で生産量のピークを示すが、それ以降、減少を続けている。フェライトの生産拠点が中国および東欧にシフトし、日本からの輸出が減少していることを示している。国内では La-Co 置換系の新しい高性能材が開発されているが[13,14]、これら材質は La や Co という高価な原料を必要とする。アルニコ磁石は 1980 年にその生産量のピークを迎えたが、それ以降、減少が続き、2006 年以降は JEITA の統計材質から外された。希土類ボンド磁石の国内生産量は 1999 年以降、低下し、2005 年から少し増加している。1999 年以降の生産量の減少はメーカー各社が海外生産へシフトしたことが主な原因である。

図 3-5 に希土類磁石の国内生産量（重量）推移[15]を示す。希土類磁石の生産重量は1993年に前年度からの減少も見られるが、1998年まで増加傾向を示す。本図には Nd-Fe-B 系（ネオジム磁石）と Sm-Co 系焼結磁石の生産重量が区別して記載されている。ネオジム磁石は 1987 年度から増加を示し、1990 年には両材質の生産量は拮抗し、1991 年にはネオジム磁石の重量が Sm-Co 系を追

第 3 章　希土類磁石の応用技術

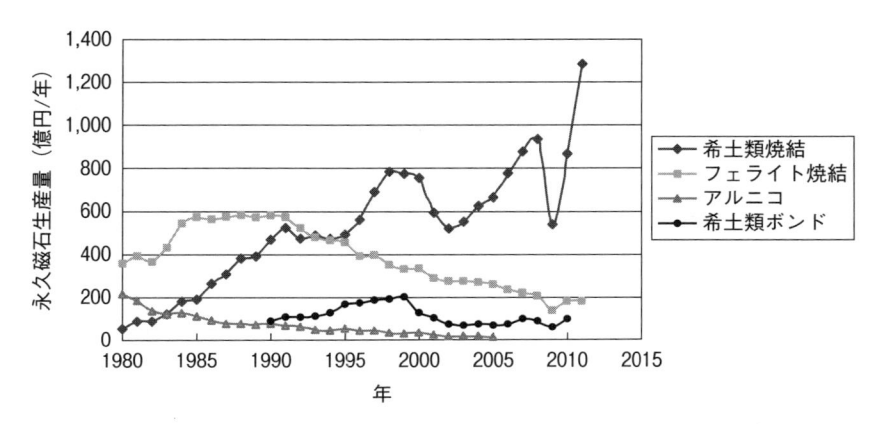

図 3-4　永久磁石の国内生産量（金額）推移（1980 年～2011 年）[12]

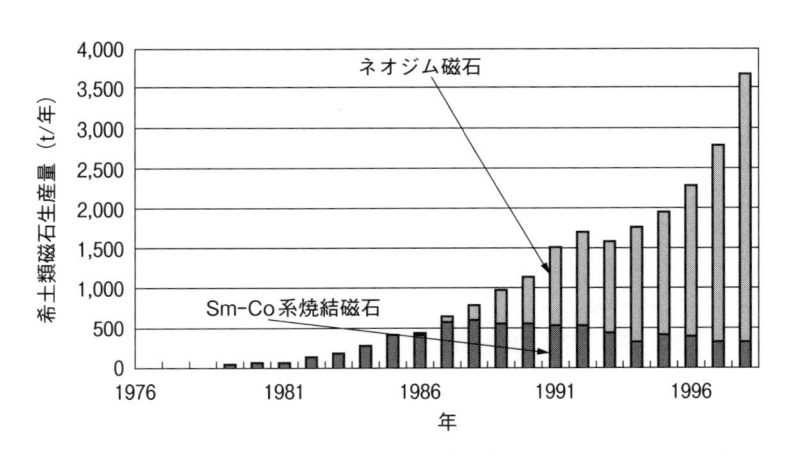

図 3-5　希土類磁石の国内生産量（重量）推移（1976 年～1998 年）[15]

い越した。応用面において急速な材料転換が行われたことが推定できる。2011年現在における Sm-Co 系の生産量は希土類磁石全体の 5％以下と推定されている。現在の協会統計（JEITA）では Nd-Fe-B 系と Sm-Co 系の区別がされていない。Sm-Co 系焼結磁石が使用される用途は、使用温度が 300℃に近いものや水素環境に磁石が曝されるリスクのあるものに限定されている。

図3-6に世界のネオジム焼結磁石の生産量（重量）推移[15]を示す。2000年は中国、米国、欧州、日本での生産が存在したが、2003年には米国での生産は行われなくなった。現状の欧州における生産はVAC 1社のみで行われている。一方、中国の生産量は2004年に日本と拮抗し、以降、日本を追い抜いた。中国は原料であるNd、Dy元素の鉱床を有し、希土類原料およびネオジム磁石を含む各種Nd-Fe-B系磁石を生産する「希土類磁石王国」である。国家戦略物質として希土類元素および希土類磁石を扱っている。米国のMolycorpは中国の寡占化に対抗する意味もあって、2010年9月、マウンテンパス鉱床の再操業を決定した。同時に永久磁石生産も開始する計画である。軍事用途も含めると、希土類磁石の米国内生産は必要との判断があったものと考えられる。

図3-7にNdおよびDyの価格推移[16]（日本：2006年1月～2012年4月）を示す。NdおよびDy原料価格が2011年7月に最高値（Nd：465ドル/kg、Dy：3,700ドル/kg）を付けた。中国国内の鉱床における環境対策および中国政府の希土類資源に対する規制強化が原因と言われている。日本国内ではネオジム磁石の主要応用分野であるエアコンにおいて、原料価格上昇によるネオジム磁石価格の高騰により、エアコンそのものの価格改定が行われた。2011年7月以降、これら価格は低下傾向を示しているが、2009年の水準に復帰するとは考え難い。中国以外の米国のマウンテンパスや豪州のマウントウェルドなどの鉱床の再稼動の動向によって中国が政策変更をする可能性もある。原料価格の高騰およびDyの枯渇不安がネオジム磁石の応用分野にも影響を与えている。最近の関心事はDyの枯渇対策に重点が移り、省Dy化の技術開発が産官学により活発に進められている[17]。

図3-8に、2000年と2007年を比較して希土類磁石の応用分野[15]を示す。音響はスピーカ、ヘッドフォン、マイクロフォン、医療（応用）はMRI（Magnetic Resonance Imaging）、複写機、磁選機、情報・通信はHDD（ハードディスクドライブ）用VCM（ボイスコイルモータ）、光ピックアップ、自動車用センサ、プリンタヘッド、回転機は各種モータ（エコカー、OA、FA、AV、家庭用電気機器）、発電機（エコカー、風力、小水力）が主たる内容で

第 3 章　希土類磁石の応用技術

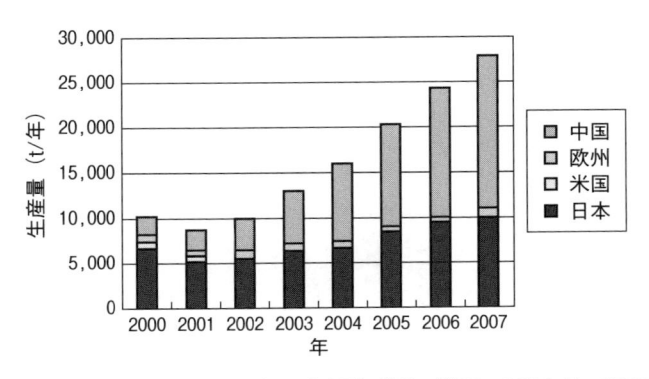

図 3-6　世界のネオジム磁石の生産量（重量）推移（世界　2000 年〜2007 年）[15]

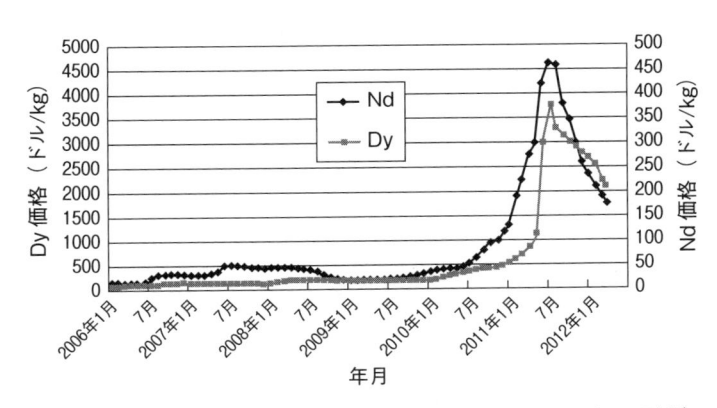

図 3-7　Nd、Dy の価格推移（日本　2006 年 1 月〜2012 年 4 月）[16]

ある。2000 年と 2007 年を比較すると、2000 年度は情報・通信が全体の 57 %を占めるのに対し、2007 年度は回転機（モータや発電機）が全体の 46 %を占め、情報・通信は 40 %と応用分野の第 2 位に後退した。日本国内でモータ・発電機などの小・中型の回転機の生産量が地球温暖化対策の一環として増加している。ネオジム磁石を用いたモータ・発電機は高効率化や小型化が可能なためである。従来、ネオジム磁石は軽薄短小用途への応用が多かった訳であるが、省エネ応用では中型の回転機への応用が増加している。ネオジム磁石が Nd と

Feを主要構成元素としており、資源的リスクが少ないことが中型用途への応用を後押ししていると考えてよい。

一方で、従来日本のお家芸であったVCM用の磁石が中国製品に置換わる傾向があるとも言われている。中国の技術力が向上し、磁気特性、特性バラツキ、寸法精度、Niめっきの完全性、表面清浄度に関する顧客仕様を満足する磁石の生産が可能になりつつあることが推定できる。

応用分野によって用いられるネオジム磁石の磁気特性は異なる。図3-9にネオジム磁石応用製品とそれらに対応する磁気特性と耐熱温度[18]を示す。ネオジム磁石のキュリー温度（$T_C$）が310℃と低いために、各応用に必要とされる耐熱性は保磁力（$H_{cJ}$）の向上によって保障する必要がある。エンジンの近傍に設置される最も使用環境の厳しいHEV駆動用モータや発電機では2.5 MA/mの保磁力が必要であるのに対し、常温で管理されるMRIでは0.8 MA/mの保磁力で充分である。

現状の最も一般的な保磁力向上手段は、Ndの一部をDyで置換することによる結晶磁気異方性の向上にある。Dy置換によって保磁力は向上するが、DyとFeの磁化が反平行に配列するために、飽和磁化が低下し、その結果、最大磁気エネルギー積〔$(BH)_{max}$〕は低下する。概略5 wt%のDy置換によって50℃の耐熱温度向上が可能になる。

### 3-1-3 埋込み磁石同期モータの基礎

ネオジム磁石応用の各論に入る前に、ネオジム磁石が利用され活躍している埋込み磁石同期モータの基礎を把握しておきたい。**埋込み磁石同期モータ**（IPMSM：Interior Permanent Magnet Synchronous Motor）はマグネットトルクの他にリラクタンス（Reluctance）トルクも利用できるために、高効率で可変速範囲の広いモータとして多くの応用に用いられる。

図3-10に永久磁石モータの代表的な2種のロータ（回転子）形状を示す。図3-10(a)、(b)、(c)はロータ表面に永久磁石を貼り付けた**表面磁石同期モータ**（SPMSM：Surface Permanent Magnet Synchronous Motor）用ロータで

第 3 章　希土類磁石の応用技術

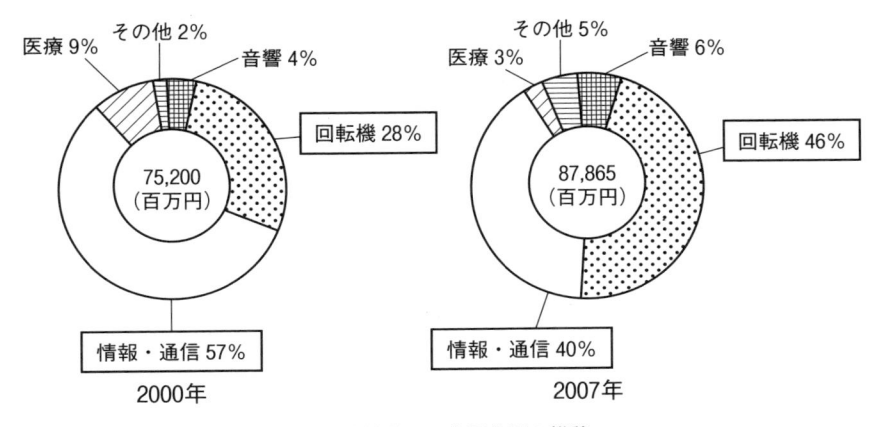

図 3-8　希土類焼結磁石の応用分野の推移
（2000 年と 2007 年の比較、金額、日本）[15]

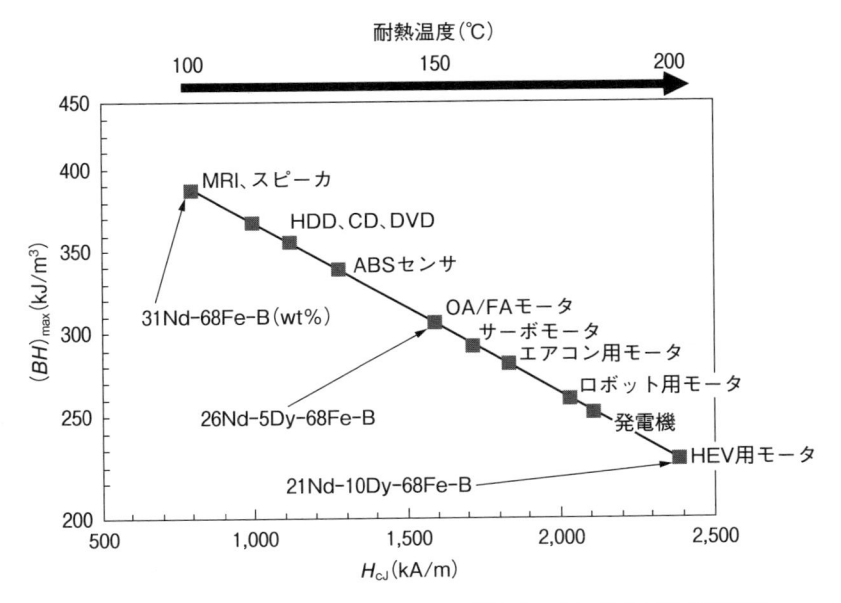

図 3-9　ネオジム磁石応用製品とそれらに対応する磁気特性と耐熱温度[18]

あり、EPS（Electric Power Steering）、サーボモータに用いられる（p.110およびp.120で述べる）。図3-10(d)、(e)、(f)はロータ内部に永久磁石を埋め込んだ埋込み磁石同期モータ用ロータであり、HEV駆動用モータ、発電機、エアコン用コンプレッサモータに用いられる。

　図3-11に、リラクタンストルクを発生させる突極の位置と永久磁石トルクとリラクタンストルクによる合成トルクの電流進角依存性を示す[19]。リラクタンスは磁気抵抗の意味であり、永久磁石の起磁力によって磁束が流れている部分は磁気抵抗が大きく、電磁軟鉄で構成された永久磁石による磁束の流れていない部分は磁気抵抗が小さい。この磁気抵抗の異なる2種の部分が円周上に共存することによってトルクが生じる。この磁気抵抗の小さい部分が突極として働く。リラクタンストルクのみで回転するモータが**リラクタンスモータ**である。ステータ巻線は分布巻と集中巻があり、用途によって選択される。

　IPMSMは、半導体のスイッチングで駆動され、ロータの位置に応じて制御されるインバータ駆動のモータと言える。そのために、ロータの位置情報は不可欠である。ロータ回転位置検出には、レゾルバやエンコーダなどの位置検出器を用いる場合と、電圧、電流の情報による位置推定を行うセンサレス方式がある。

　モータに電流を供給するインバータは、直流を3相交流に変換するスイッチング回路、スイッチング回路を駆動するゲートドライブ回路、および供給信号を形成する演算器から構成される。家電製品用モータでは、商用電源を直流に変換する整流回路が付加される。インバータはIGBTなどのパワートランジスタやマイクロプロセッサなどの半導体が主構成部品であり、インバータの発展は半導体技術によって支えられてきた。最近ではインバータに用いる材質もSiからSiCへの転換が図られる例も見られ、高周波領域における低損失化が実現している。

　制御にはさまざまな電流ベクトル制御法が用いられ、用途によって最大トルク／電流制御、最大トルク／磁束制御、弱め磁束制御、力率1制御、最大効率制御から選択される。回転数を上げるために弱め界磁[20]と呼ばれる通電タイミ

第3章 希土類磁石の応用技術

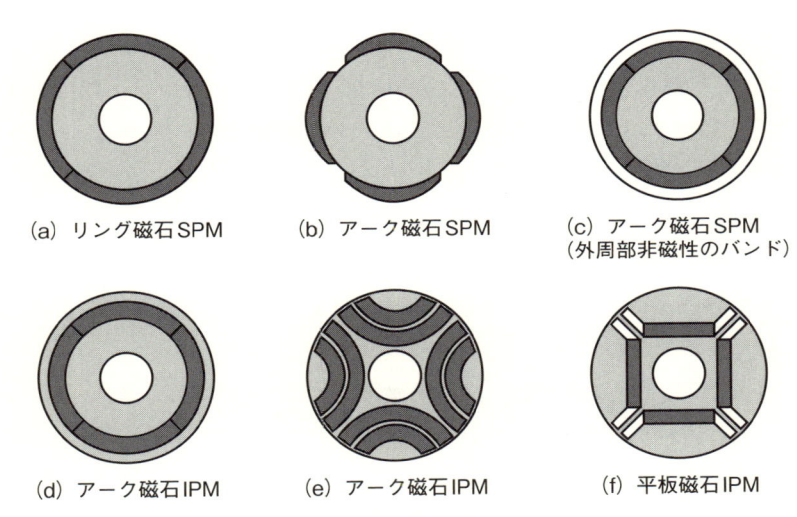

(a) リング磁石SPM
(b) アーク磁石SPM
(c) アーク磁石SPM（外周部非磁性のバンド）
(d) アーク磁石IPM
(e) アーク磁石IPM
(f) 平板磁石IPM

図3-10 永久磁石モータのロータ形状

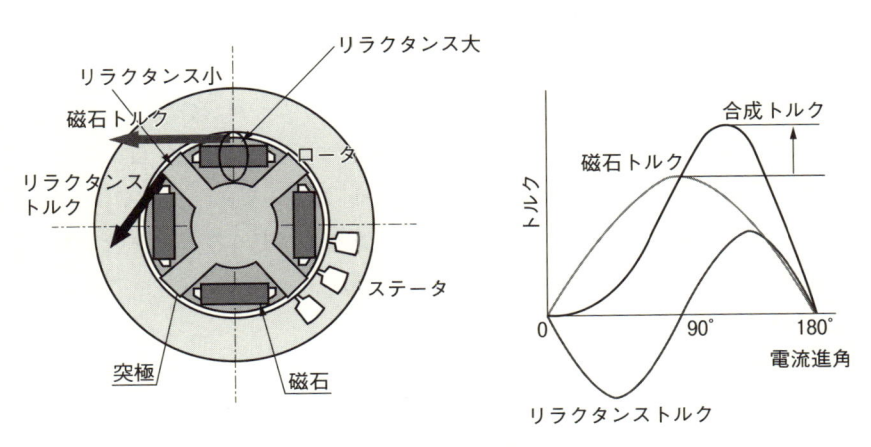

図3-11 埋込み磁石型モータの構造とトルク曲線[19]

ングを進める制御を行うことも可能で、図3-12に示すように高トルクの得られる回転数領域を広げることができる。

DCブラシレスモータは歴史的に見ると、DCモータの整流子とブラシを磁極センサと半導体スイッチで置換えたものを指す。現在では、同期モータをDC電源で駆動する回路（DC-ACコンバータやスイッチング回路）とセットにしたものを指すようになった。したがって、「同期モータ」と「DCブラシレスモータから駆動回路を除いたもの」は同じである。

IPMSMの特徴をまとめると以下のようになる。

① 弱め界磁が利用できるため、トルクを維持しながら速度制御範囲を広範囲にすることが可能。
② SPMSMは高速回転において磁石飛散のリスクがあるのに対し、ロータ内部に磁石が埋め込まれるため高速回転に適する。
③ 磁石形状や配置の自由度が高い。
④ リラクタンストルクを利用できるため、高トルクが実現できる。

## 3-1-4 自動車への応用

### 1. ハイブリッド自動車および電気自動車

現在、地球温暖化対策として次世代自動車（エコカー）が各社から販売されている。次世代自動車には、ハイブリッド自動車（HEV）、電気自動車（EV）、プラグインハイブリッド自動車（PHEV）、燃料電池自動車（FCEV）、クリーンディーゼル自動車がある。ここではクリーンディーゼル自動車を除くモータ駆動の乗用車を扱う。これらは基本的に化石燃料の使用量を低減するという目的にかなった乗用車である。

図3-13に代表的なHEVであるプリウスに用いられているTHS（トヨタハイブリッドシステム）の一例[21]を示す。プリウスについてモータおよび発電機の配置が理解できる。なお、THSはパラレル方式にシリーズ方式を組み合わせたもので、スプリット方式と呼ばれる。モータ駆動のみで発進し、加速時にはエンジンを始動させ、モータおよびエンジンで駆動するために良好な加速性

第3章　希土類磁石の応用技術

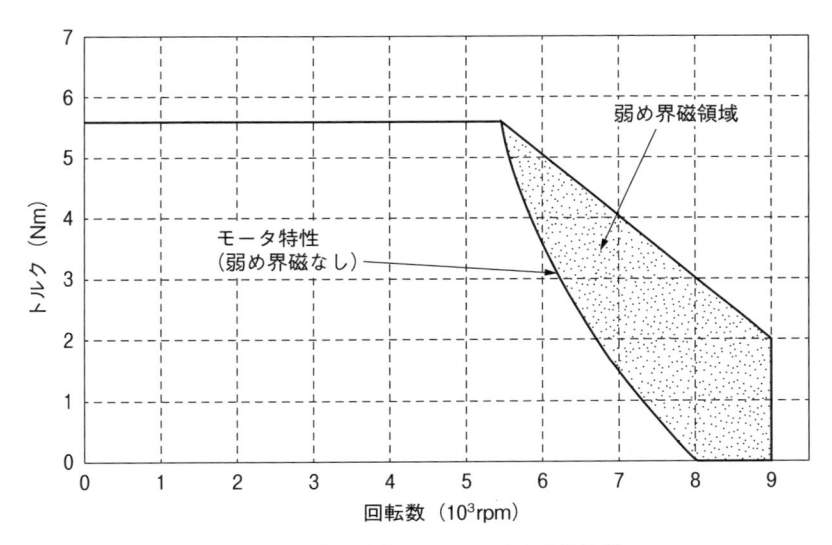

図3-12　弱め界磁によるモータ出力特性[20]

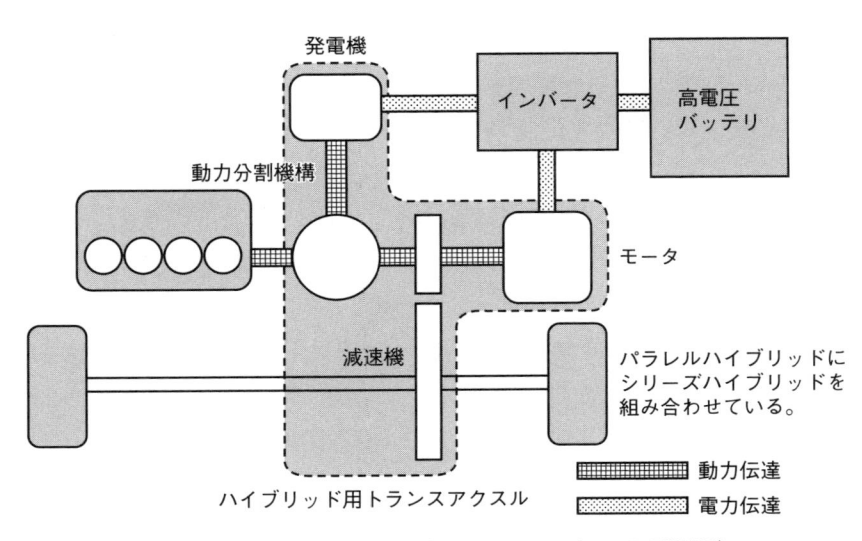

図3-13　THS（トヨタハイブリッドシステム）の原理構造[21]

能が得られる。安定走行ではエンジンのみの駆動になる。エンジンの回転数が高いために効率が高く、排ガス量を少なくできる。減速時や制動時は運動エネルギーを電気エネルギーに変換し、エネルギー回生する。発電機は、バッテリーの充電量が不足すれば、エンジン出力の増加によって充電する。プリウスではモータと発電機が搭載されており、いずれもその IPM ロータにネオジム磁石が用いられている。

表 3-6 に EV 用各種モータの比較[22]を示す。永久磁石式には SPM（表面磁石）と IPM（埋込み磁石）のロータを用いたものがあったが、SPM には高速回転時の遠心力による破壊というリスクがあり、現状では IPMSM に収束した。効率に関しては、IPM がわずかではあるが SPM を上回る。誘導モータも高速道路のように停車頻度の少ない場合はかなり良い燃費が実証されている。現状の HEV や EV に用いられる電池は Ni 水素や Li イオンであるが、機能や価格面において本来要求される仕様からは不十分と言わざるを得ない。したがって、電池の能力不足から Nd や Dy を含むネオジム磁石が必要な IPM を使用してまでも、効率の高いモータを搭載する必要がある。

HEV 用の各システムは燃費、$CO_2$ 排出量で判断し、車種ごとに設計されている。表 3-7 にプリウス駆動用モータの変遷を示す。モータの極数／スロット数は 4/16 から 8/24 に変化し、8 極は 2 分割に変化している。燃費は 28 km/L から 38 km/L へと大幅な向上を示している。駆動電圧も 273 V から 650 V へと上昇し、効率・燃費の向上に寄与している。最高出力も 33 kW から 60 kW へと大きく高出力化されている。最大回転数は第 2 世代から第 3 世代への移行時に 6,500 から 13,500 rpm へと大幅に上昇した。

図 3-14 にプリウス駆動用モータに用いられるロータの変化[19],[23]を具体的に示す。4 極が 8 極に、さらに 2 分割 8 極に変化していることが理解できる。2 分割 8 極の採用によって各磁極に用いられる磁石重量誤差に起因するロータアンバランスの低減が可能となり、モータトルク性能の向上やモータ駆動時の振動・騒音問題が解消される。分割 8 極に用いられている磁石は図の紙面方向に渦電流損を改善するために分割される場合がある。ロータ設計は現在、完全に

第3章 希土類磁石の応用技術

表3-6 EV用各種モータの比較[22]

| モータ種類 | DCM<br>直流 | IM<br>誘導 | SPMSM<br>表面磁石 | IPMSM<br>内面磁石 | SRM<br>リラクタンス |
|---|---|---|---|---|---|
| 最大効率（%） | 85～89 | 94～95 | 85～97 | 95～97 | <90 |
| 効率（%）<br>10%負荷 | 80～87 | 79～85 | 90～92 | 91～93 | 78～86 |
| 最大回転数<br>（rpm） | 4,000～<br>6,000 | 9,000～<br>15,000 | 4,000～<br>10,000 | 9,000～<br>12,000 | <15,000 |
| 費用／軸出力<br>（米ドル/kW） | 10 | 8～12 | 10～15 | 9～13 | 6～10 |
| 制御装置コスト | 1 | 3.5 | 2.5 | 2.5 | 4.5 |
| 堅牢性 | 良 | 最良 | 良 | 最良 | 良 |
| 信頼性 | 普通 | 最良 | 良 | 最良 | 良 |

表3-7 プリウス駆動用モータの変遷

| 世代 | 年代 | 型式 | 極／<br>スロット | 燃費**<br>(km/L) | 駆動電圧<br>(V) | 最大回転<br>数（rpm） | 最高出力<br>(kW) |
|---|---|---|---|---|---|---|---|
| 第1 | 1997～2000 | 1CM型：<br>前期型 | 4/16 | 28 | 273 | ? | 33 |
| | 2000～2003 | 2CM型：<br>後期型 | 8/24 | 29 | 273 | ? | 33 |
| 第2 | 2003～ | 3CM型 | 8*/24 | 35.5 | 500 | 6,500 | 50 |
| 第3 | 2009～ | 3JM型 | 8*/24 | 38 | 650 | 13,500 | 60 |

8*：磁石2分割の8極
燃費**：10・15モードの値

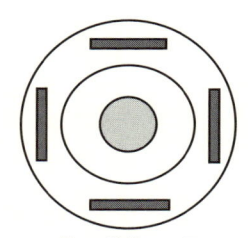

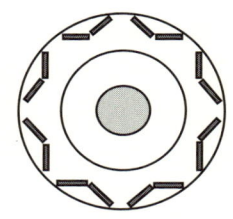

第1世代：4極　　　　第1世代：8極　　　　第3世代：2分割8極
（1CM型）　　　　　（2CM型）　　　　　（3JM型）
1997年～　　　　　2000年～　　　　　2005年～

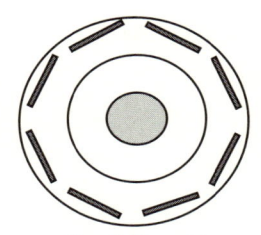

図3-14 プリウス駆動用モータのロータの変化[19],[23]

シミュレーションで行われ，旧来のトライ・アンド・エラーからは完全に脱却している。現在のモータメーカーのシミュレーション技術は非常に高度なレベルに達している。

新型インサイト駆動用モータのロータとステータ[24]は12極／18スロットである。ロータは粉末冶金によって作製されている。パンケーキ形状の薄型モータである。体格も10 kWでプリウス用モータの60 kWと比較して小さい。本HEVのモータはエンジンの補助として使用され，モータ単独で走行することはない。なお，新型インサイトに用いられている磁石も2分割タイプ[25]である。これは，ロータとステータのギャップが小さく，ロータ回転時の遠心力による膨らみによって，ロータとステータの接触リスクの回避のためである。2分割することによってロータの機械強度を上げてリスク対策している。

表3-8に新型プリウスとインサイトの仕様を比較して示す。ホンダはIMA（Integrated Motor Assist）システムを従来からHEVに搭載している。基本的にエンジンをアシストするシステムとして開発されている。インサイトのエンジン排気量は1,300 cc，プリウスでは1,800 cc，インサイトのモータ出力は10 kW，プリウスでは60 kWである。発電機はプリウスに搭載されているのに対し，インサイトでは搭載されていない。モータの駆動電圧もプリウスとインサイトでは大きく異なる。プリウスが650 Vに対して，インサイトは100 Vである。電池は双方ともNi水素であるが，燃費はプリウスが38 km/Lに対しインサイトは30 km/Lである。全体を見ると，明らかにプリウスはEVにも適用できる技術を先取りしているのに対し，インサイトはモータ搭載に必要なシステムの変更を最低限に抑え込んでいる。

世界のHEVの市場とその内訳予測[26]を図3-15に示す。2020年には1,200万台の市場に成長するが，米国，EU，中国の市場が日本市場よりも大きい。2020年における車の累積保有台数は4億台と予測されており，HEVの累積保有台数は0.67億台と予測され，全車に占めるHEVの割合は4.8％に過ぎない。

HEVに続く環境対策車はPHEV（Plug in Hybrid Electric Vehicle）、EV（Electric Vehicle）、PEV（Plug in Electric Vehicle）などと言われており、そ

# 第3章 希土類磁石の応用技術

表3-8 プリウス、インサイトの比較

|  |  | プリウス（THS II） | インサイト（IMA） |
|---|---|---|---|
| 方　式 |  | スプリット（パラレル・シリーズ） | パラレル |
| エンジン | 排気量 | 1800 cc | 1300 cc |
|  | 最高出力 | 99PS（73 kW）/5200 rpm | 88PS（65 kW）/5800 rpm |
|  | 最大トルク | 14.5 kgfm/4000 rpm | 12.3 kgfm/1500 rpm |
| モータ | 最高出力 | 82PS（60 kW） | 14PS（10 kW）/1500 rpm |
|  | ロータ | IPM　8極/24スロット | IPM　12極/18スロット |
|  | 最大トルク | 21.1 kgfm | 8.0 kgfm/1000 rpm |
|  | 駆動電圧 | 650 V | 100 V |
| 発電機 |  | 永久磁石式 | ― |
| 電　池 |  | Ni水素 | Ni水素 |
| 重　量 |  | 1,310〜1,350 kg | 1,190〜1,200 kg |
| 燃　費 |  | 38 km/L | 30 km/L |

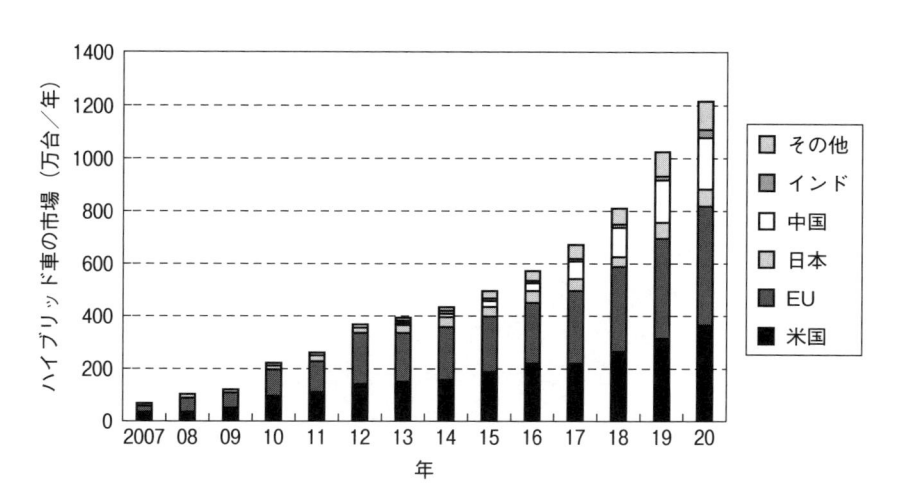

図3-15 世界のHEVの市場とその内訳の予測[26]

れぞれ開発が行われている。PHEVのエンジンの使い方には2種類ある。シボレー・ボルトやスイフト・プラグイン・ハイブリッドはモータによる走行のみで、エンジンは電池を使い切った後、発電のために使用される。一方、プリウスベースのトヨタのPHEVおよび三菱自動車のPX-MiEVは電池を使い切った場合はエンジン走行できる設計になっている。PHEVは、走行距離が少ない場合はEVと同等の機能のみが必要でエンジンを搭載する意味合いが薄れるとの意見がある。なお、PHEVにおいては電池としてLiイオン電池が使用され、HEVがNi水素電池を用いているのとは一線を画する。PHEVやEVではガソリンよりも電気のコストが低いため燃費が優れているとの見方はでき、1km走行に必要な電気代はガソリン代の1/6（米国において）と言われている。

## 2. 電動パワーステアリング

パワーステアリングは自動車運転の操舵を補助する機構である。軽い力でハンドル操作が可能となるので、快適な運転には必要不可欠な機構となった。従来はエンジン駆動のパワステポンプを用いた油圧式が大型車に用いられていた。電動パワーステアリング（EPS：Electric Power Steering）は油圧式を電気によるモータで代替したものである。必要な時のみ電動で駆動し、油圧式のように常に駆動する必要がないため3～5％の燃費向上が可能になる。EPSは1988年に女性ドライバーの多い軽自動車に搭載された。これは、軽自動車のエンジン排気量が小さく、油圧式のパワステ搭載が出来なかったことによる。EPS搭載は燃費向上のために、排気量の大きい車において急速に進んでいる。

EPSは、タイプとしては図3-16に示すように、①コラムアシスト、②ピニオンアシスト、③ラックアシストの3タイプがある[27]。①コラムアシストタイプではコラム軸に、②ピニオンアシストタイプではピニオン軸に、③ラックアシストタイプではラック軸にモータが装着される。①、②ではフェライトをステータとしたブラシ付きDCモータが用いられる。③ではネオジム磁石をSPMとしたブラシレスDCモータが用いられる。出力は①、②、③の順に増大する。

第3章 希土類磁石の応用技術

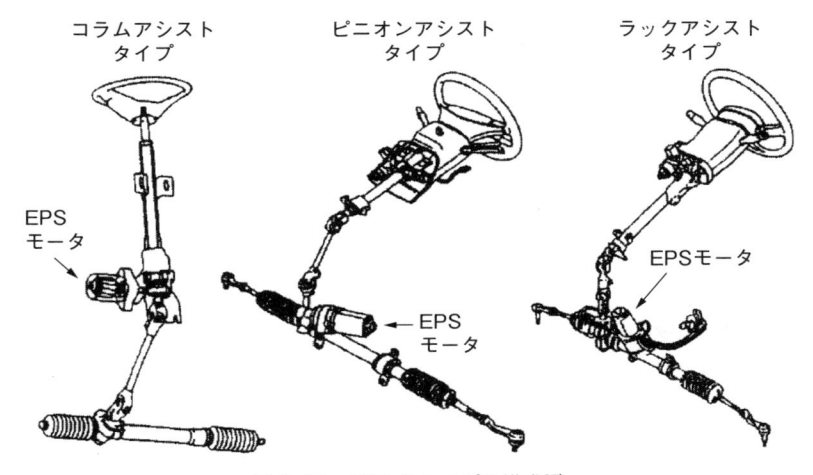

図3-16 EPS各タイプの構成[27]

　SPMは永久磁石とステータ巻線間の漏れ磁界が少なく、高トルクが得られ、トルクのリニアリティーが良く、制御性に優れている。ギャップ磁束分布の高調波成分が少なく、振動騒音が少ないという特徴を有する。欠点としては回転数が高い場合に遠心力による磁石破壊のリスクが存在し、さらに脈動の原因となるコギングトルクの低減を工夫する必要がある。コギングトルクの低減はスキュー（Skew）と呼ばれる斜め着磁によって行われることが多い。

　図3-17に示すように、SPMに用いるネオジム磁石はスキューセグメント磁石やスキュー着磁されたリング磁石である。粉末冶金法によるリング磁石はラジアル異方性と極異方性の2種類があり、表面磁束のプロフィルが異なる。リング磁石の表面磁束については図3-27で紹介する。粉末冶金法によらない異方性熱間押出加工されたラジアルリング磁石がEPS用途に使用されている。

　これらEPSモータでは、音・振動の低減やトルクリップルおよびコギングトルクの低減が要求される。EPSモータはモータ軸とステアリングホイール（ハンドル）がつながり、ハンドルを握る運転者の手の感覚が非常に鋭いために低振動、低騒音が特に要求される。

　EPSモータの高出力化に関しては、電源を有効に利用する工夫や42V電源

(36 V バッテリ) 化が必要になってくる。ただし、現状の 14 V 電源（12 V バッテリ）のモータでは 80 A の駆動電流の場合はネオジム磁石を用いたブラシレス DC モータになる。

## 3. ABS システム

ABS（Antilock Brake System）は、制動時の車輪のロックを防止する、すなわち、各車輪がスリップしないようにブレーキをかける装置である。

ブレーキを踏むと、車輪の回転速度は低下し、タイヤの外周速度が車体速度よりも小さくなる。この状態はスリップ状態であり、スリップによるタイヤと路面との間に発生する摩擦力が制動力になる。制動力を最大にするためにはスリップ比を最適な値に制御する必要がある。車輪のスリップ比（$S$）は

$$S = (V - V_w)/V \quad (V: 車体速度, V_w: 車輪速度)$$

で定義され、$S = 0.1 \sim 0.2$ で制動力が最大になる。ABS では車輪のスリップ比をブレーキ液圧の増減により制御する。スリップ比の計算のためには車体速度（対地速度）と車輪速度を検出する必要がある。現状では適切な対地速度センサがないために、4 輪の車輪速度より推定した擬似車体速度を対地速度の代わりに用いている。

車輪速度センサ[28]を図 3-18 に示す。車輪速度センサは、ネオジム磁石とコイルからなるピックアップと、外周部に歯車のあるロータからなる。車輪が回転すると、ロータも回転し、磁極と対向する歯車の山と谷の部分で磁気回路のパーミアンスが変化する。その結果、コイルを通過する磁束量が変化し、コイルに誘起される電圧が変化する。車輪速度はこの誘起電圧の時間変化から算出する。すなわち、車輪回転速度に比例した周波数の交番電圧がピックアップに誘起される。

図 3-19 に ABS システムのブロックダイアグラム[28]を示す。ABS システムは上記車輪速度センサ、コントローラおよびハイドロリックユニットからなる。コントローラは、車速度センサ信号の入力処理を行う入力増幅回路、制御のための演算とフェイルセーフを行う ABS 制御（2 個のマイコンを使用した二重

第3章　希土類磁石の応用技術

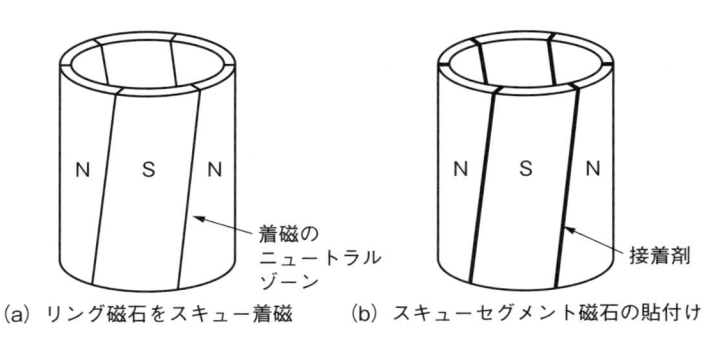

(a) リング磁石をスキュー着磁　　(b) スキューセグメント磁石の貼付け

図3-17　EPSに用いられるネオジム磁石

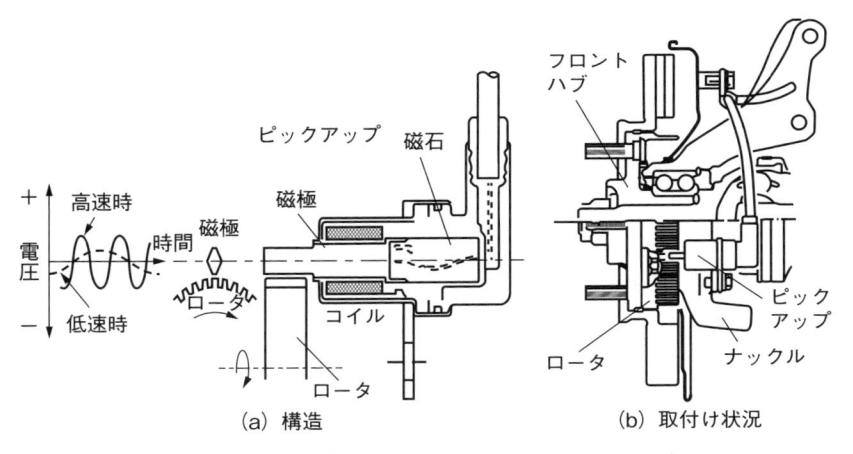

(a) 構造　　(b) 取付け状況

図3-18　ABS車輪速度センサの構造と取付け状況[28]

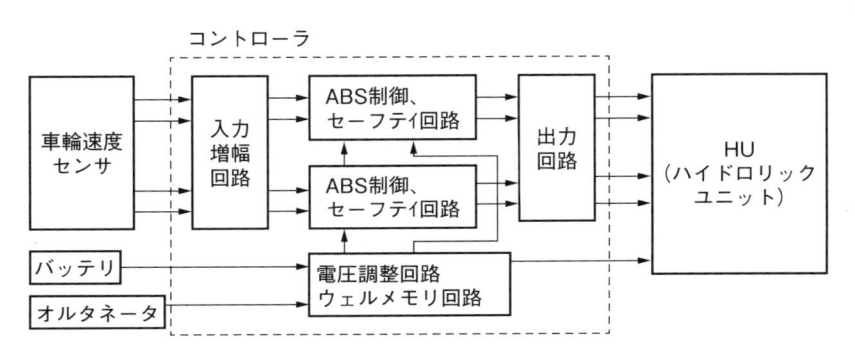

図3-19　ABSシステムのブロックダイアグラム[28]

系を用いて、信頼性維持が図られている)、ハイドロリックユニットの駆動を行う出力回路などからなる。ハイドロリックユニットは、高圧発生ポンプと液路の導通・遮断を行うソレノイドバルブなどから構成されている。

ABSは安全性向上のために自動車の標準装備化が進んでおり、ABSセンサからの出力波形はコンピュータ処理して、タイヤ空気圧のモニターとしても利用される[29]。

## 3-1-5 家電への応用

### 1. 省エネ型空調機(エアコン)

省エネ型空調機(エアコン)において、ネオジム磁石を用いたIPMSMとインバータの組合せはコンプレッサ駆動に必須である。すでに述べたように、エアコンの省エネ実績は非常に大きい。「トップランナー基準」により、1997年冷凍年度と比較して、2004年冷凍年度には67.8％の省エネを達成している(表3-3参照)。

図3-20にダイキン工業㈱におけるコンプレッサ用モータのロータ構造、ネオジム磁石重量および重希土類(Dy)使用量の推移[30]を示す。磁石重量および重希土類重量は1996年モデルを基準1として示す。かつては誘導モータおよびSUSパイプで保護されたSPMSMが用いられていたが、1996年以降はネオジム磁石を用いたIPMSMに移行している。1996年および2001年モデルは4極、6スロットに対して、2007年および2009年モデルでは6極、9スロットに変更されている。特に、2009年モデルでは2分割の6極構造が採用されている。2分割形状の採用はプリウス駆動用モータのロータにも見られた改良である。磁石重量は2001年モデルから2009年モデルにおいて0.9から1.3へ増加しているが、重希土類重量は1996年モデルから2007年において1から1.6まで増加し、2009年モデルで0.9まで減少している。ステータ(固定子)は2001年モデルまでは分布巻であったが2007年モデル以降は集中巻に変更されている。

図3-21にエアコン駆動用各種モータの効率特性[31]を示す。IPMSMが最も

第3章　希土類磁石の応用技術

| | 1994 | 1995 | 1996 | 2001 | 2007 | 2009 |
|---|---|---|---|---|---|---|
| モータ形式 | IM | SPM SM | IPM SM | IPM SM | IPM SM | IPM SM |
| ロータ構造 | | | | | | |
| 磁石 | ― | フェライト磁石 | ネオジム磁石 | ネオジム磁石 | ネオジム磁石 | ネオジム磁石 |
| 磁石重量 | ― | 5 | 1（基準） | 0.9 | 1.1 | 1.3 |
| 重希土類重量 | 0 | 0 | 1（基準） | 1.2 | 1.6 | 0.9 |

図3-20　エアコン用モータのロータ構造、磁石重量および重希土類重量の推移〔ダイキン工業(株)〕[30]

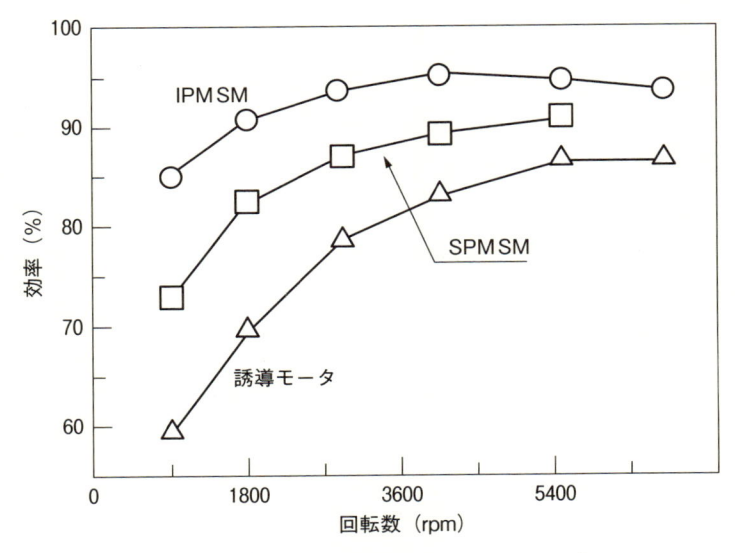

図3-21　エアコン用各種モータの効率比較[31]

高い効率を示す。本IPMSMは1996年モデルでステータは分布巻であるが、2007年モデルではステータの集中巻によってほぼ全回転数領域で90％以上の効率を達成している。図3-22にエアコンの暖房時の運転パターン[30]を示す。低温時に暖房を開始すると低トルクで高速回転される（①）。本回転数領域は弱め界磁が効いている。定格運転時には比較的高トルクで回転数は中間領域にある（②）。部屋の温度が上昇すると（③）、最終的に低トルク・低回転数領域に入る（④）。この領域ではリラクタンストルクが効いており、省エネに重要な役割を果たす。

エアコン用途のIPMSMではロータが冷媒中にあり、センサが設置できないために誘起電圧ゼロクロスから位置を検出する方法が一般的である。インバータではベクトル制御やトルク制御を行い高性能化が図られている。最近のエアコンにおけるネオジム磁石搭載率は上昇し、60％以上と推定されている。

## 2. 洗濯機

洗濯機用にはDD（Direct Drive）モータが使用されている。図3-23に構造[32]を示す。永久磁石はフェライトを用い、直径266 mmのアウターロータである。24極・36スロットのパンケーキ形状になっている。洗濯機の機能としては洗濯（洗いモード）および脱水（脱水モード）があり、2つの機能間のトルクの差が非常に大きい。洗濯機に求められる性能が多様化して、洗濯機能だけではなく、低騒音化が求められるようになった。これは生活パターンの変化によって深夜や早朝の洗濯機の使用が日常化しているからである。DDモータはもともと高い制御性、低騒音という特徴を有するブラシレスDCモータであったが、洗濯機応用のために多くの改善がなされた。

次に、フェライト磁石をネオジム磁石に置き換えたDDモータが開発された[33]。アウターロータの極数を48極とし、フェライト磁石との対比で、効率15％向上、厚み30％低減、重量23％低減により20％の省エネが達成されている。本DDモータをS-DDモータ[33]と呼んでいる（図3-24）。さらに、Sm-Co系焼結磁石を可変磁石として用いるActive S-DDモータ[34],[35]が開発された。

第 3 章　希土類磁石の応用技術

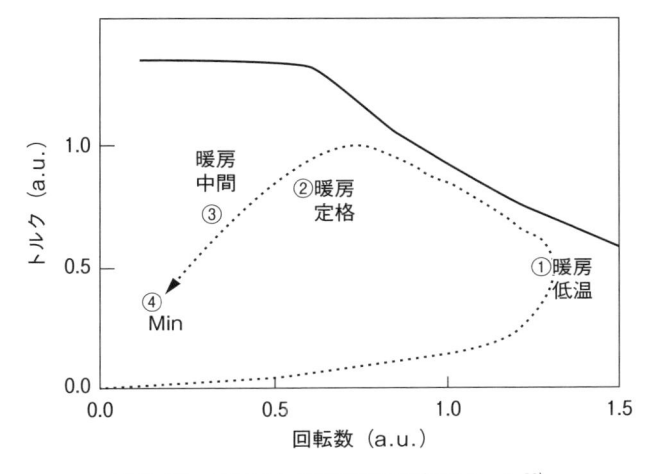

図 3-22　エアコンの暖房時の運転パターン[30]

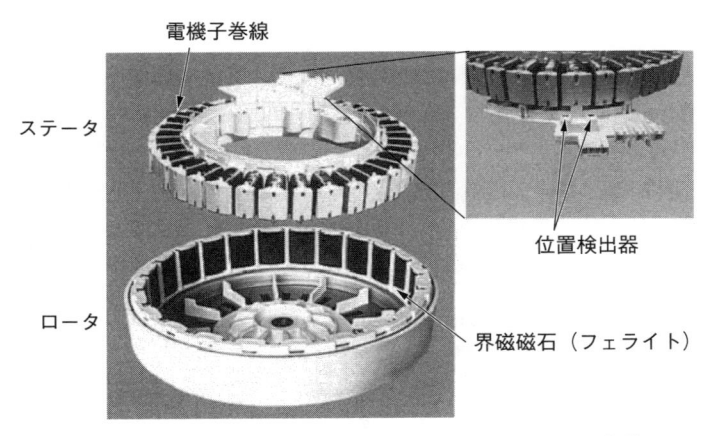

図 3-23　フェライトを用いた洗濯機用 DD モータ（東芝）[32]

48 極のネオジム磁石のうち 6 個を可変磁石である $Sm_2Co_{17}$ 系焼結磁石で置き換えている。可変磁石はステータ・コイルに電流を流すことによって着磁・減磁が行われる。$Sm_2Co_{17}$ 系焼結磁石の保磁力は低磁場で着磁・減磁が可能なよ

117

うに低めに設定され、厳密にコントロールされている。

　本応用における問題点は洗濯時と脱水時に必要なトルク、回転数が異なる点にあり、磁石の発生する磁束を洗濯時と脱水時で変化させることによって解決するのが狙いである。磁力の強い場合は洗濯時、磁力の弱い場合は脱水時に用いられる。洗濯機へのネオジム磁石の適用率は20％程度と推定されている。

## 3-1-6　新エネルギーへの応用

　コージェネは（Cogeneration）、電力消費地近傍に小型の発電機を設置し、発電時に発生する熱を利用する高効率エネルギーシステムである。遠隔地からの送電ロスがなく、同時発生する熱を利用するため、総合効率の高いシステムということができる。コージェネ発電機の原理と構造[36]を図3-25に示す。永久磁石を用いた高速回転の小型発電機と廃熱回収装置を有することが特徴である。

　コージェネシステムはガスエンジン、ディーゼルエンジン、ガスタービン、マイクロガスタービンなどがあるが、その中でもマイクロガスタービンが注目されている。永久磁石式マイクロガスタービンの仕様[37]を表3-9に示す。定格は28〜100 kW、総合効率は60〜82％、回転数は65,000〜99,750 rpm、排ガス温度は245〜280℃、本体重量は489〜1,800 kgに分布している。発電機として特筆すべきは回転数の高いことである。コージェネ発電機の例としては、ロータは$Sm_2Co_{17}$系焼結時磁石を用いたSPMタイプで、6極・36スロットが採用されている。磁石表面は機械的な信頼性を維持するためにカーボンファイバーで締め付けられている。回転数は70,000 rpm、出力は100 kWである。米国では永久磁石として$Sm_2Co_{17}$系焼結磁石、日本ではネオジム磁石を使用する例が多い。使用材質の差は設計思想の差からくるものと考えられ、日本では冷却を工夫し、熱安定性に劣るネオジム磁石の高特性を使いこなしている。このようなシステムは「六本木ヒルズ」ビルに導入されており[38]、都市ガスを使って運転し、排ガスの熱を冷暖房や給湯に用いることによって燃料効率を最大75％に高めている。

第 3 章　希土類磁石の応用技術

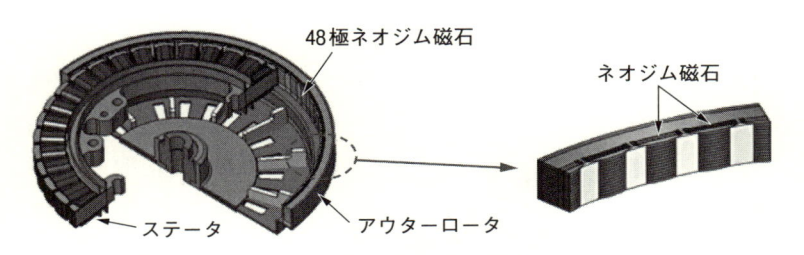

図 3-24　ネオジム磁石を用いた洗濯機用 S-DD モータ（東芝）[33]

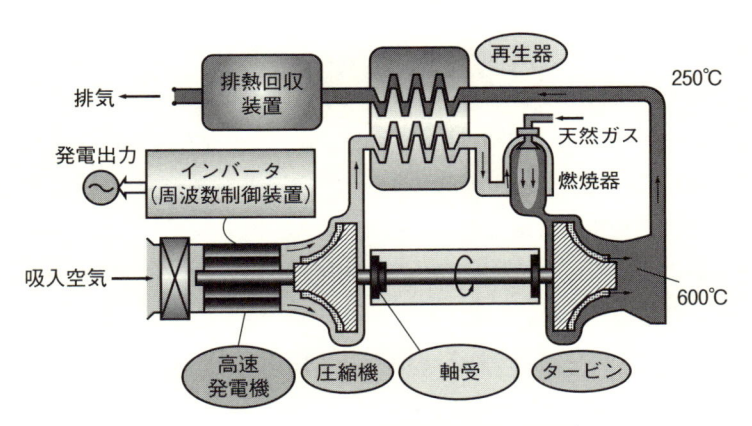

図 3-25　コージェネ発電機の原理と構造[36]

表 3-9　マイクロガスタービンの仕様（永久磁石式発電）[37]

| メーカー名 | Capstone Turbine | Allied Signal | Turbec | Elliot（荏原） | Bowman |
|---|---|---|---|---|---|
| 定格発電出力 (kW) | 28 | 75 | 100 | 80 | 50 |
| 定格発電効率 (%) | 26 | 28.5 | 30 | 29 | 22.5 |
| 総合効率 (%) | — | 60〜80 | 80 | — | 69〜82 |
| 回転数 (rpm) | 96,000 | 65,000 | 70,000 | 68,000 | 99,750 |
| 軸受 | 空気 | 空気 | 油潤滑 | 油潤滑 | 油潤滑 |
| 排ガス温度 (℃) | 270 | 250 | 245 | 260〜280 | 275 |
| 本体重量 (kg) | 489 | 1,540 | 1,360 | 1,800 | 1,000 |

ドイツやオーストリアでは、投入エネルギーを化石燃料に替えてゴミ焼却で肩代りするコージェネシステムが稼動している。日本ではゴミ焼却は大都市周辺に追いやられているが、オーストラリアではウィーン市内のスピッテラウで操業している[39]。

### 3-1-7　産業用位置決め装置への応用

#### 1．サーボモータ

　工作機械、ロボットや液晶・半導体製造装置などのメカトロ機器において精密な動きや位置決めを制御駆動するためにACサーボモータが使用される。歴史的に見ると、1950年代後半からDCサーボモータがNC工作機械などの送り機構に用いられたが、1980年代に入ってベクトル制御が適用され、ACサーボモータが専ら使用されるようになった[40]。ACサーボモータは、モータ、エンコーダおよびドライバの3要素で構成されている。回転制御のために回転数とロータの位置検出が必要で種々のエンコーダが使用される。駆動用の電源であるドライバは半導体素子であるIGBTの発展に支えられてきた。ドライバを制御する頭脳であるCPUも重要な要素部品である。

　ACサーボモータのロータにはSPMが用いられる。すでにEPSの項で述べたように、SPMSMの特徴である大トルクが得られる、トルクのリニアリティーに優れる、低コギングトルクが可能という特徴を有する。ACサーボモータでは、永久磁石をロータの表面に接着するSPMとステータの集中巻がセットになっている[41]。ネオジム磁石の発生する起磁力、すなわち表面磁束を正弦波状に分布させ、正弦波電流で制御することによってトルクリップルを発生させない。どのような回転数においても、電流とトルクは比例する。これが「トルクのリニアリティーに優れる」という特性の内容である。

　高トルクを実現するためにはネオジム磁石の磁気特性向上とステータの高密度巻線が必要である。高密度巻線技術は種々検討されてきたが、ステータをそれぞれのスロットが自由に動くように連結、分割し、分割したスロットに巻線を施し、その後、丸めることによってステータを構成する方法[41]~[43]（連結ス

第 3 章　希土類磁石の応用技術

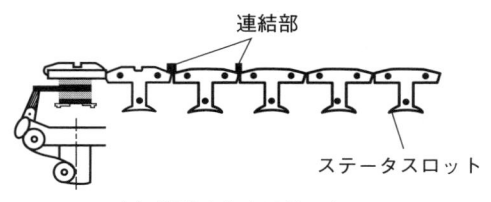

(a) 連結されたステータ　　　　　　　(b) エアコンファンモータ用
　　　　　　　　　　　　　　　　　　　　連結ステータ例

図 3-26　高密度巻線のための連結ステータ[41〜43]

(a) ラジアル異方性リング磁石　　　　(b) 極異方性リング磁石

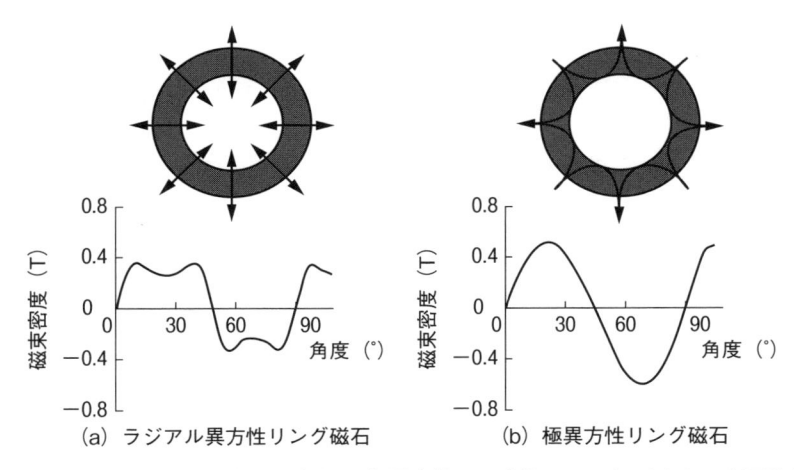

図 3-27　ラジアル異方性リング磁石と極異方性リング磁石および、それらの表面磁束

テータ）が一般化した（図 3-26）。従来法の巻線占積率が 40〜50 % に対し、80 % の占積率が得られている。

　現状の AC サーボモータの極数は 8 極が一般的になっている。極数とスロット数の組合せは 2 極・3 スロットを基本とするその整数倍での組合せと、8 極・9 スロットなど整数倍によらない組合せもある。どのような極数とスロット数の組合せがコギングトルクを低減できるかは重要なパラメータ探索であり、有限要素法を用いたシミュレーションでは 8 ないしは 10 極で 9 スロットが最もコギングトルクが低減できるという結果も得られている[41]。なお、小型の 150 W クラスでは 18 極、24 スロットの例もある。SPM にはリング磁石が多

用される。リング磁石にはラジアル異方性と極異方性があり、その表面磁束は図 3-27 に示すように異なっている。極異方性リング磁石では表面磁束密度の高い正弦波形が得られ、ラジアル異方性では台形波形が得られる。

## 2. リニアモータ

　リニアモータは回転型の AC サーボモータと比較して、顧客のニーズに直接答えるカスタム性が大きい。最近ではリニアモータもメーカーサイドでシリーズ化され、顧客が選択するビジネススタイルも浸透しつつある。

　リニアモータは輸送システム、搬送システム、工作機械、情報機器などに使用されている。用いられる要因として、ダイレクトドライブによる高速・高分解能・高精度・高信頼性などの特徴と、サーボ技術による自在な駆動と高い再現性がある。中でも位置決め装置へのリニアモータの適用は典型例である。

　本節ではリニアモータの内、永久磁石を用いたリニア同期モータ（LSM：Linear Synchronous Motor）を取り上げる。図 3-28 に各種リニア同期モータを示す。LSM には、ムービングコイル型とムービングマグネット型がある。ムービングコイル型には、コアレスとコア付きのものがある。ムービングコイル型は給電ラインを可動子に取り付ける必要がある。

　コアレスのムービングコイル型は追従性が優れており、コギングがないというメリットがあるが、放熱効率が劣り、磁石使用量の増大によるコストアップというデメリットがある。このタイプのリニアモータの固定子は純鉄系の鉄心にネオジム磁石が対向して 2 列貼り付けられる。コアレスムービングコイル型リニアモータの外観[44]を図 3-29 に示す。

　コア付きムービングコイル型はサイズに比して大推力が得られ、低コスト化が可能で、放熱効果が良いというメリットがあるが、コア材と永久磁石の間に引力が働き、コギング力があるために動きの滑らかさが阻害される。このタイプのリニアモータでは、固定子は電磁鋼板を積層したものを用い、ネオジム磁石は 1 列のみの場合と 2 列の場合がある。図 3-28(b) には 1 列の例を示す。図 3-28(c) のムービングマグネット型では給電ラインを可動子に設置する必要が

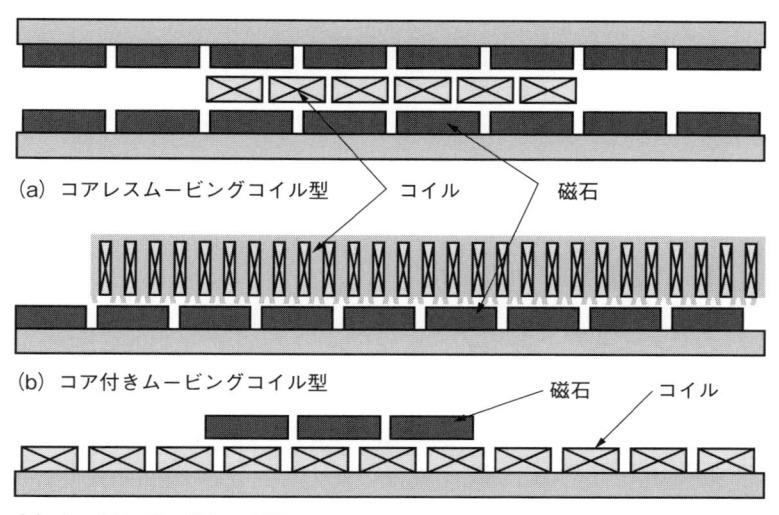

第3章　希土類磁石の応用技術

(a) コアレスムービングコイル型　コイル　磁石

(b) コア付きムービングコイル型

(c) ムービングマグネット型　磁石　コイル

図3-28　各種リニア同期モータ

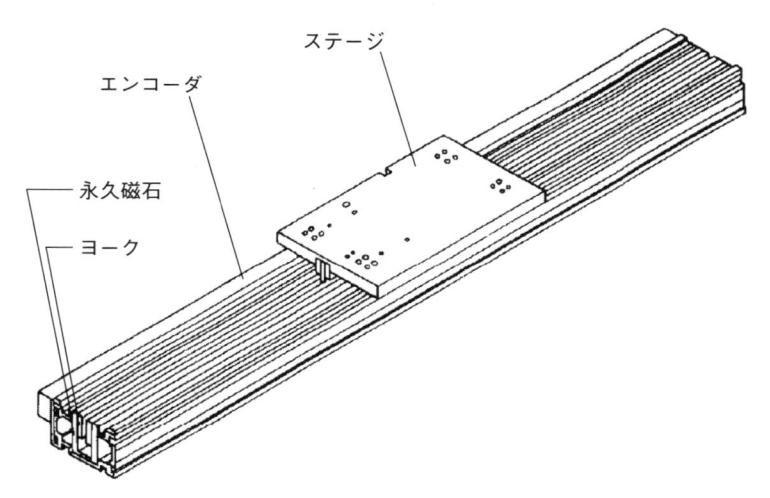

ステージ
エンコーダ
永久磁石
ヨーク

図3-29　コアレスムービングコイル型リニアモータの外観[44]

ないが、磁石重量がコイル重量と比較して大きいために慣性が大きいというデメリットがある。純鉄製の固定子にコイルが巻かれている。

リニアモータには上記モータ部に加え、光学式または磁気式のセンサであるリニアスケールとドライバを含む制御システムからなる。センサからの変位、速度信号などをサーボコントローラにフィードバックし、駆動指令パターンを実現するようにサーボシステムを構成している。

## 3-1-8　情報通信への応用

### 1. ハードディスクドライブ

ハードディスクドライブ（HDD）のヘッド駆動に用いられるボイスコイルモータ（VCM）は最も軽薄短小が求められる希土類磁石の応用として、Sm-Co系焼結磁石の時代からネオジム磁石の用いられている現在まで継続して利用されている。フラッシュメモリーとの棲み分けも話題にはなるが、プラッター径2.5インチおよび3.5インチにおいてはコスト面での優位性は揺るがない。

図3-30にVCMの構造[45]を示す。VCMでは、その名の通りスピーカに用いられるボイスコイルと同様に、永久磁石磁気回路による磁界中にセットされたコイルに電流を流し、電流と磁界の相互作用であるローレンツ力によって駆動力が得られる。VCMの実用化当初は大型のリニア型が主流であったが、現在ではロータリ型に変わっている。HDDの小型化に伴い、最近ではスイング型が淘汰されフラットコイル型が圧倒的に多い。フラットコイル型も、ネオジム磁石を複数個使用するものから、フラットコイル型（Ⅱ）に示した1個使いに変化している。図に示したように左右で極性の異なる2極着磁が施される。着磁の際にも極性の遷移するニュートラルゾーンをシャープにする工夫が必要である。VCMの設計はHDD内で許容される体積、ギャップ磁界強度、磁界の均一性、コイルトルク特性、漏れ磁界や機械的共振などを考慮して行われる。

図3-31にフラットコイル型のVCMの構造[45]を立体的に示す。本例では、磁石形状は単純な扇型をしているが、トルク特性（トルクの角度依存性）を広い角度でフラットにするために、扇の一部を削いだり、厚み方向に溝を設けた

第 3 章　希土類磁石の応用技術

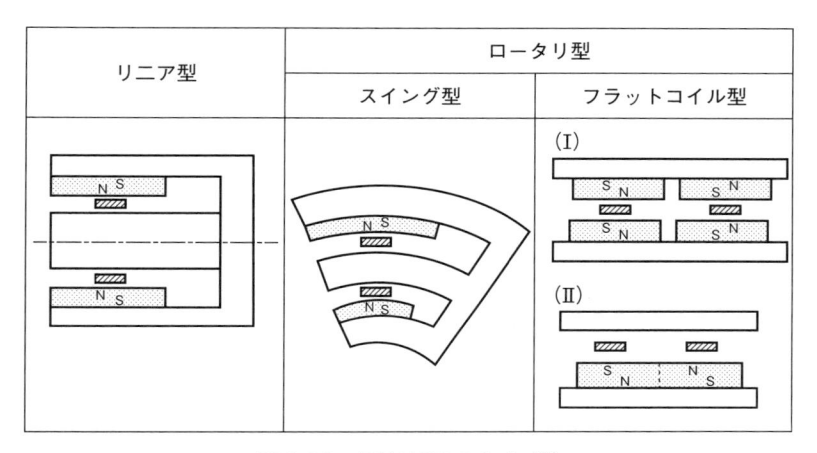

| リニア型 | ロータリ型 | |
|---|---|---|
| | スイング型 | フラットコイル型 |

図 3-30　各種 VCM のタイプ[45]

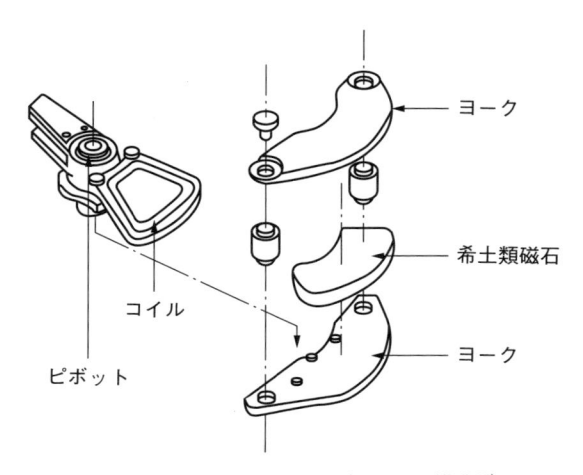

図 3-31　フラットコイル型 VCM の構造[45]

り、より複雑な形状になることが多い。このような形状を経済的に仕上げるために縦磁場成形が適用される。磁石は一般に Ni めっきが施されており、磁気的な汚れを嫌うために厳密な清浄度が維持される。要求される磁気特性は図 3-9 にも示した通り、耐熱温度が低いために $H_{cJ}$ よりも $B_r$ や $(BH)_{max}$ が優先される。

## 2. 光ピックアップ

　光ピックアップは、CD、CD-ROM、MD、DVD などの光ディスクの信号を読出すために用いるヘッドであり、その機能は焦点調整とトラッキングである。

　図 3-32 に光ディスク装置の模式図を示す。レーザ光源からの光を記録媒体である光ディスク面に照射し、その反射光の偏向面の回転や反射率の変化などを検知して、光ディスクの情報を読み取る。図 3-32 には、光ディスクの回転に用いるスピンドルモータ、光ピックアップを駆動するアクチュエータおよび光ピックアップがあり、これらはいずれも永久磁石を用いた部品である。

　光ディスクを回転させるスピンドルモータは、等方性 Nd-Fe-B 系ボンド磁石を用いた DC ブラシレスモータである。光ピックアップの駆動には、フェライト磁石を適用した片押し型ないしは双胴型の VCM 方式のリニアモータが用いられる。他の手法としてはラックアンドピニオン方式や送りねじ方式があり、ブラシ付き DC モータやステッピングモータで駆動する。光ピックアップの駆動は、VCM の一種である図 3-33(a) に示すワイヤ支持型 2 軸アクチュエータ[46]が代表的な方式である。ワイヤは 4 本使用されており、対物レンズを駆動する感度（電流に対する移動量）を保ちつつ、光ピックアップ駆動方向に対する剛性を向上する工夫がされている。ワイヤ断面を長方形にするのも工夫の一つである。レンズには x 方向と z 方向に駆動するための 2 系統のコイルが巻かれている。z 方向の移動は焦点調整用であり、x 方向の移動はトラッキング用である。その他の 2 軸アクチュエータの方式としては軸摺動型[46]〔図 3-33(b)〕やヒンジ型[47]がある。

　光ディスクシステムの最近の動向としては、ディスク回転数 5,000 rpm までが一般化、光ピックアップの追従性の高速化およびシステム全体の小型・薄型化が挙げられる。なお、光ピックアップに用いられている磁気回路はいずれも効率が悪いために、用いられるネオジム磁石の高性能化が必要である。用いられる磁石も単重 1 g 以下のものが多く、加工劣化に対する対策も必要である。

第3章　希土類磁石の応用技術

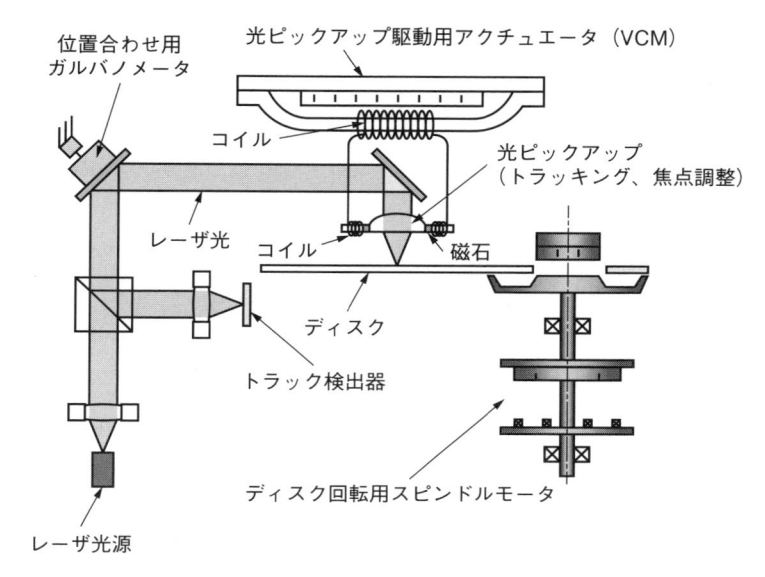

図3-32　CD装置の模式図

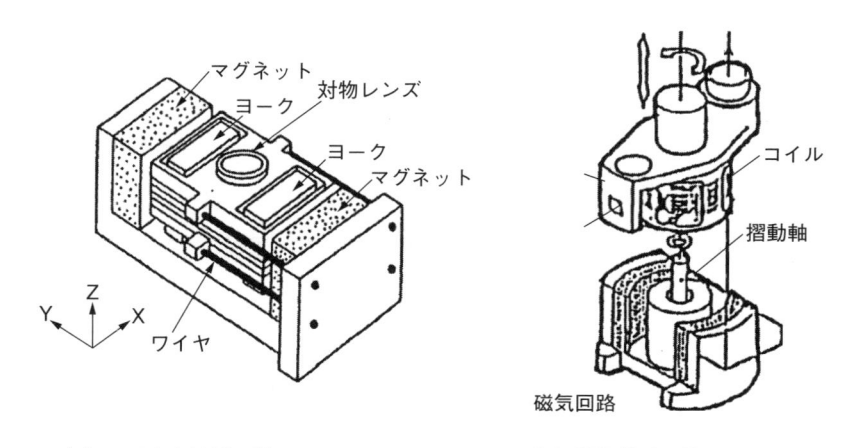

(a) ワイヤ支持型2軸アクチュエータ
(b) 軸摺動型2軸アクチュエータ

図3-33　光ピックアップ用2軸アクチュエータ[46]

## 3-1-9 その他への応用

### 1. MRI

　MRI（Magnetic Resonance Imaging）は、人体中に存在する水素原子の核磁気共鳴現象によって得られる情報を画像化する装置であり、画像診断装置として広く普及している。

　磁界印加装置は、超伝導、常伝導および永久磁石の3タイプがあった。常伝導タイプはMRI開発の初期に使用されたが、現在は淘汰されている。超伝導タイプは空心コイルを用い、Heによる冷却が必要である。1.5 Tの高磁界が得られるものの、磁界漏洩が大きい。永久磁石タイプは磁気回路を用いており、励磁のための電源が不要である。得られる磁界は0.4 Tまでが一般的であり、漏洩磁界も小さい。永久磁石タイプの最も大きなメリットは被験者に対する優しい検査環境提供であり、閉所感の高い超伝導タイプに対してオープンな環境を提供できる。現状では超伝導タイプが低温技術やパワーエレクトロニクスの進展によって圧倒的なシェアを有するが、永久磁石タイプも相補的に用いられ、術中撮像[48]には欠かせないタイプになっている。

　永久磁石タイプのMRIに用いられる磁気回路は当初、4本柱（コラム）形状[49]であったが、2本柱形状も開発され[49),50]、いずれも上下に対向する円板状のネオジム磁石が配置される。均一磁場領域を確保するために軟磁性ポールピースが磁石表面に設置される。柱は磁束のバックパスとして機能する継鉄となっており、漏洩磁界低減にも寄与する。MRIに必要な均一磁界は数十ppmとされており、この均一磁界を達成するために軟磁性ポールピースの周辺部や中心部に突起を設けることや、シムと呼ばれる軟鉄を貼り付けることによる微調整が実施される。なお、傾斜磁界切替の高速化による渦電流発生対策として、ポールピース表面に高透磁率・高抵抗材料が配置される。図 3-34 に永久磁石タイプ MRI の磁気回路を4、2、1本柱形状について示す。

　最近では1本柱（シングルピラー）形状の磁気回路[51),52]が開発されている。1本柱磁気回路の断面図を図 3-35 に示す。磁界強度 0.4 T で磁界漏洩も低く

第 3 章　希土類磁石の応用技術

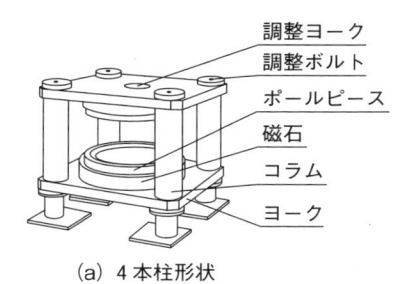

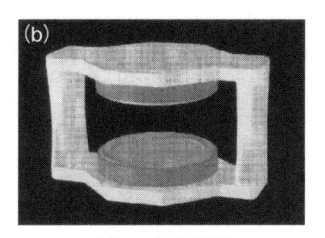

(a) 4本柱形状

(b) 2本柱形状

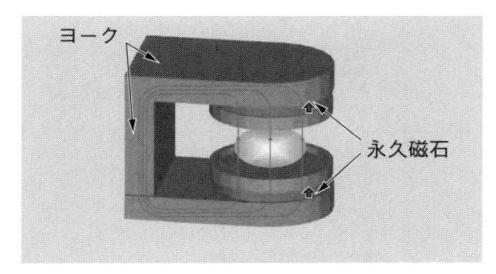

(c) 1本柱形状

図 3-34　永久磁石タイプ MRI の磁気回路[49)、50)、52)]

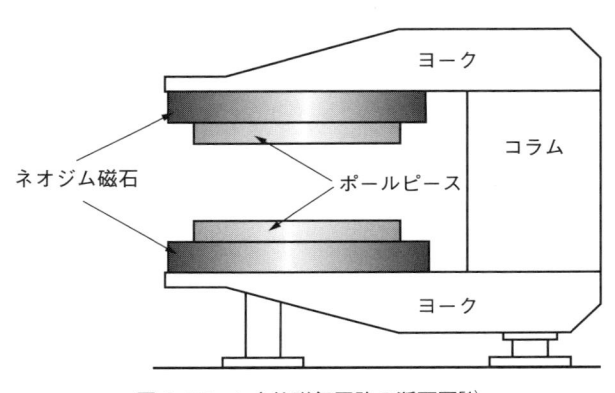

図 3-35　1本柱磁気回路の断面図[51)]

抑えられている。磁気回路中心から見て、柱1本の占める角度は 40°で 320°の開放域が得られている。1本柱によるバックパスの強化および高性能ネオジム磁石の導入によって 0.4 T の磁界強度が得られている。また、高分解能 PET

129

(Positron Emission Tomography)-MRI複合撮像装置に永久磁石タイプの1本柱の磁気回路を用いた例[52]もある。1本柱の背後にシールドボックスを配し、PET情報を伝達するグラスファイバーは1本柱に貫通孔を設けて配線している。

MRIの具体的な磁気回路の製造は、①均一磁界空間を確保するための磁気回路設計、②素材となる大型磁石の作製、③着磁、④磁気回路組立、⑤シムなどを利用した磁界微調整からなる。大型磁石の横磁場成形は、配向用の磁気回路設計を含めて小型磁石とは異なるノウハウがある。着磁も、コイルと電源の組合せを工業的なレベルに維持しつつ設計する必要がある。最も技術的に手ごわいのは組立であり、磁石同士の吸引力と反発力を想定した組立ロボット設計と組立手順のシナリオを策定し、実行して行かなければならない。安全対策では非磁性の工具が必須であり、組立ロボットの設計も非磁性、強磁性の構造材の使い分けと強度維持に注意する必要がある。

## 2. 車両用モータ

車両用モータは直流電動機から誘導機に変更され、さらに永久磁石化する試みが活発化している。誘導機化は、インバータによる運転制御性向上によってモータの軽量化を加速した。さらに永久磁石化は、車両用モータを高効率・低騒音・高出力・小型化、さらには省保守へと改良することになる。軌間可変電車用、通勤電車向けRMT19型用、都市近郊電車向けU@tech用、新幹線Fastech360用など多くの試作による検討が実施され、信頼性のあるデータが蓄積された。

図3-36に車両用永久磁石同期電動機の回転子[53]を示す。鉄心に設けた穴に磁石を挿入した後にクサビで隙間を埋めるだけの簡単な構造になっている。ロータ極数は2分割4極である。

図3-37(a)に永久磁石同期電動機を搭載したFastech360車両[54]を、図3-37(b)にモータ外観を示す。用いられているモータの仕様[55]は、定格容量：355 kW、方式：自己通風方式永久磁石同期電動機、効率：96.8％、外形寸法：E2/E3系誘導電動機と同等、質量：440 kgである。

第 3 章　希土類磁石の応用技術

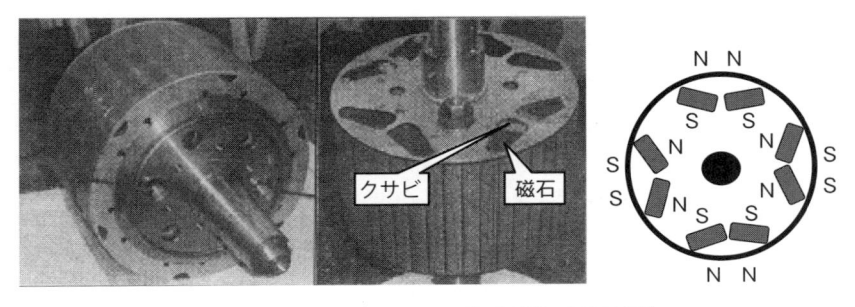

図 3-36　車両用永久磁石同期電動機の回転子[53]

(a) 新幹線 Fastech360（JR 東日本提供）　　(b) モータ外観

図 3-37　永久磁石モータを搭載した新幹線 Fastech360 とモータ概観[54),55]

　2007 年から東京メトロ銀座線の 01 系車両で永久磁石同期電動機を用いた現車試験が実施された。本走行試験では 1 編成内で 2 号車に永久磁石電動機を用い、4 号車および 5 号車に現行の誘導電動機を搭載し、騒音および消費電力を比較した。その結果、永久磁石電動機の方が 1.7〜5.5 dB の低騒音および約 20 ％の消費電力低減を示すことが実証された[56)]。この結果を踏まえ、2010 年から丸の内線 02 系の更新車両や千代田線 16000 系新造車両に永久磁石電動機が搭載されている[57)]。

### 3-1-10 磁石の工業規格の国際基準

　永久磁石はグローバルに工業材料として取引されている。取引される材料に関して材質、磁気特性、磁気測定方法などの規格があれば、国際的な取引の際の共通基盤として有用である。

　IEC（International Electrotechnical Committee：国際電気標準会議）は、電気・電子技術および関連技術に関する国際規格を協議、決定し、発行する非政府機関である。歴史的に見ると、IECのルーツは国際電気会議（International Electrical Congress）にあり、1906年6月のロンドン会議で13カ国の代表によって規約が作成され、1908年10月に第1回のIEC総会において正式承認された。2011年3月現在、正会員60カ国、準会員21カ国のIEC会員から構成されている。運営は各国の分担金によって行われており、2011年の予算は1,99万kスイスフランである。中央事務局はスイスのジュネーブに置かれており、アジア太平洋地域（シンガポール）と北米地域（米国）に中央事務局の分室が2001年8月に設置されている。IECは国際標準化機関であるISOと1976年に協定を結び、IECは電気・電子技術分野、ISOはその他の工業分野を活動範囲として活動している。また、情報分野などでは共同して標準化活動が行われている。

　IECの組織[58]を図3-38に示す。実際の国際規格を作成するのはTC（Technical Committee：専門委員会）である。TCは、上部組織であるSMB（Standardization Management Board：標準管理評議会）の承認した範囲内で作業計画を立て、規格作成を実行する。2012年5月現在、94のTCが存在する。その中で永久磁石を扱うTCはTC68/Magnetic Alloys and Steelsである。TC68で扱う材料はその名の通り磁性材料であり、電磁鋼板、軟磁性材料および永久磁石が主たる材料である。メンバーはイギリス、ドイツ、フランス、イタリア、スペイン、ベルギー、中国、韓国など26カ国からなる。

　TC68には表3-10に示すWG（Working group）[58]が設けられており、ISO/TC17/WG16およびIEC TC51との共同作業を行うJoint WG/WG1、磁気測定

第3章　希土類磁石の応用技術

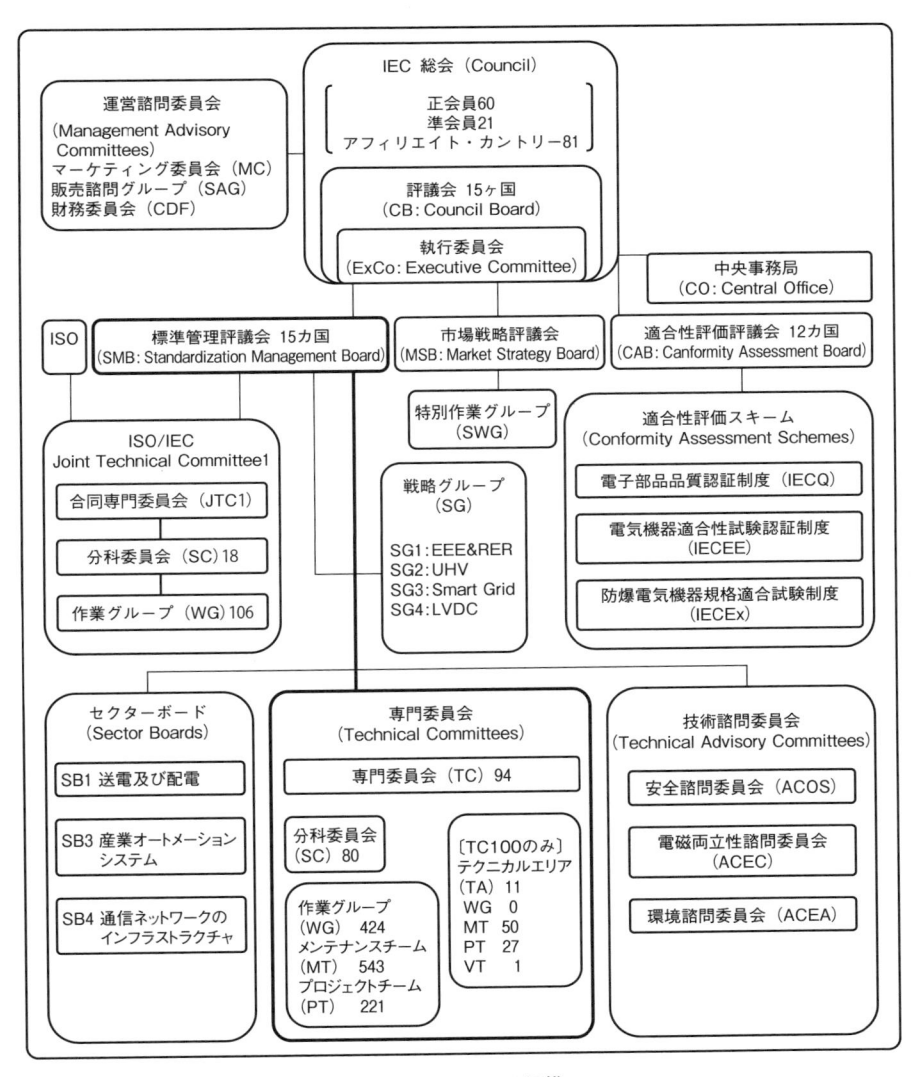

図3-38　IECの組織

を含む材料試験法を扱うWG2、技術用語に関するメンテナンスを行うMT3（Maintenance Team 3）、軟質磁性材料を扱うWG4、永久磁石を扱うWG5の計5つのWGがある。WGのグループ長はConvenorと呼ばれる。Convenorは、

133

会議を招集する人の意味である。永久磁石を扱う WG5 の Convenor は日本が担当している。TC68 に対して日本には IEC TC68 国内委員会（電気学会が担当）があり、日本の立場から主張すべきことを議論し、年1回開催されるTC68 の会議に出席し、議論・提案活動をしている。

　TC68 で現在進行中のプロジェクトは9件あり、永久磁石に関する改定プロジェクトは**表 3-11** に示す2件[59]であり、いずれも IEC 規格の改定である。IEC 60404-5 Ed.2.0 は永久磁石の測定法規格で、1993 年 10 月に発行され、2007 年 2 月に Amendment（訂正すべき部分を指摘）が発行されている。IEC 60404-8-1 Ed.2.1 は永久磁石の材料規格であり、2004 年 7 月に発行されている。いずれの規格も発行日からの年月が経過しており、2015 年発行の計画で改定作業を推進中である。表 3-11 に示した2件のプロジェクトリーダは日本が担当している。

　**表 3-12** に永久磁石関係の TR（Technical Report）[59]を示す。特に Pulse field magnetmetry（PFM）はパルスを用いた磁気測定方法に関するもので、磁気特性のすべてをパルス磁界によって決定しようとする活動の一環である。日本の工業界では、$B_r$、$H_{cB}$ および $(BH)_{max}$ は閉回路を利用した電磁石を用いる方法で決定し、1.6 MA/m を超える $H_{cJ}$ についてはパルス磁界を用いて決定するのが一般化している。PFM は渦電流の影響や反磁界補正に解決すべき問題があり、規格とするにはさらなる検討を必要とする。

　今後も、永久磁石大国である日本は IEC の規格策定活動において世界をリードしていく必要がある。

　なお、日本には永久磁石に関する JIS 規格がある。それらは IEC 60404-5 に対応する JIS C 2501（1998）「永久磁石試験方法」、および IEC 60404-8-1 に対応する JIS C 2502（1998）「永久磁石材料」であり、それぞれ永久磁石の試験法と材料の規格が定められている。これら永久磁石に関する JIS は IEC 規格を基本としながら、日本の状況に整合するよう「解説」が付加的な説明として加えられている。

第 3 章　希土類磁石の応用技術

表 3-10　TC68 の WG

| WG（Convenor*担当国） | 担当分野 | 備　考 |
|---|---|---|
| JWG/WG1（仏／独） | 電磁鋼板材料規格／磁性材料規格 | JWG は IEC の TC51（磁性部品およびフェライト）および ISO の TC17/WG16 とジョイントで活動 |
| WG2（英） | 材料試験方法 | 硬質磁性材料の磁気測定を含む |
| MT3（英） | 用語 | 規格に用いる技術用語の定義 |
| WG4（独） | 軟質磁性材料 | |
| WG5（日） | 硬質磁性材料 | 日本は 1998 年から Covenor を担当 |

＊：Convenor は会議招集者の意味で、WG のグループ長である。

表 3-11　TC68 の永久磁石関連改定プロジェクト

| 改定プロジェクト | 規格名称 | 改訂版出版予定 |
|---|---|---|
| IEC 60404-5 Ed.2.0（1993 年 10 月発行）Amendment 1 が 2007 年 2 月に発行 | Magnetic materials-Part 5: Permanent Magnet (magnetically hard) materials-Methods of measurement of magnetic properties | 2015 年 9 月 |
| IEC 60404-8-1 Ed.2.1（2004 年 7 月発行） | Magnetic materials-Part 8-1: Specifications for individual materials-Magnetically hard materials | 2015 年 9 月 |

表 3-12　TC68 永久磁石関連テクニカルレポート（TR）

| TR 番号 | 名　称 | 発行日 | 内　容 |
|---|---|---|---|
| IEC/TR61807ed1.0 | Magnetic properties of magnetically hard materials at elevated temperatures-Method of measurement | 1999-10-20 | 常温以上の温度での磁気測定法 |
| IEC/TR62331ed1.0 | Pulsed field magnetmetry | 2005-02-23 | パルス磁場を用いた磁気測定法 |
| IEC/TR 62517ed.1.0 | Magnetizing behaviour of permanent magnets | 2009-04-07 | 永久磁石の磁化過程 |
| IEC/TR 62518ed.1.0 | Rare earth sintered magnets-Stability of the magnetic properties at elevated temperatures | 2009-03-17 | 希土類磁石の温度安定性 |

## 3-2 展開編：ネオジム磁石のさらなる活躍

### 3-2-1　ハイブリッド自動車・電気自動車への応用

#### 1. 自動車の歴史と環境変化

　今日「自動車」と呼ばれる乗り物の起源は、15、6世紀にさかのぼると言われている。当時は、風力、ゼンマイ、火薬などをエネルギーとして動く乗り物であったとされている。その後、1769年にフランスにおいてキュノーにより蒸気自動車が発明され、19世紀まで英米でも蒸気自動車の開発実用化が続いた。19世紀後半にはダイムラーがガソリン車の実用化に至っている。

　一方、19世紀前半には電気自動車の設計・製作が行われており、1873年のイギリスのダビッドソンによる4輪トラックが実用的な最初の電気自動車と考えられている。さらに、1896年にはポルシェ博士がすでにハイブリッド自動車を発表している。この100余年の間に、現在のガソリンエンジン自動車、電気自動車、ハイブリッド自動車などの研究や実用化が始まっていたわけである。

　このように電気自動車は比較的早い時期に発明、実用化されていた。ガソリンエンジン自動車では複雑な変速装置と操作を必要としていたが、当時の電気自動車では複雑な変速機構を持たなかったと推測される。このような利点を持っていたため、19世紀後半には、ニューヨークやロンドンのタクシー、バスなどで、電気自動車が大量に生産され、全盛期であったとされる。その後、T型フォードの出現により、ガソリンエンジン車の大衆化が進んだ。当時、テキサスにおいて大規模な油田が発見されたこともガソリンエンジン車の普及を後押ししていた。

　油田の発見、T型フォードの普及などによりガソリンエンジン車は大衆のものとなったが、いくつかの課題の原因にもなった。1960年代の大気汚染問題、1970年代のオイルショック、さらには、現在も議論とその解決が急務である地球温暖化問題などである。

第 3 章　応用技術

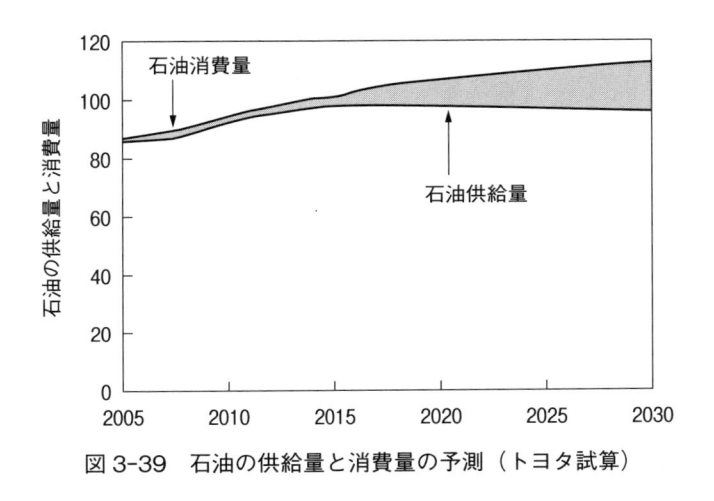

図 3-39　石油の供給量と消費量の予測（トヨタ試算）

　ガソリンエンジン車は地球温暖化の一つの要因と考えられている。また、豊富と考えられていた石油も、石油需要の伸びに対し新たな油田の発見が追い付かないとも言われており、オイルピークが遠くない将来、起こり得るかもしれない（図 3-39）。そのためにも自動車においては、化石燃料をできる限り使わず、地球温暖化現象の要因とされている $CO_2$ の排出を削減するシステムの開発が望まれている。

　$CO_2$ の排出量とは、自動車の排気ガスのみならず、自動車のエネルギー、すなわちガソリンを作り出すまでに発生する $CO_2$ も含めて"$CO_2$ 排出量"と考えるべきであろう。$CO_2$ 排出量を Well to Tank（油田からガソリンタンク）、すなわち自動車用燃料製造時排出量と、Tank to Wheel（ガソリンタンクから車輪）、すなわち自動車走行時排出量の合算で評価している。例えば、現状のガソリン車の $CO_2$ 排出量を Well to Tank、Tank to Wheel の合算で 1 とすると、ガソリンハイブリッド車では $CO_2$ の排出量を半分に抑えることが可能になってくる。自動車を動かすための燃料、すなわち液体燃料や電気の元となる一次エネルギーには、石油、天然ガス、石炭、バイオマス、水力、地熱、太陽光発電などが考えられるが、各々がインフラの整備、電気エネルギーへの変換時に発生する $CO_2$ 量低減技術、コストなどの様々な課題を抱えており、これらの

課題解決と環境対応車両の開発は切り離せない関係にある。現在のインフラ整備状況、コストなどを考えた場合、ガソリンハイブリッド自動車がベストであると考えられる。

## 2. 電気自動車・ハイブリッド自動車開発とネオジム磁石

　19世紀初頭から半ばにかけて、主な重要な電磁気に関係する法則が発見、報告されている。19世紀後半には、発電機の原理であるフレミングの右手の法則が発表され、後にはモータの原理である左手の法則も発表されている。モータに関する研究は、これらの時代にまでさかのぼることができる。直流モータに関する開発が最初であるといわれており、例えば現在でも様々な研究が行われているスイッチトリラクタンスモータやシンクロナスリラクタンスモータなど、巻線による界磁モータの開発が盛んに行われていた。これらのモータでは磁石は使われていない。

　永久磁石を用いたモータの研究は20世紀前半のアルニコ磁石の工業化を待つことになるが、NiやCoを含むため高価であり、また、残留磁束密度は高いものの保磁力が低いため、自動車のような大容量モータには不向きであった。Sm-Co系磁石では、保磁力は大きく改善されたが、高価なCoに加え、希土類元素であるSmが必要とされるため、やはり高価な磁石であった。フェライト磁石は高価な元素を必要としないものの、磁束密度が低いため、電気自動車やハイブリッド自動車用モータへの適用を考えた場合、モータの体格・重量が大きくなってしまうため実用的でない。

　トヨタ自動車では、1970年頃に当時の通産省工業技術院の電気自動車開発プロジェクトに参画し、その後、80年代後半まで独自で電気自動車開発に取り組んでいた。これらでは直流モータが採用された。巻線で励磁しており、磁石は使用されていない。これは、上記のように自動車に適した磁石が存在しなかったためである。

　1983年に佐川眞人博士らによってネオジム磁石の発明が公表され、状況は大きく変わる。ネオジム磁石は、それ自身の持つ高いエネルギー積により、小

第3章　応用技術

図3-40　初代プリウス

型軽量が必須である自動車駆動用モータとして最適な磁石である。以後、ネオジム磁石が量産され、比較的安価に入手できるようになったため、永久磁石埋め込み型モータ開発が主流となり、電気自動車RAV4 EVや、初の市販ハイブリッド車であるプリウス（図3-40）が誕生することとなった。

## 3. 環境対応車としてのハイブリッドシステム

　自動車用燃料である液体ガソリンや電気エネルギーの元となる一次エネルギーは様々な形態をもつ。従来の内燃機関用の液体燃料としては、石油・天然ガス・石炭・バイオマスが一次エネルギーである。電気自動車やハイブリッド自動車用の電気エネルギーとしては、化石燃料による発電・水力・太陽光などの自然エネルギーなどがある。しかし、石油に替わるエネルギーの普及のためには、一次燃料からの燃料製造時における$CO_2$排出量低減技術開発、インフラの整備などの課題が残されている。これらの状況を背景に、100パターンを越えるといわれるハイブリッドシステムの中から、トヨタハイブリッドシステムと名づけられたガソリンベースのハイブリッド車が選択された。
　トヨタハイブリッドシステムの特徴は、
・駆動用と発電用の2つのモータを持つ
・高出力密度電池

・シンプルなプラネタリギアセットによる動力分割機構

である。以下、システムの動作を述べる。

　発進時、および低中速走行などの軽負荷時など、エンジン効率の悪い領域では、エンジンを停止し、バッテリ駆動からの電力によるモータのみで走行する。

　通常走行は、エンジンパワーを動力分割機構により二経路に分割する。一つは車輪を直接駆動する経路、残る一つは発電機を駆動させて発電する経路で、この電力によりモータを駆動する。この二つの経路は状況に応じて最適効率となるような割合に配分され、軽負荷で余った電力はバッテリに充電される。

　全開加速時はバッテリからも電力が供給され、エンジン駆動力とモータ駆動力により、レスポンスの良い滑らかな動力性能と加速性能を向上させている。アクセルを緩める減速時やブレーキ制動時は、車輪がモータを駆動させる。これにより、モータは発電機として制動エネルギーを電力に変換してバッテリ充電を行う。

　1997年に初代プリウスが発表された後、市場からの多様なニーズ・要望が寄せられ、それに応えるべく様々なアイデアの創出、開発、改良が行われ、現在でも継続的に行われている。例えば、システム電圧は、初代プリウスの288Vに対し、現在のプリウスではリアクトルの導入により650Vまで昇圧している。これをモータに適用すると、同じ電流値で駆動させるモータにおいては、高電圧化により出力を増加させることができる。あるいは、モータ出力が同じ場合は、電流値を下げることができるため、電気損失を低減し、高効率化が実現できるわけである。

　モータの制御ではPWM（Pulse Width Modulation）制御が取り入れられている。プリウスでは、トルクと回転数に応じて、正弦波PWM、可変調PWM、矩形波の3種類のパターンを使い分けている（図3-41）。例えば、制御性を必要とされる低速域では正弦波PWM制御が適している。高回転域では電圧利用率を高めて出力向上を狙って矩形波方式で制御し、その中間を可変調PWM方式で制御することでモータ高出力化を実現している。

　モータの動力伝達についても、当初のプラネタリギアとチェーンから、動力

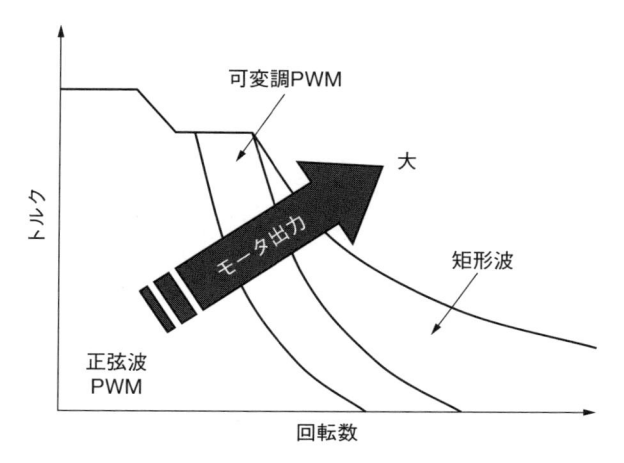

図 3-41　回転数-トルクと PWM 制御の例

分割機構と減速機の機能を2つのプラネタリギアに持たせ、コンパクトな搭載を実現した。これら2つのプラネタリギアを用いることでモータを高回転化し、小型化を可能にした。

## 5．埋込み磁石の配置

　ネオジム磁石の登場は、自動車駆動用モータにおいて巻線励磁タイプから永久磁石埋込みタイプへの移行を実現させた。モータトルクは、磁石によるマグネットトルクと、モータ構造に起因するリラクタンストルクを併用することができるため、モータの小型化や設計の最適化によりさらなる損失を低減することができる。また近年は、特に重希土類の産地が偏在するなどの課題もあり、ネオジム磁石から得られる利点を生かしつつ、磁石使用量を少なくする構造設計検討も行われている。

　モータ小型化のため磁石を多く使用する場合は、永久磁石による固定界磁による鉄損や弱め界磁損増加を考慮しなくてはならない。したがって、磁石使用量を減らすためにマグネットトルクとリラクタンストルクを効率よく利用するには、理論に基づいた磁石の最適配置設計することが必要である。

ここでは、図 3-42 に示すベクトルポテンシャル等高線を用い、磁石の配置を決定している。ベクトルポテンシャルとは、磁束密度 $B$ に対し、$B=\mathrm{rot}\,A$ で定義されるベクトルであり、有限要素法では、このベクトルポテンシャルを用いて磁束密度の計算が行われる。そして、この磁束密度計算から磁石開角 $\theta_\mathrm{m}$ を求めることができる。この磁石開角を元に、図 3-43 に示すような 3 つの埋込み方法タイプ A、B、C のロータ、ステータ間のエアギャップの磁束密度を計算した。その結果を図 3-44 に示す。A、B、C の三つの方法の埋込みロータでは、磁石開角 $\theta_\mathrm{m}$ が同じであれば、ロータ、ステータ間のエアギャップにおける磁束密度に多少の高低差がみられるものの、波幅はほぼ同等であることがわかる。このようなステップを踏んで所望の磁束密度を効率よく得るように磁石の配置が決定される。

　もちろん、図 3-42 のベクトルポテンシャル等高線が示すように瓦のような断面を持った磁石が最も効率が良いが、焼結磁石製造工程での加工性やコストを考えると矩形の磁石が実用的である。したがって、図 3-43 のタイプ C のように磁石を V 字型に配置することで瓦型断面形状に近づけている。

　図 3-45 に '00 プリウスと '05 SUV における磁石配置を示す。マグネットトルクとリラクタンストルクを有効に配分できるような構造、磁石の配置、制御の最適化によって、モータの直径は約 2 %、ステータコアの積層は約 20 % の小型化を実現している。　図 3-46 にマグネットトルクとリラクタンストルクの配分を示す。'00 プリウスと比較し '05 プリウスでは、これまで述べたような設計の最適化によりトルク密度が 9 % 向上している。これによって使用磁石量の低減となり、希土類元素への懸念回避、モータ小型化による軽量化実現、求めやすい価格に近づけるなどのメリットが出てくる。

## 5. ハイブリッド自動車用モータの小型化

　様々なハイブリッドシステムが存在する中、トヨタハイブリッドシステムでは、エンジンとモータを走行条件別に、いずれか、あるいは両方、と使い分け、常に高効率が得られるようなエネルギーマネージメントシステムとなっている。

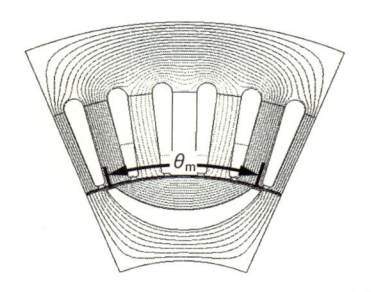

第 3 章　応用技術

図 3-42　ベクトルポテンシャル等高線

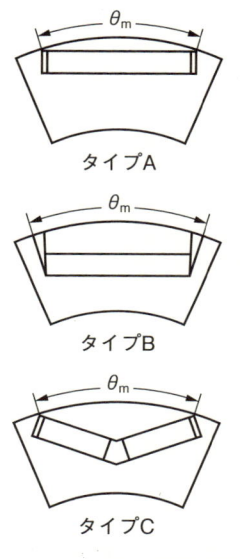

図 3-43　磁石配置の例

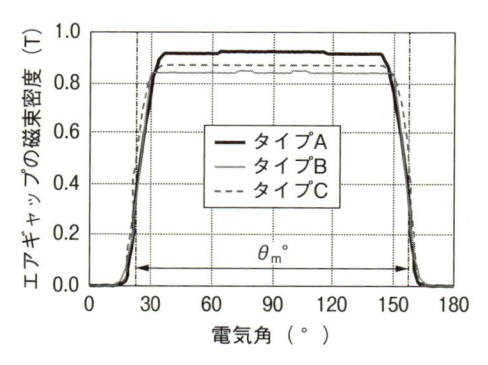

図 3-44　タイプ A、B、C におけるエアギャップの磁束密度

図 3-45　ハイブリッド自動車用駆動モータにおける磁石埋込み形状

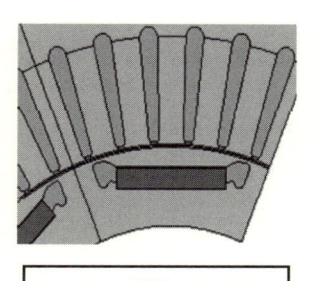

'00プリウス
ステータ外径：269mm
積層長さ　　：88mm

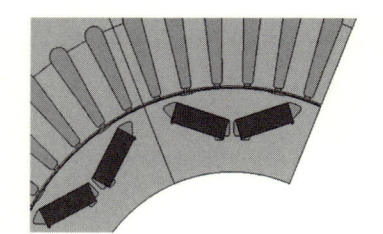

'05SUV
ステータ外径：264mm
積層長さ　　：70mm

143

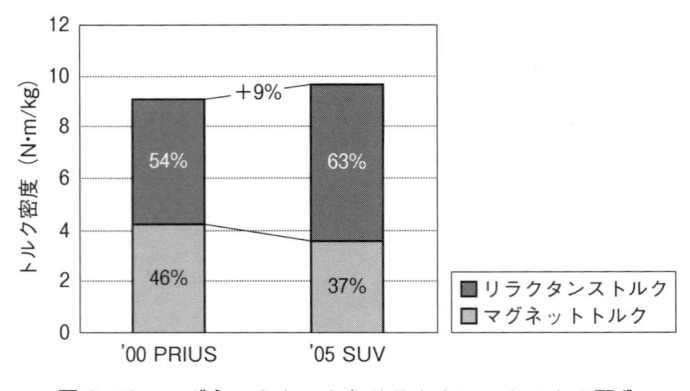

図 3-46　マグネットトルクとリラクタンストルクの配分

必要に応じてエンジンを止め、電気自動車のように電気走行ができるため、静粛性や燃費、動力性能で高いパフォーマンスを示す。トヨタがハイブリッド自動車を中心に技術開発を進めているのは、電気自動車、プラグインハイブリッド自動車、燃料電池自動車など、将来の環境対応車の要素技術を包含するコア技術だからである。

　トヨタ自動車は、コンパクトクラスのハイブリッド自動車「アクア」（図 3-47）を開発し 2011 年に販売を開始した。アクアでは、プリウスの技術の踏襲・改良に加え、各ユニットのさらなる小型化と最適設計を行った。図 3-48 に示したモータの小型化を例として紹介する。

　モータのステータにはマグネットワイヤ（モータ巻線）が巻かれるが、構造上、電磁鋼板を積層したステータの上下端面からはみ出る部分、すなわち、コイルエンドと呼ばれる箇所が出来てしまう。これを小さくする、なくすことができれば、余分な体積を削り、小型化につながる。また、ステータのスロットに挿入されるマグネットワイヤの占める断面積（占積率）を大きくすることは、そこに流れる電流密度を上げるため高効率となり、同様にモータ小型化に大きく寄与する。アクアでは、従来のような断面の丸い銅線を平角線に変え、また、巻線方式を金型成形で行うことで、占積率の向上、コイルエンドの縮小を実現した。

第3章　応用技術

プリウス

アクア

図 3-47　コンパクトハイブリッド自動車「アクア」

図 3-48　平角線を用いたモータのステータ構造例（アクア）

### 3-2-2 風力発電機への応用

#### 1. 世界的に実用が広がる風力発電

　風力発電が再生可能エネルギーの主役であることは、今や世界の一般的な認識である。賦存量、コスト、技術的将来性などの多くの点において、風力発電は他の再生可能エネルギーからは抜きん出た存在となっている。しかし日本においては、そのような理解はあまり広まってはいない。日本における風力発電の導入総量は世界の 13 番くらいとかなり遅れている。

　図 3-49 に世界の風力発電設備導入量の推移を示すが、過去 10 年間を通して年率 25 ％以上も成長している。2010 年には総発電設備量で 197 GW にも達し、2000 年の 17 GW から 10 年間で約 11 倍に拡大した。1 GW の発電設備量は中型の原子力発電所 1 基に相当するので、単に数だけで言うと約 200 基の原子力発電所に等しい。しかし実際の発電量で見ると、風力発電の稼働率は原子力発電の稼働率の約 1/3 なので、それを勘案すると世界の風力発電の総能力は結局、原子力発電所約 60 基分となる。この数でも一つの確立された発電方式と認められるのに充分な量であると言える。なお、過去 60 年間で世界で建設された原子力発電所の総数は約 430 基ほどである。一方、太陽光発電の設備導入量は 2010 年に世界中でかなり増えたが、日中しか発電できないという稼働率を考慮すると、その数は原子力発電所 4 基分程度であって、風力発電のわずか 15 分の 1 でしかない。

　風力発電がこのように近年大きく発展した理由の一つは、風力発電機が近年急速に大型化できたことである。図 3-50 に風力発電機回転翼サイズの推移を示す。1990 年代に 40 m 程度だったものが 2010 年には 150 m へと大型化し、発電設備容量は 10 倍以上の 7500 kW にも達している。風力発電機を大型化することによって発電効率と資本の投下効率が向上し、その結果、発電コストは低下する。今後も材料や風車構造の研究開発が進み、近い将来には 1 万 kW 以上もの超大型の風車が開発されると考えられる。

　現在世界で広く実用化されている風力発電機の基本構造は図 3-51 のような

第3章 応用技術

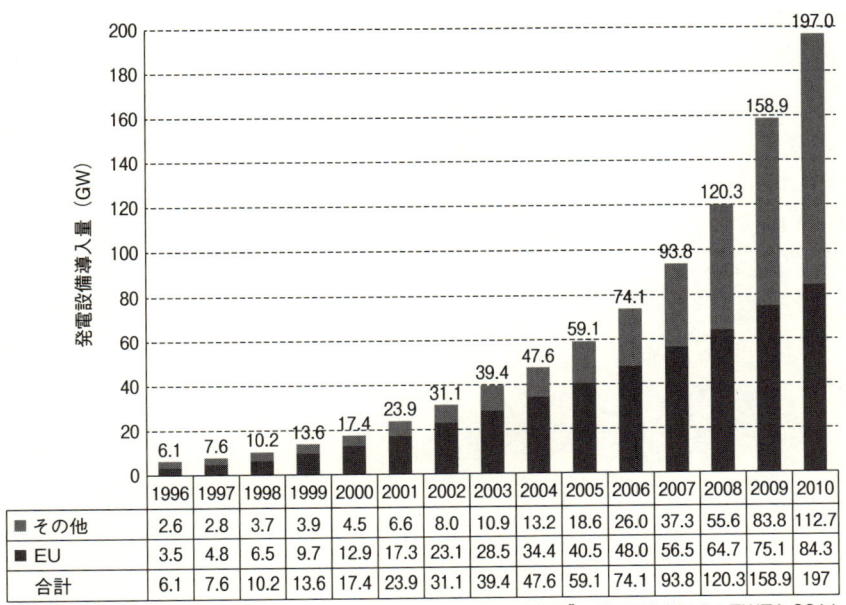

| | 1996 | 1997 | 1998 | 1999 | 2000 | 2001 | 2002 | 2003 | 2004 | 2005 | 2006 | 2007 | 2008 | 2009 | 2010 |
|---|---|---|---|---|---|---|---|---|---|---|---|---|---|---|---|
| ■ その他 | 2.6 | 2.8 | 3.7 | 3.9 | 4.5 | 6.6 | 8.0 | 10.9 | 13.2 | 18.6 | 26.0 | 37.3 | 55.6 | 83.8 | 112.7 |
| ■ EU | 3.5 | 4.8 | 6.5 | 9.7 | 12.9 | 17.3 | 23.1 | 28.5 | 34.4 | 40.5 | 48.0 | 56.5 | 64.7 | 75.1 | 84.3 |
| 合計 | 6.1 | 7.6 | 10.2 | 13.6 | 17.4 | 23.9 | 31.1 | 39.4 | 47.6 | 59.1 | 74.1 | 93.8 | 120.3 | 158.9 | 197 |

（出典）"Global wind report – annual market update 2010" –GWEC 2011；EWEA 2011

図3-49　世界の風力発電設備量

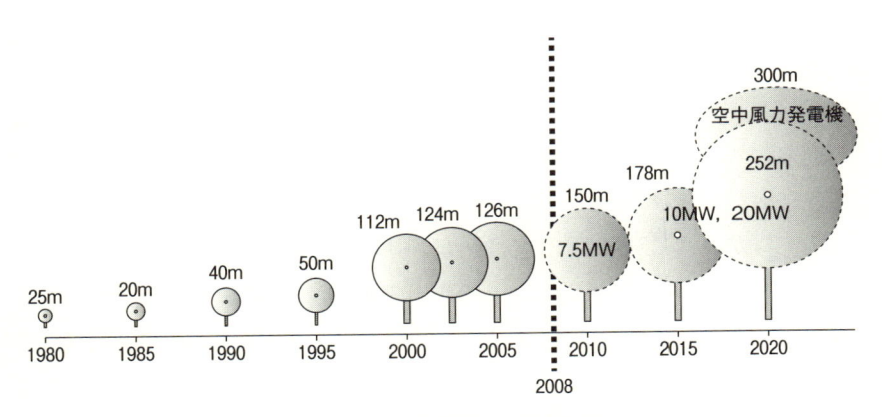

図3-50　風力発電機サイズの推移
（出典）NEDO新エネルギー技術白書策定に係る調査報告書（2010年6月）

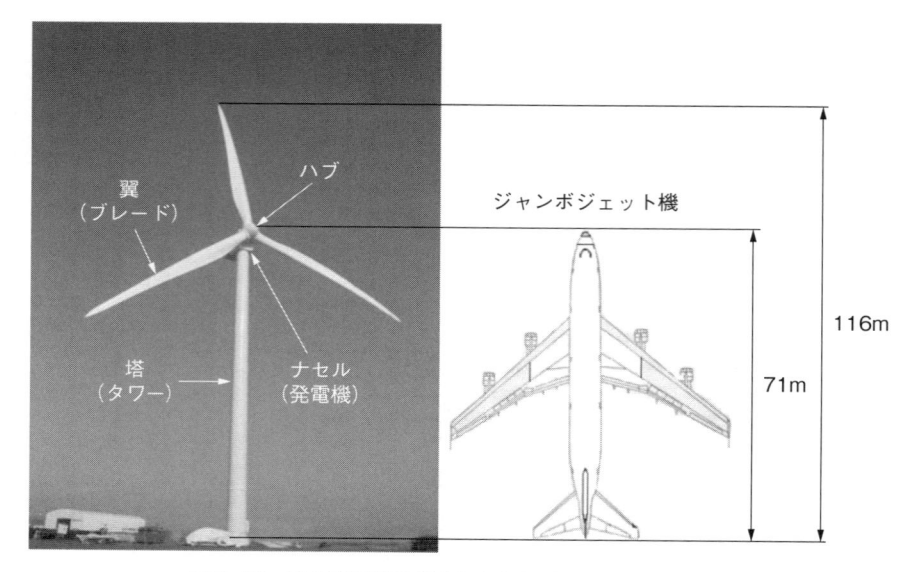

図 3-51　風力発電機の構成と大きさ（2.4MW 大型風車）

ものである。タワーの上に発電装置を格納する部屋（ナセル）が乗っていて、ナセルから出ているハブ軸に 3 本の翼がつながっている。図 3-51 の 2.4 MW 風力発電機の場合、71 m のタワーの上に 45m のブレードがつながって総高が 116 m となり、ジャンボジェット機よりも高い。図 3-52 に現在世界最大の風力発電機である Enercon 社の E126 7500 kW 機の写真を示す。その高さは約 200 m にもなっている。

　風力発電が広く実用化されているのは、他の多くの再生可能エネルギーと比べて、コストの安いのが一つの大きな理由である。もちろん、風力発電コストは発電サイトの風況やその他の要因でさまざまに変動するが、風力発電機が風況の優れた適地に設置されれば、そのコストは原子力発電よりも安くなると言われている。図 3-53 に他の各種再生可能エネルギーの発電コストを比較したが、太陽光や太陽熱、さらには波力や潮力と比べて、風力発電ははるかに安価である。

第 3 章　応用技術

図 3-52　Enercon E126 7500kW
（出典）http://en.wikipedia.org/wiki/File:E_126_Georgsfeld.JPG

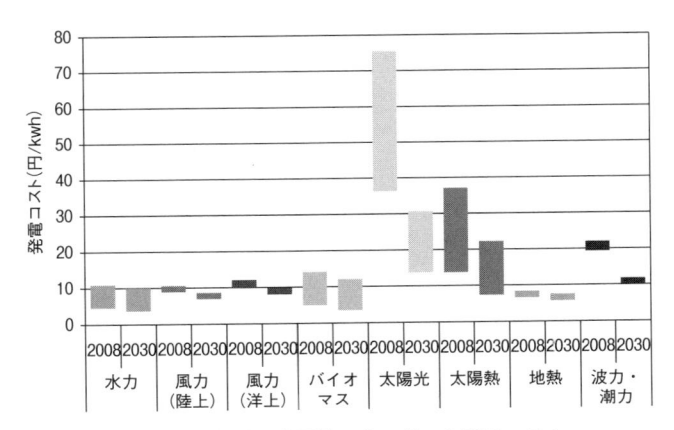

図 3-53　各種再生可能エネルギーの発電コスト
（出典）NEDO 新エネルギー技術白書策定に係る調査報告書（2000 年 6 月）

## 2. 日本では遅れている風力発電の導入

　日本における風力発電の導入量は前にも述べたが、世界で第13位である。日本全体の総発電量が世界第3位であって、火力発電、原子力発電さらには太陽光発電などの種類別の導入量いずれもが世界で第3位であるのと比べると、風力発電の日本における導入量はかなり少なく、世界的状況から乖離している。

　産業面から見ると、世界における風力発電の市場規模は2010年においてすでに7兆円規模となっている。太陽電池の市場規模は世界で約2.5兆円程度なので、風力発電ビジネスの規模がその約3倍程度あることに多くの方々は驚くであろう。風力発電ビジネスは、今や世界の新しい産業分野として確固たる地位が築き上げられている。図3-54に世界の風力発電機メーカーのシェアを示す。GEやSiemensなどの世界的な重工業メーカーに混じって、Vestas社やGamesa社、Enercon社など聞きなれない会社が名を連ねている。これらは、1990年から2000年代に大きく発展した風力発電のいわばベンチャー企業である。一方、日本企業では、11位に三菱重工がいる程度であって、その他、統計に載らない日本の風力メーカーに日本製鋼所がある。さほど大きくない太陽電池市場で、シャープや京セラ、パナソニック、三菱電機など日本の錚々たる電機メーカー各社が高いシェアを占めているのと大きく異なり、風力発電における日本メーカーの存在感はかなり薄い。風力発電が世界中で新規ビジネスとして大いに注目されている現状を見るに、なぜ日本には世界的な風力発電メーカーが育たなかったのか不可思議であり、残念である。これからの日本のエネルギー対策や産業振興政策において、風力発電をどう考えていくのかは重要な検討課題であると考えられる。

　日本の風力発電産業が国内への風力発電の導入を含めて世界に大きく遅れをとった理由の一つは、強い影響力を持つ電力会社が原子力発電や太陽光発電には好意的であっても、風力発電を好ましいものと考えなかったことがある。さらにはジャーナリストや知識人、オピニオンリーダーたちも風力発電についはだいたいが否定的であって、世界の風力発電の大きな発展を予見できた人はいなかった。今も相変わらず風力発電より他の再生可能エネルギーの方が日本に

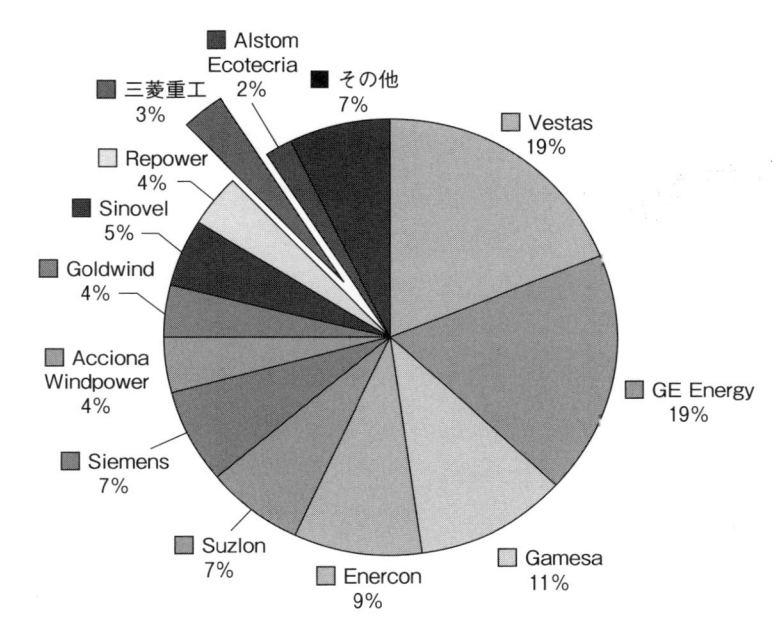

図 3-54　風力発電機の世界市場シェア（2008 年）
（出典）NEDO 新エネルギー技術白書策定に係る調査報告書（2010 年 6 月）

は好ましいなどと主張する人達も依然として多い。これらの人々が指摘するところの風力発電の問題点に関しては後で詳述するが、概して誤解や情報不足が多く、世界各国の風力発電の現状や実績をつぶさに観察すれば正しい理解が可能である。風力発電においてもいろいろな問題点がないわけではないが、新エネルギーに限らず化石燃料から原子力発電まであらゆるエネルギー源にはそれなりの問題点が必ず存在する。それらと比べると風力発電における問題はたいへん少なく、さらには他のエネルギー源が持つような重大な危険性の全く存在しないことを注目すべきである。原子力発電は取り返しのつかない重大事故の発生する可能性を否定できないし、ましてや放射性廃棄物の最終処理技術の見通しは全く立っていない。天然ガスを含めた種々の化石燃料は、$CO_2$ による地球温暖化への問題と将来的な枯渇を避けられない。現在、化石燃料のコストが比較的安いのは、採取のためのコストのみを負担しているからであって、化石

燃料を再生する費用は全く考慮されていない。一回限りのエネルギー源を安易に浪費することは、将来の人類に対する責任という点から望ましいことではない。風力発電はこのような重大な問題点がほとんど存在しない上に、尽きることの無い無尽のエネルギー源であって、さらには国内で自給自足できる安全保障性の高いエネルギーである。

## 3. 風力発電の安定供給の問題

　風力発電でしばしば指摘される問題点の一つは発電の不安定さである。風が吹いたり吹かなかったりの間欠的な発電では電力の安定供給において弊害が大きい、という意見が前述の電力関係者や権威ある知識人たちに多くある。これに関してはいろいろな対応策が基本的に存在し、さらにはスペインにおける風力発電の実績からも否定できる。

　第一の基本的対策は、風力発電所地域の拡大とそれらの連係である。少ない場所の風力発電所では、その土地の風況に直に依存して安定な発電ができないが、地域を拡大して多くの風力発電を連係すれば発電は安定化する。一つの場所で風が吹かなくても他の場所では風が吹き、広い地域全体で見れば必ず平均化するのである。図3-55は、風力発電協会が東北地方の風力発電所を例にして計算で求めた発電量で、東北地方各地にある風力発電所をもしすべて統合すると、発電量が時間的に平均化することが分かる。

　たとえ平均化しても電源の質が悪いから連係には接続できない、などと言う意見がさらにあるかも知れないので、次にヨーロッパの実績を見てみる。図3-56は、日本、ドイツ、スペインの再生可能エネルギーの導入実績を表す。日本の再生可能エネルギー導入量は、ほとんどが水力発電で、風力発電はわずか1％以下である。一方、ドイツの再生可能エネルギーの導入量は総発電量の17％で、そのうち風力発電は6％となっている。これでもかなりの導入量ではあるが、注目すべきはスペインにおける風力発電の導入量である。スペインの総発電量は日本の約1/3ほどではある。しかし、風力発電の2010年の導入実績はスペインの総発電量の16％にもなっている。この数字は年間を通しての平

第 3 章　応用技術

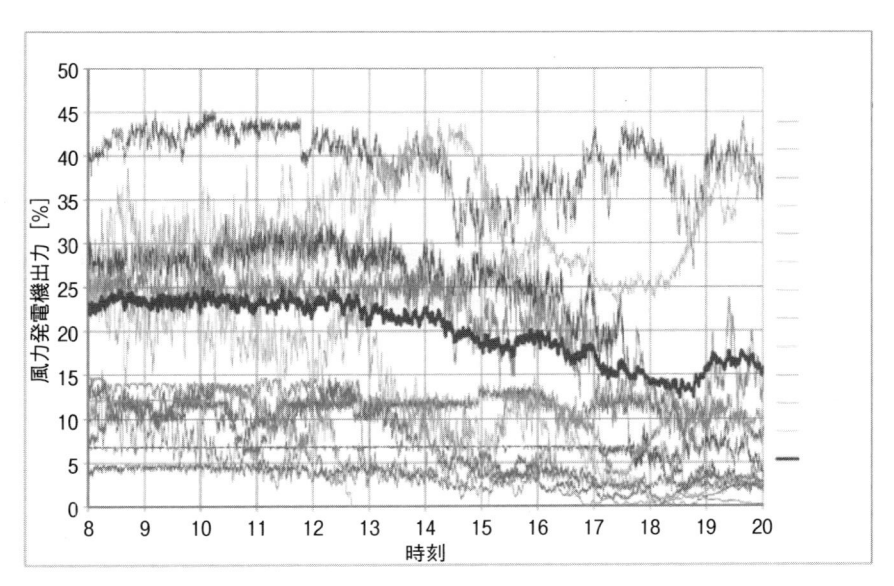

図 3-55　風力発電の連係による発電量の安定化（2005年12月1日の風力発電機出力）
　　　　細線：12 風力発電所の個別出力　太線：合計出力
（出典）風力発電協会代表理事・永田哲朗氏資料（2011 年）

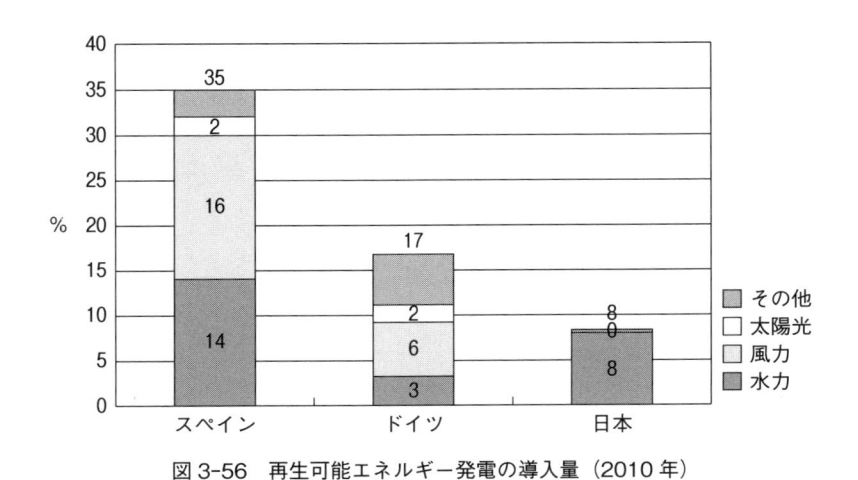

図 3-56　再生可能エネルギー発電の導入量（2010 年）
（出典）大野真紀子、村木章弘：2011 年みずほ銀行レポート Mizuho Industry Focus Vol.99
　　　産業振興の側面から見た風力発電への期待

153

均値なので、風の吹かない日もあれば、もっと風の強いときもある。最大に導入した例として、1日の発電量の75％を風力発電で供給可能だったことが報告されている。

スペインでこのような高い風力発電の導入実績が記録できたのは、スペイン独自の発電システムの成果である。風況その他の特殊な状況がスペインにあるわけではない。例えば、揚水発電は電力需給調整におけるまず第一の手段であるが、スペインの保有する揚水発電の割合は日本とそう変わりはない。その他の発電方式、原子力発電や火力発電などの構成も日本と良く似ている。では何がこのような高い風力発電導入実績を挙げることを可能にしたかというと、それはスペインの電力系統システムにある。スペインでは、RED Electrica 社という国策会社がスペイン全土の電力系統をすべて一手にコントロールしている。この会社は、スペイン国内のあらゆる発電設備の操業を指導する権限が持つだけではなく、国内及び国外への送配電にも責任を持つ中央一極の電力送電管理会社である。

図3-57 は、2008年4月のある日のスペイン国内の発電状況を示す。図中の一番下が風力発電のその日の推移であるが、風力発電の導入量をなるべく大きくするために、風が強くなったときには他のコントロールできる発電方式、火力や揚水発電の発電量を抑えている様子が分かる。正確な気象予報から風力発電量の時間変動を予測しながら、各発電所の発電スケジュールを決定するのである。スペインのこのような実績は、風力発電の大きな可能性を明らかにする先進的な結果として大いに参考にすべきである。

## 4. 日本に適した洋上風力発電

次にしばしば指摘される風力発電の問題は、日本は国土が狭くて山岳地が多く、風力発電に適した場所が少ない。もしあったとしても、北海道や九州などの遠隔地であって、そこからの電力を消費地に送るのは容易ではない、という意見である。確かに日本は国土が狭く、山岳地は風が安定せず、山間部における風車の建設も大変である。騒音や美観、さらには風車翼の影の問題や、野鳥

第 3 章　応用技術

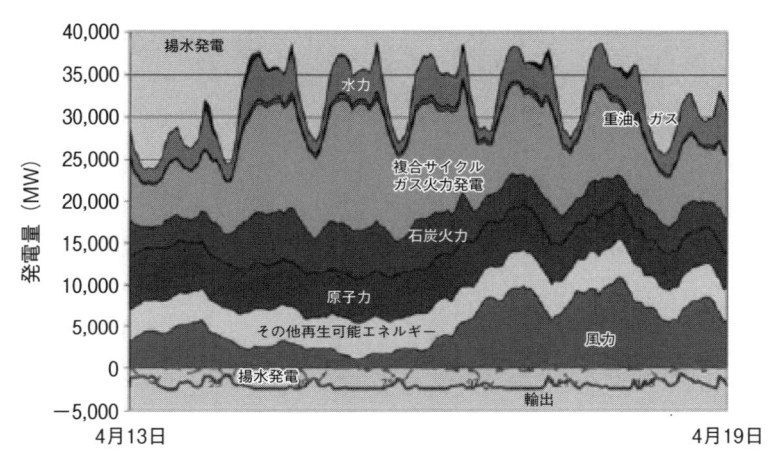

図 3-57　スペインにおける発電量の内訳と調整（2008 年 4 月 13 日～19 日）
（出典）風力発電協会資料「風力発電の動向について」（2011 年）より抜粋

の衝突などの心配もある。これらの諸問題に対してそれぞれ対応策は存在するが、詳細については本書の範囲を超えるのでここでは割愛したい。ただし、上記の諸問題に容易に答えが出せて、さらに日本だからこそ大きな可能性の見出せる洋上風力発電について以下に詳述したい。

　洋上風力発電は、すでに陸上の適地に風車を立て尽くしてしまったヨーロッパ諸国、特にドイツやスペイン、海洋域の広い英国やノルウェー、アジアでも海岸線の比較的長い韓国などにおいて、近年特に注目されている。洋上の風は一般に陸上よりも強く吹き、障害物が全くないので安定でもある。洋上風力発電の稼働率は陸上の稼働率の 2 倍以上にもなることがすでに実績として報告されている。一方、洋上風車の建設費は当然高く、少なくとも陸上の 1.5 倍以上になる。結果として、洋上風力発電のトータルコストは陸上とほぼ同等になると考えられている。ただ陸上よりも海上のほうが大型部材の搬送において有利なため、より大型化した洋上風車の建設が技術的に可能となれば、洋上風力発電は陸上よりもコスト競争力が高いとも考えられている。

　日本は四方を海に囲まれた海洋国家である。海の排他的経済水域を含めると、

日本は世界で6番目に広い領域を持つ国家である。日本における洋上風力発電の賦存量は、環境省の報告によれば日本の年間発電量の約8倍あるとされている。風力発電協会によるより条件の厳しい算定においても、洋上における発電賦存量は日本の年間発電量の約3倍、陸上の風力発電を加えると日本全体の風力発電の賦存量は、日本の年間発電量の約4倍あるとされている。

ただ、ここで気をつけなければならないのは、日本の海はヨーロッパの遠浅の海と違って海岸から数十mも進むと急激に深くなることである。ヨーロッパで言う洋上風力発電とは遠浅の海で水深が20〜30mくらいの所に着床式で風車を立てることである。深度のある海中で浮かんでいるような浮体式の洋上発電機は世界でもまだわずかしか建設されていない。日本では海岸線を離れると水深が急激に深くなるので、着床式の洋上風力発電機はそれほどたくさん設置できない。どちらかというと浮体式風力発電機の方が日本の海には向いているし、多くの発電エリアが存在できる。まだ世界的にもそれほど開発は進んでいないので、これから日本が浮体式風力発電機の開発を急げば、まだまだ世界的な競争に間に合う。これからの日本の新たな経済成長戦略の核として、官民を挙げて洋上風力発電に取り組んでいくべきであると考えられる。

## 5．ネオジム磁石による大型風力発電機の軽量化

風力発電機が例え陸上であろうが洋上であろうが、それを大型化していくことは世界の大きな潮流である。このとき風車の翼を長くするのは止むを得ないことではあるが、タワーに乗るナセルおよび内部の発電装置は効率的で軽量であることが強く望まれる。ハイブリッド自動車や電気自動車用の駆動モータがネオジム磁石を利用して小型化と高効率化したのと同じように、風力発電機にもネオジム磁石を組み込んで、装置の小型化と軽量化を目指そうという技術トレンドがある。ただ、その最終的に目的とするところは発電コストの低減であって、昨今のレアメタル問題で発生した希土類元素およびネオジム磁石の価格高騰は、この技術トレンドの阻害要因となっている。

これまで主流であった磁石の要らない誘導式の発電機でも発電はできるので

第 3 章　応用技術

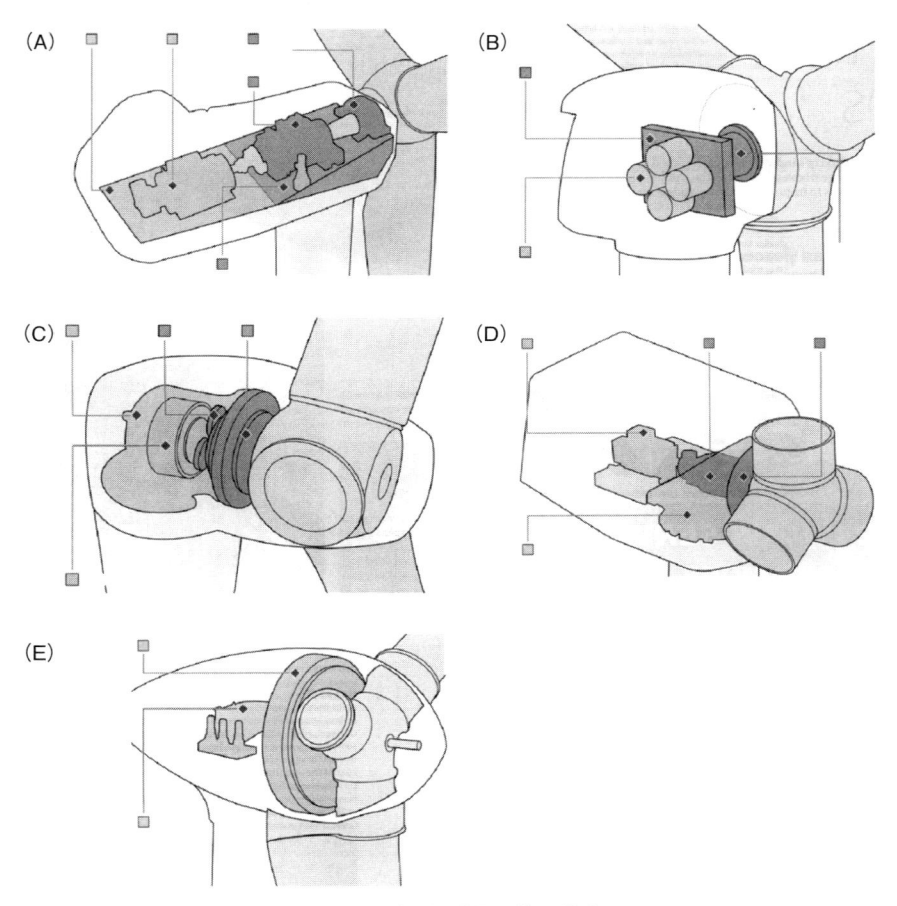

(A)　(B)　(C)　(D)　(E)

図 3-58　各種風力発電機の構造
（出典）Windpower Monthly Special Report, June, 2010, p10-p12

あって、磁石価格が高すぎて設備費および発電コストに影響するようであっては、ネオジム磁石式の風力発電機は製造されないであろう。ネオジム磁石メーカーの第一に目指すべきところは、たとえ原料工程さらには鉱山にまで遡ってでも、希土類価格の高騰問題を解決することである。風力発電機ビジネスにネオジム磁石が使われるときにはその使用量は極めて大きくなるので、希土類原

料およびネオジム磁石が低価格で安定的に供給されることの保証がなければ、風力発電機メーカーは積極的にこれを利用できないであろう。

次に、風力発電機に使用されるネオジム磁石の重量を推測してみる。風力発電機は今後、毎年少なくても 30 GW 以上導入されるであろう。取り敢えず 30 GW/ 年と仮定して、これを出力 3 MW 機で換算すると、風力発電機が毎年 1 万台新設されることになる。一方、風力発電機 1 台に使用されるネオジム磁石の量は、発電機（ジェネレータ）の構造によって大きく変わってくる。

図 3-58 は、現在使われている風力発電機の構造を示すが、さまざまな形式のものが存在している。これは風力発電機自体がまだ発展途上にあって、最終的な技術の方向性が定まっていないことを表している。磁石を使用する最も典型的な構造は、(A) と (E) である。(A) は増速機を介して IPM 型の発電機と結合されている。増速機は約 100 倍速程度である。(E) は増速機のないダイレクトドライブ構造となっており、この構造の発電機においてロータは SPM 型となり、一般に大口径の多極構造をとる。

それぞれの構造におけるネオジム磁石の使用重量の推測値を**表 3-13** に示した。ダイレクトドライブ構造では増速機タイプに比べて磁石重量がかなり多い。今後大型化すればさらに磁石の重量は重くなってしまうので、この構造は大型風力発電機には向いていないと考えられる。結局、(A) の構造で、それほど増速度の高くない中増速タイプが、ギアの作りやすさやメンテナンスの点から大型化に向いているのではないかと思われる。もし、この構造で 3 MW の風力発電機が年間 1 万台作られたとすると、ネオジム磁石の使用量は 2,500 t となる。

図 3-59 に風力発電機用ネオジム磁石サンプルの写真を示す。

風力発電機へのネオジム磁石の応用は、今後の風力発電機の発展と、ネオジム磁石のコストがどうなるかによって変わると思われる。いずれにせよネオジム磁石の風力発電機への応用はまだ始まったばかりであり、今後の進展を期待したい。

第3章 応用技術

表3-13 風力発電機の種類とNd磁石の重量

|  | 磁石数量（kg） | | |
|---|---|---|---|
|  | 2,000kW | 3,000kW | 5,000kW |
| (1) SPM<br>ダイレクトドライブ<br>極数　60〜90<br>大口径 | 1,500〜2,000 | 2,000〜2,500 | 4,000〜5,000 |
| (2) IPM<br>増速機（×100）<br>極数　12〜24<br>小口径 | 150〜200 | 200〜250 | 400〜500 |

図3-59　風力発電機用ネオジム磁石のサンプル

## 3-2-3　エレベータへの応用

### 1. エレベータの仕組み、構造

　エレベータの駆動方式は、大きく分けるとロープ式と油圧式がある。現在、ほとんどのエレベータはロープ式で、またロープ式の中でもトラクション式と巻胴式とあるが、ほとんどがトラクション式である。トラクション式エレベータ（以下、単にエレベータという）の仕組みについて簡単に説明する。

　エレベータには、人が乗る「かご」、かごとの釣合をとる「釣合おもり」、かごと釣合いおもりをつなぐ「ロープ」、そしてロープをかける駆動綱車（メインシーブ）がある。メインシーブは電動機（モータ）で回転させるようになっている。このメインシーブとモータを合わせて「巻上機（Traction machine：TM）」と呼んでいる。図 3-60 にその模式図を示す。

　モータでメインシーブを回転させると、メインシーブとロープの間の摩擦力によってロープが移動し、かごと釣合おもりが上下に動く。巻上機が発生するトルクはメインシーブとロープの間の摩擦による力を超えない範囲とするため、メインシーブとロープの間に滑りが発生することはない。釣合おもりの質量は数十 kg 単位で調整可能となっていて、一般には、かごに定員の約半数が乗車したときにバランスが取れる（かご質量＋定員の約半数≒釣合おもりの質量）ようになっている。そのため、かごに誰も乗車していない場合、またはかごに定員乗車している場合（満員時）に最もアンバランスが大きくなる。

### 2. エレベータの変遷

　従来、一般的なエレベータ〔定格積載量 1,000 kg 以下、定員 15 人以下、定格速度 105 m/min（1.75 m/s）以下で、主に住宅や低層ビルに設置されるエレベータ〕は図 3-61 に示すような構成であった。巻上機と、巻上機やエレベータの各機器を制御する制御盤は、機械室（マシンルーム）と呼ばれる部屋に設置されていた。一昔前のマンションやビルの屋上にあるペントハウスのような部屋である。機械室の直下に、かごと釣合おもりが昇降する昇降路と呼ばれる

第3章　応用技術

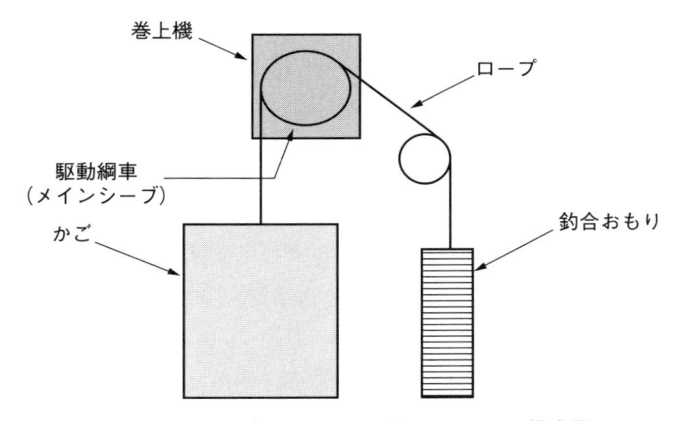

図3-60　ロープトラクション式エレベータの模式図

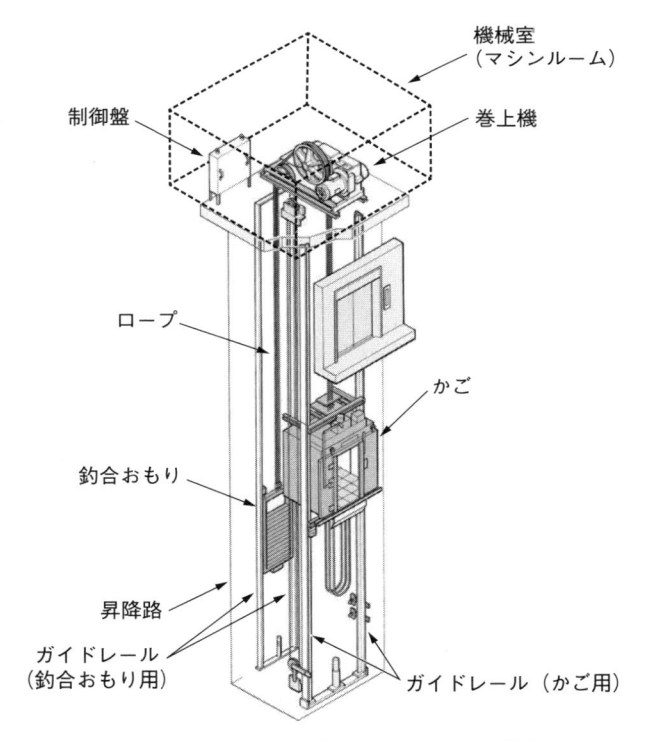

図3-61　従来の一般的なエレベータの構成

スペースがある。かごと釣合おもりは、それぞれ個別に昇降路に固定設置されたガイドレールと呼ばれるレールに沿って昇降する。ロープが機械室と昇降路を往来するため、機械室の床にはロープが通る穴があいている。

1990年代後半から2000年を境に、エレベータ業界にとって大きな変化があった。この頃から、巻上機と制御盤を昇降路内に入れて機械室をなくした機械室レス（Machine room-less：MRL）エレベータが登場した。（以下、機械室レスエレベータをMRLエレベータ、機械室があるエレベータをMRエレベータという。）

図3-62に示すように、機械室がある場合は建物にとって機械室が最も高い部分となるので、北側斜線制限・日影規制を考慮して機械室の位置を決めなければならなかった。そのため、建物の各フロアに対する昇降路の水平面位置も自動的に制限される形となっていた。それに対してMRLエレベータでは機械室がないため、建物の屋根のデザイン性が向上し、北側斜線制限・日影規制に対応しやすくなる。場合によっては、機械室がある場合から建物のフロア数を増やすことも可能となる。また、昇降路の水平面位置を自由にレイアウト可能となる。

図3-63に最新のMRLエレベータの例を示す。巻上機は昇降路の天井付近、制御盤は昇降路頂部のかごと昇降路壁の間に設置される。一般には昇降路底部に巻上機を設置するMRLエレベータもあるが、台風などの暴風雨で昇降路に水が浸入しても巻上機が冠水しないようにするため、図3-63の例では昇降路頂部に巻上機を設置している。巻上機と制御盤を昇降路内に納めるために、巻上機と制御盤の小型化と、ローピング（ロープの引き廻し）の変更を行っている。

ここでローピングについて説明する。ローピングには数種類あるが、1：1ローピングと2：1ローピングの二つが一般的である。「1：1」や「2：1」は、メインシーブの回転量（円周率×メインシーブの直径×メインシーブの回転数）とかごの移動距離の比を表している。図3-60や図3-61の形が1：1ローピングに該当する。巻上機のメインシーブの回転量とかごの移動量が1：1になる。一方、図3-63は2：1ローピングに該当する。こちらはメインシーブの

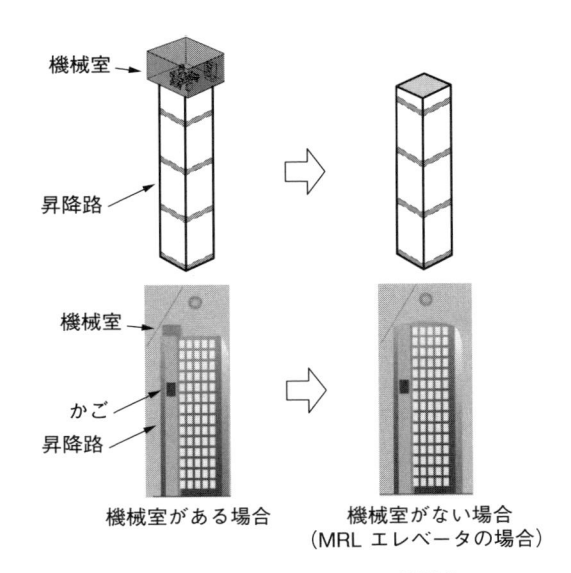

第3章　応用技術

図3-62　建物とエレベータ機械室

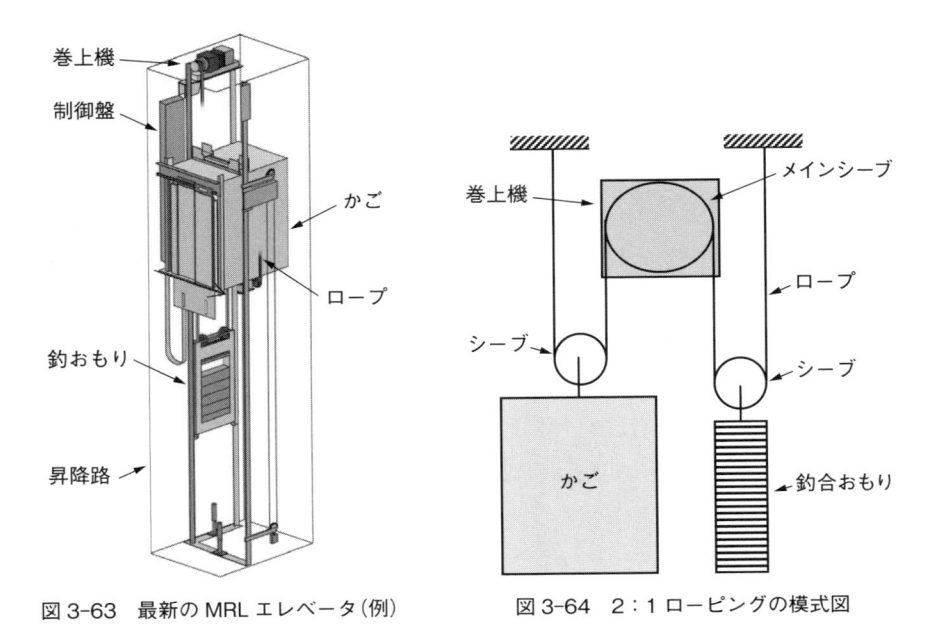

図3-63　最新のMRLエレベータ（例）

図3-64　2：1ロービングの模式図

163

回転量とかごの移動量が2：1になる。

　図3-63のローピングを模式的に表したものを図3-64に示す。ロープは両端が固定され、かご、釣合おもり共、シーブと呼ばれる滑車を経由して巻上機に架かる。シーブが動滑車となるので、メインシーブの回転量とかごの移動量が2：1になる。1：1ローピングに比べ2：1ローピングはかごの移動量に対してメインシーブの回転量が2倍となるが、必要なトルクは1/2となる。

## 3．巻上機

　図3-65に機械室があるタイプのエレベータの巻上機を示す。巻上機は主にメインシーブ、モータ、ブレーキおよびギヤで構成されている。メインシーブはロープが架かる部分で、実際、ロープは複数本あるためロープ同士が接触したり絡まったり、またはメインシーブから外れたりしないようロープ用の溝がメインシーブの円周上に切られている。モータは一般に誘導モータ（Induction Motor：IM）が用いられている。モータが回転するとギヤを介してメインシーブが回転する。メインシーブはモータの回転数に対してギヤの減速比分小さい回転数で回転する。また、エレベータ停止時、メインシーブが回転しないようにブレーキが装備されている。

　図3-66にMRLエレベータの巻上機を示す。巻上機は主にメインシーブ、モータ、ブレーキで構成されている。モータは永久磁石同期モータ（Permanent Magnet Synchronous Motor：PMSM）で、モータの回転軸がメインシーブに連結されており、モータを回転させるとダイレクトにメインシーブが回転する。また、MRエレベータと同様に、エレベータ停止時にメインシーブが回転しないようにブレーキが装備されている。

　MRエレベータの場合、巻上機を設置する機械室に十分なスペースがあるため、低トルク高回転型（定格回転数：1,000 rpm前後）の誘導モータ（IM）と減速比数十分の1のギヤを組み合わせてメインシーブに必要なトルクを発生させていた。MRLエレベータの場合、巻上機を昇降路内に設置しなければならないため、巻上機の設置スペースがかなり小さくMRエレベータのような

第 3 章　応用技術

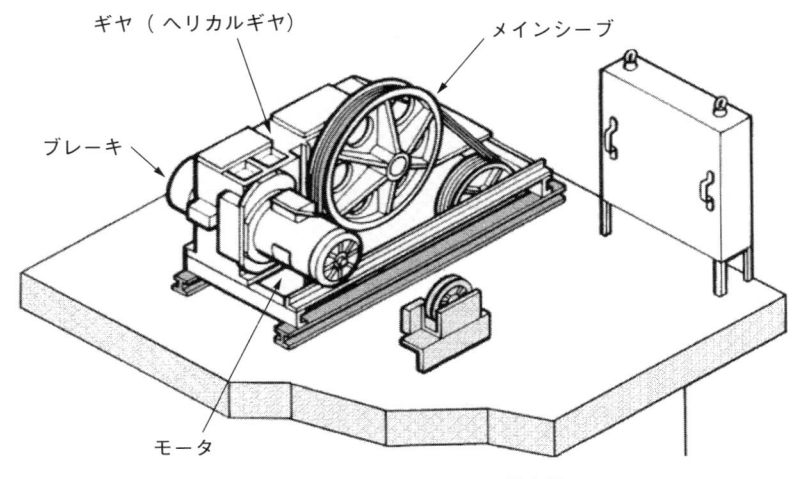

図 3-65　MR エレベータの巻上機

図 3-66　MRL エレベータの巻上機

「IM」+「ギヤ」の組合せを用いることができない。そのため、ギヤのない（ギヤレス）巻上機を採用している。ギヤなしで 1：1 ロービングの場合、モータに必要とされるトルクはかなり大きくなる。そのため 2：1 ロービングとしている。2：1 ロービングにすることによってメインシーブに必要なトルクは 2

165

分の1となるが、それでも機械室があるタイプに比べてモータに必要とされるトルクは約3倍とかなり大きい。**表3-14**に機械室があるタイプとMRLエレベータの巻上機比較例を示す。

　MRLエレベータの巻上機は、さらにローピングなどの理由によって設置位置、および設置位置に伴う寸法上の制約を受ける。**図3-67**にMRLエレベータのローピング概略図と昇降路平面図を示す。

　まず、概略図でロープの引き廻しを具体的に説明する。ロープの一端は昇降路頂部の、正面から見てかごの右側で固定される。ロープはその固定部から鉛直下方向に向かい、かごの下にあるシーブを経由してかごの左下側から鉛直上方向に向かう。昇降路頂部まで来たロープは巻上機のメインシーブに約180°巻き付いて再び鉛直下方向に向かう。ロープは釣合おもりまで来ると釣合おもりの上にあるシーブを経由して再び鉛直上方向に向かう。そして昇降路頂部でロープのもう一方の端が固定される。概略図からわかるように、正面から見てロープがかごの左側をほぼ鉛直に立ち上がるため、昇降路平面図で見るとメインシーブの右端がかごのシーブ（正面から見て左側）の左端に接するように巻上機が配置される。昇降路頂部にいくつかシーブを設置してロープを反らせたりすれば、例えば巻上機を昇降路平面の中央付近に設置することも可能である。しかし、エレベータに使用するロープは鋼鉄の素線を撚ったワイヤロープで、ワイヤロープは曲げる回数が多いほど、曲げる角度がきついほど早く疲労し、寿命が短くなる。そのため、概略図に示すようなローピングが最適な形となる。

　次に昇降路平面図で寸法上の制約について説明する。かごの平面寸法や昇降路平面寸法はJIS規格で規定されており、例えば定員6人の住宅用エレベータの場合、図3-67に示すようにかごの幅（内寸）は1,050 mm、昇降路の内幅は1,550 mmとなる。そのため、巻上機は幅200〜300 mm程度のスペースに納まらなければならない。MRエレベータの場合、機械室の面積は昇降路面積よりも大きいため、巻上機の設置スペースについてはMRLエレベータとまったく異なることがわかる。

　また、保守員の安全上の理由による制約もある。エレベータでは昇降路内の

第 3 章　応用技術

表 3-14　巻上機比較表

| | 機械室あり | 機械室なし |
|---|---|---|
| ロービング | 1 : 1 | 2 : 1 |
| 減速比 | あり | なし |
| モータの種類 | 誘導モータ | 永久磁石同期モータ |
| モータ定格回転数 | 1,000 rpm | 333 rpm |
| モータトルク比 | 1 | 3 |

※表の数値は一例

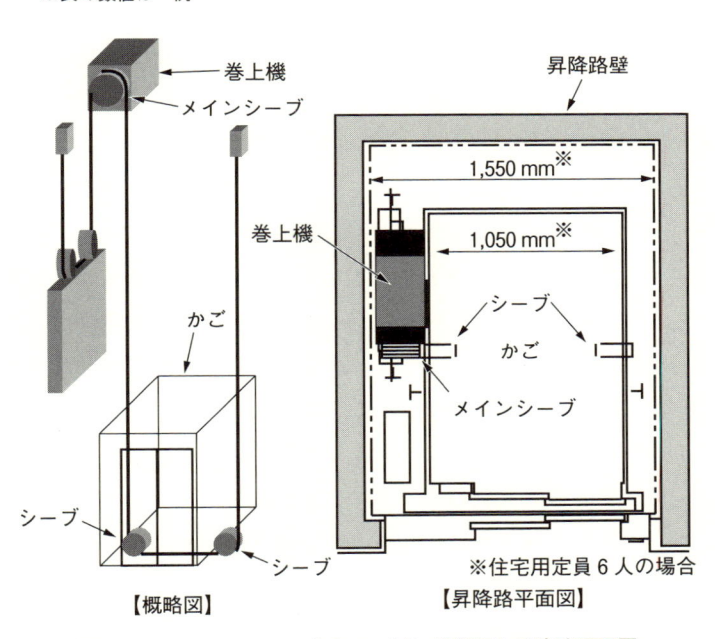

図 3-67　MRL エレベータのロービング概要と昇降路平面図

機器の点検のために、保守員が昇降路内に入り、かごの上に乗って、通常の速度に比べてかなり低速ではあるがかごの上に乗った状態でエレベータを運転する。図 3-68 に最上階付近の昇降路縦断面図を示す。図 3-68 は最上階で乗客が乗降できる位置にかごがあるところを示している。図に示す寸法は一例ではあるが、かごが最上階の位置にあるとき、かごの上（保守員が立つ位置）から

昇降路の天井まで 1,000 mm もないことがわかる。点検時保守員がかごの上に乗った状態で図に示す位置までかごを上昇させることはない。しかし、もし巻上機が昇降路平面図上でかごの投影面上（内）にあり、かごが図の位置まで上昇すると、保守員が危険を察知して、その場でかがんだとしても巻上機とかごの間に挟まれてしまう恐れがある。このような保守員の安全面から、昇降路平面図上巻上機はかごの投影面から極力外れていなければならない。

以上から MRL エレベータの巻上機には次の条件が要求される。
・ギヤなしのため低回転高トルク
・昇降路内設置、かつ 2：1 ローピングによる非常に狭い設置スペースに設置できるサイズ

これらの条件を満たすには、巻上機のモータはより小さなサイズでより大きなトルクを出すことができなければならない。必要となるトルクを出すことができるモータを考えたとき、PMSM と比較すると IM はロータ（回転子）に磁力を発生させるためロータを励磁しなければならず、ここでエネルギーロス（銅損）が発生する。一方、PMSM は回転子に永久磁石を使用することによって磁力を発生させている。そのため、同じトルクを出すことができる IM と PMSM を考えた場合、IM は PMSM にはないエネルギーロス分をカバーするため必然的に PMSM よりサイズが大きくなる。より小さなサイズという点から MRL エレベータの巻上機のモータは PMSM となる。

MRL エレベータの巻上機に採用されている PMSM にはネオジム磁石が用いられている。数ある磁石の中でネオジム磁石が選ばれているのは、ネオジム磁石が最も強力な磁力を持っていて、機器の小型化・高性能化に適しているためである。ネオジム磁石の磁力は、あらゆる分野で使用されているフェライト磁石の約 3 倍となる。図 3-69 に $B-H$ 曲線上のネオジム磁石とフェライト磁石の比較イメージを示す。もしフェライト磁石で MRL エレベータの巻上機（モータ）を作ろうとした場合、使用する磁石の量は単純に約 3 倍となる。ネオジム磁石の場合に比べて巻上機サイズが大きくなることは明らかであり、要求されている巻上機サイズに納まらなくなる。これが MRL エレベータの巻上

第 3 章　応用技術

【昇降路縦断面図（最上階部分）】

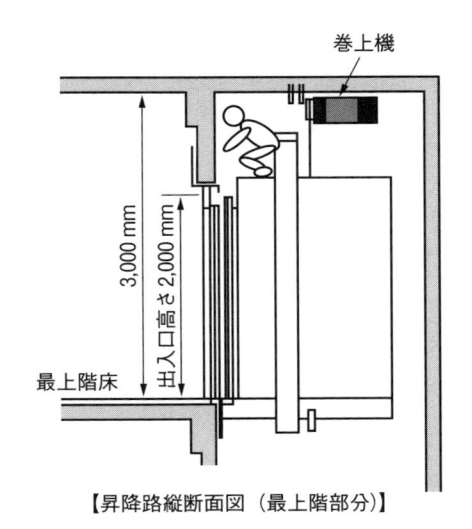

図 3-68　MRL エレベータの昇降路縦断面図

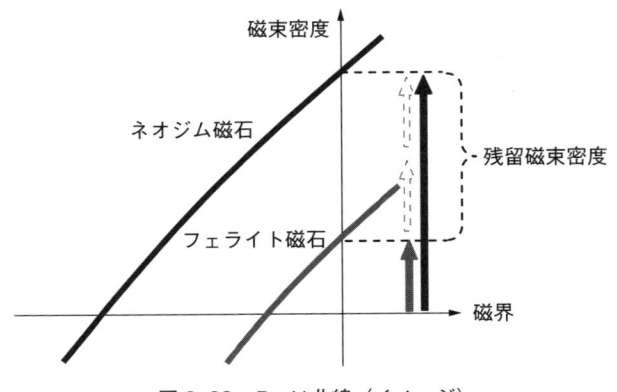

図 3-69　B-H 曲線（イメージ）

機（モータ）にネオジム磁石が用いられる理由である。最新の MRL エレベータの場合、巻上機（モータ）1 台につき 2〜4 kg 程度のネオジム磁石が使用されている。電動機容量としては、定格積載量 1,000kg（定員 15 人）、速度 105m／min の場合、MR エレベータ（IM）が 13kW であるのに対し、MRL エレベータ（PMSM）は 10kW となる。

## 3-2-4 産業用ロボットへの応用

### 1. 産業用ロボットの市場動向

2010年現在、約100万台の産業用ロボットが世界中で稼働しており、25年前の約14万台と比較すると約7倍に増大している（図3-70）。一時期、世界の2/3を占めていた日本のシェアは近年減少傾向にあり、増大傾向にある欧米も今後は成長の鈍化が予想されている。一方、中国を始めとするアジアでの産業用ロボットの稼働台数は急激に増大しており、アジアや中南米などの新興国での経済成長に伴う産業用ロボットの需要増は、今後いっそう加速すると予測されている。

産業用ロボットの市場は、自動車関連や液晶・半導体関連における設備投資に伴い成長してきたが、食品製造、電気機器・家電製品の組立て、ハンドリングや搬送などのさまざまな一般産業分野でも自動化要求が高まっている。また、少子高齢化による労働力の減少、作業負荷増大への対応、製品・サービスの質や生産性のさらなる向上の必要性からも、ロボット適用領域の拡大および市場の成長が期待されている。

経済産業省と(独)新エネルギー・産業技術総合開発機構（NEDO）の発表によれば、日本国内のロボット産業の市場規模は、2005年の約0.7兆円から、2020年に約3兆円、2035年には約10兆円に拡大すると予測されている（図3-71）。特に、物流、移動支援、清掃、介護・福祉などのサービス分野向け市場は、2035年には約5兆円規模になると予測されており、売れるロボットの開発が求められる。従来型産業用ロボットの市場予測は横ばいであるが、次世代組立てロボット（自動車用）やロボットセル（電気機械用）といった次世代型産業用ロボットの市場規模は、大きく拡大することが予測されている。

世界、特に新興国でのロボット需要の拡大と合わせると、産業用ロボット市場に限定しても、今後も大きく成長していくことが期待される希土類磁石の応用分野である。

第 3 章 応用技術

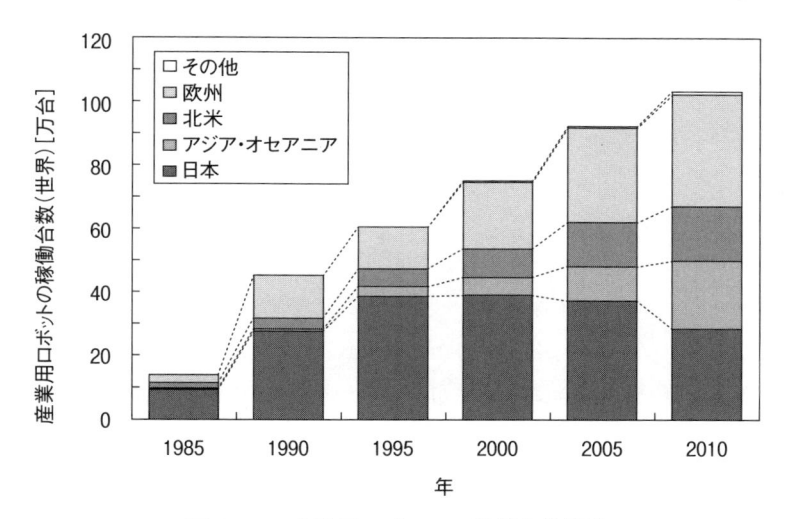

図 3-70 産業用ロボットの稼働台数推移
〔International Federation of Robotics (IFR) の統計値をグラフ化〕

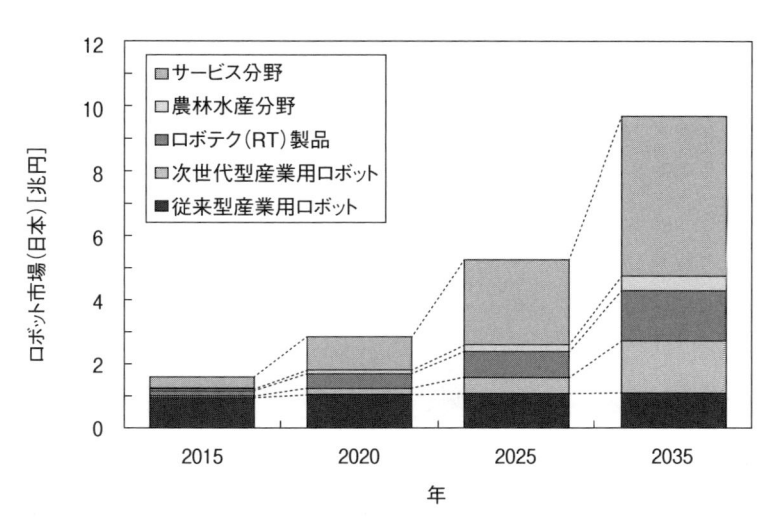

図 3-71 ロボット産業の将来市場予測
（経済産業省および NEDO の発表データをグラフ化）

## 2. 産業用ロボットの高性能化

1977年、日本初の全電気駆動式産業用ロボット（図3-72）が製品化された。当時は油圧式の産業用ロボットが全盛で、電気式ロボットは、その弱点であった非力さのため苦戦していたが、回転駆動のサーボモータを組み込んだ多関節構造のマニピュレータ（ロボットの腕や手に当たる部分）と、複雑な制御をこなすマイクロプロセッサの組合せ、およびそれらの技術の進歩によりロボット性能は向上し、弱点は解消されていった。電気駆動式ロボットは、小型（設置面積が小さい）、高精度（位置再現精度が高い、円滑に動作する）、システム構築性（他の装置との結合に融通性がある）、メンテナンス性（取り扱い・保守が容易である）といった特長を武器に、油圧式ロボットから主役の座を奪い取っている。

電気駆動式産業用ロボットは、溶接という職人に頼っていた技術を自動化したことで、自動車の生産ラインに最初に採用された。技能労働力不足、生産性向上、生産コスト低減、3K対策などの要求に対応し、工程に最適化したさまざまな産業用ロボットが開発され、作業の自動化の手段として生産ラインに導入されてきた。その後、コスト破壊や労働集約型産業の海外移転に伴う産業構造の変化に対応し、コストミニマムを追求した生産手段へと変化していった。

ロボットのマニピュレータに求められる基本性能は、小型化、高速化、低騒音化、省スペース化、信頼性、保全性、安全性である。

小型化のためには、内蔵するサーボモータや減速機の小型化、アームなどの構成部材の最適設計などが有効である。高速化のためには、サーボモータの高性能化と小型化に伴う負荷軽減やトータルイナーシャの低減が有効である。

小型化と高速化を併せ持つ指標にパワーレート密度（マニピュレータにかかる最大負荷トルクと、それに対抗して出力し得る最大加速度との積をマニピュレータの総質量で割ったもの）がある。図3-73に示すように、ロボットのパワーレート密度は30年間で10倍以上と大幅に高性能化している。

このロボットのパワーレート密度向上に寄与したのが、アームの関節部に内蔵されているサーボモータの高性能化である。

第 3 章　応用技術

図 3-72　日本初の全電気駆動式産業用ロボット（提供：安川電機）

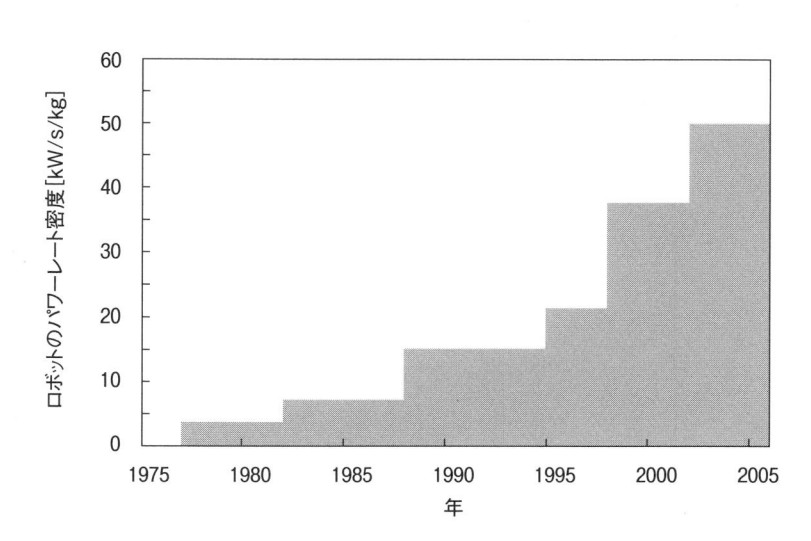

図 3-73　ロボットの高性能化の推移
（木村、久良、田中：MOTOMAN 技術の 20 年と今後の課題、技報 安川電機、第 59 巻 No.2、1995 年および筒井：ロボット用電動機の開発動向、電学誌、126 巻 11 号、2006 年を改変）

## 3. サーボモータの高性能化
### サーボモータの性能推移

メカトロ機器全般に使用されているほとんどのサーボモータには磁石が搭載されている。産業用ロボットに内蔵されているサーボモータにも高性能な希土類磁石が搭載されている。

産業用ロボット用サーボモータには、以下の性能が要求される。

①小型・軽量（高速化、下部軸の負荷軽減）
②高パワーレート（応答性の高速化、作業時間の短縮）
③低コギング（精密位置決め、動作の高精度化）
④耐振動・衝撃性（先端軸の高速での加減速動作、信頼性向上）

初期のサーボモータにはアルニコ磁石やフェライト磁石が搭載されていたが、磁石の性能が低かったので、当時のサーボモータは大きく、性能も低かった。その後に登場した高性能希土類磁石を搭載したサーボモータは小型・軽量になり、初期（1959年）のサーボモータと比較すると体積と質量のいずれも1桁以上、小型・軽量化している。外観の推移を図3-74に示す。

希土類磁石の搭載はサーボモータの高性能化にも寄与しており、モータのパワーレート密度（モータ単体を定格トルクで加速したとき、モータが発生する出力速度をモータ質量で割ったもの。加減速性能を示す動的な操作性能値）は、図3-75に示すように30年間で約10倍に向上している。初期（1959年）のサーボモータと比較すると約40倍の高性能化である。サーボモータの高パワーレート化は、モータの急加減速を可能とし、内蔵した産業用ロボットの高性能化に貢献し、作業時間の短縮などを実現する。

サーボモータの小型・軽量化、高性能化は、高性能磁石の貢献度が大きいが、それ以外の巻線技術（高密度化）や冷却効率改善技術（モールド化技術など）といった技術もサーボモータの進化に寄与している。

第 3 章　応用技術

1959年
アルニコ磁石搭載

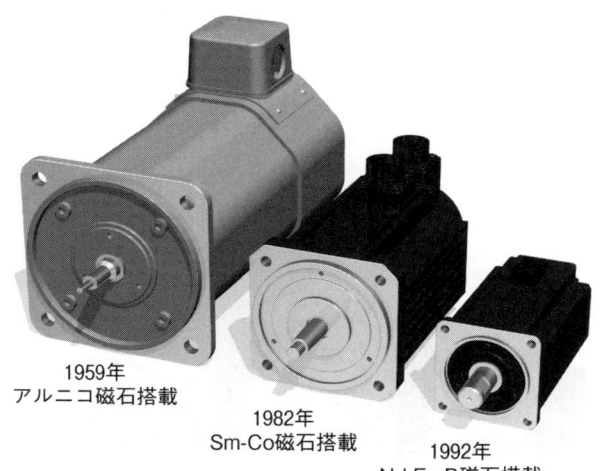

1982年
Sm-Co磁石搭載

1992年
Nd-Fe-B磁石搭載

図 3-74　サーボモータ（750W 級）の外観の推移
（石橋：高性能永久磁石により進化する大型モータ、電学誌、124 巻 11 号、2004 年を改変）

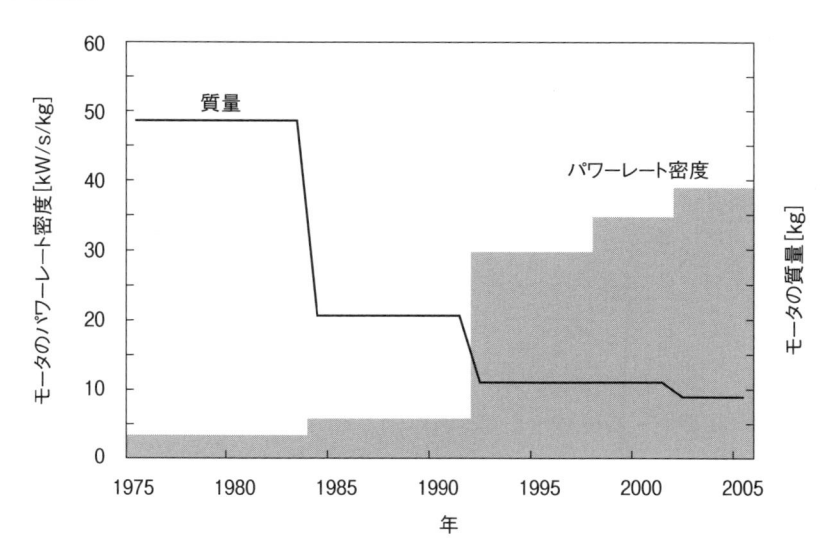

図 3-75　サーボモータ（200W 級）の高性能化と軽量化の推移
（石橋：高性能永久磁石により進化する大型モータ、電学誌、124 巻 11 号、2004 年を改変）

### サーボモータの高性能化技術

　サーボモータは、図3-76に一例を示すように、巻線とステータコアからなるステータ（固定子）と、磁石とシャフトからなるロータ（回転子）とから構成される。モータの小型・高性能化は、磁気装荷（磁束の総量）向上、電気装荷（アンペア導体数の総量）向上、冷却改善により実現されてきた。

　高性能希土類磁石は、磁気装荷を向上させるだけでなく、磁石使用量を低減でき、軽量化および高性能化（イナーシャ低減による高パワーレート化）にも有効である。

　電気装荷向上には巻線の高密度化が有効である。分割構造のステータコアに俵積み・完全整列に巻線することで、スペースファクタ（スロット断面積に対する巻線断面積の割合）を従来の40％から70％に改善できる。その結果、特性向上だけでなく、銅損低減を可能にし、発熱が低減するので小型化にも有効である。

　巻線からの発生熱の放熱性改善のためには、スロット内部および巻線端に熱伝導性の良い熱硬化性樹脂をモールドする方法が有効である。熱遮断されていた巻線と絶縁部間、およびステータコアと絶縁部間の熱伝達が良くなり、冷却効率を改善でき、小型化できる。

　コギングトルクは、巻線に電流を流さない状態でシャフトを回したときに発生するトルク脈動のことで、磁石搭載モータの弱点の一つである。ギャップ中のエネルギーの変化に起因し、ギャップ中の磁束密度の二乗の総和に比例する。つまり、磁石の高性能化はコギングトルクを増大させ、精密駆動というサーボモータの重要な性能を損なう。

　コギングトルク低減のためには、スキューや分数スロット、内つなぎコア構造の採用、磁界解析の活用による磁石形状や磁気回路、着磁条件などの最適化などが有効である。図3-77に、スキュー（斜め）着磁を施したリング磁石の例（左）と段スキューを施したセグメント磁石の例（右）を示す。

　小型・軽量化、高パワーレート化、低コギングトルク化された希土類磁石搭載のサーボモータが、現在の産業用ロボットをアームの内側から支えている。

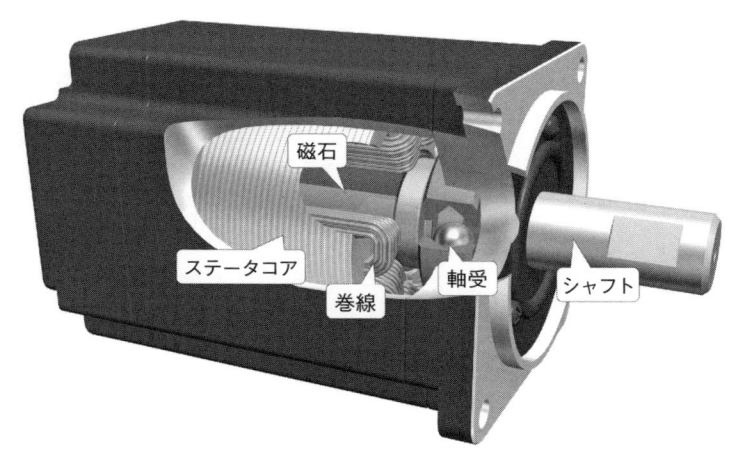

第 3 章　応用技術

図 3-76　サーボモータの構成例
（熊田、二宮、佐藤、上山、長瀬：小形・高性能 AC サーボモータΣシリーズ、技報安川電機、第 56 巻、No.2、1992 年を改変）

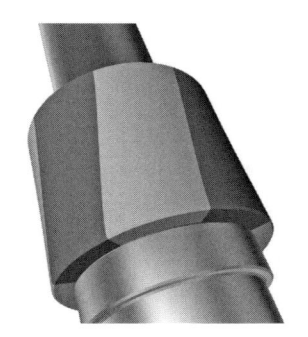

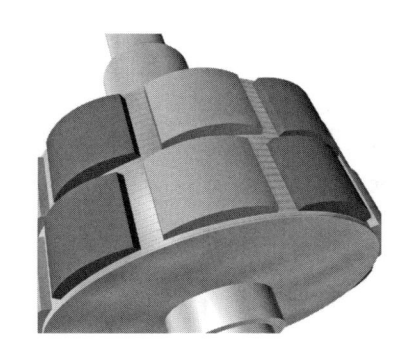

スキュー着磁　　　　　　　　段スキュー
図 3-77　スキューの例

## 4. 産業用ロボットの適用分野

### 自動車分野

　自動車関連分野は産業用ロボットの初期からの市場であり、アーク溶接、スポット溶接、塗装、シーリング、ハンドリングロボットなどが開発、導入されている。これらのロボットのほとんどは垂直多関節型ロボットで、関節数が多いほど動作の自由度が高くなり、多くは6軸構成である。

　溶接ロボットには、従来の人手作業の自動化に加えて、高品質溶接、効率化のための高速・高精度化などが求められている。

　自動車製造工程で使用されているアーク溶接ロボット（図3-78）は、主に足回り部品の溶接に用いられ、生産性向上に貢献している。最近は、溶接品質向上、手直し時間短縮、さらなる高速・高精度位置決め、各種溶接材料（高張力鋼板、めっき鋼板、ステンレス、アルミニウムなど）への対応が要求されている。

　スポット溶接ロボットは、自動車ボディの製造ラインで使用されている。ロボットの消費電力低減による省エネ化や高張力鋼板や異強度材料などの溶接など自動車材料変革への対応が要求されている。

　レーザ溶接ロボットは、溶接対象の薄板化、高精度化に有効である。

　塗装は、保護・防錆、装飾、製品価値を高めるための重要な工程である。しかし、その作業環境の悪さから、作業効率低下や健康被害の恐れなどの問題を有している。

　塗装ロボット（図3-79）には、自動化、省人化、品質向上、生産コスト低減が求められている。危険雰囲気下での溶剤使用を前提とした防爆構造が必須で、可動部への塗料ミスト侵入防止策も必要となる。また、塗装品質を保つために移動動作の高精度化と高加減速特性が重要となる。既存の手吹きの塗装ブース内でロボットにより自動化する場合、ロボット本体を軽量化して壁掛け設置することが有効である。コンパクトなブースへの対応は、塗装ブースの空調の消費電力低減にも貢献する。

第3章　応用技術

図 3-78　アーク溶接ロボットの一例（提供：安川電機）

図 3-79　塗装ロボットの一例（提供：安川電機）

### 半導体・液晶分野

　半導体や液晶分野では、各種作業の効率化だけでなく人間からの発塵低減による製品品質向上のためにクリーン仕様の産業用ロボットが導入されている。

　半導体分野向け産業用ロボットには、ウエハをクリーンな状態に保持しながら、高速・高精度で搬送することが求められている。ウエハ搬送に用いられる水平多関節型ロボット（図3-80）は、スカラ形ロボットとも呼ばれる。基本的には昇降・旋回・伸縮の3軸構成だが、走行軸を加え広い動作範囲を実現したもの、先端に手首軸を追加したものなどがある。

　半導体業界では、300〜450 mm ウエハ時代に対応した高集積チップの多品種少ロット生産、リードタイム短縮、スループット向上、高クリーン化、安定操業による高生産性確保などが要求されている。例えば、高クリーン化のためには、ロングリーチアームで広い動作範囲を確保して、パーティクルの発生源となる走行軸をなくすことが有効である。

　液晶分野向け産業用ロボットには、年々大型化するガラス基板を、クリーン度を確保しつつ高速・高精度で搬送することが求められている。最近の液晶テレビの大画面化・低価格化への対応、生産性向上と生産コスト低減の実現のためガラス基板の大型化が進んでおり、第10世代といわれるサイズ（2,850×3,050 mm 級、約5.5畳相当）が予定されている。これに対応した大型ガラス基板搬送用クリーンロボットには、可搬質量、動作範囲（長い水平搬送距離）、クリーン度、高剛性、パスラインと上下ストローク、輸送・設置作業の簡易化、さまざまな搬送形態への対応が要求されている。最新の液晶ガラス基板搬送ロボット（図3-81）は、可搬質量が100 kg、繰り返し位置決め精度が±0.2 mm、クリーン度がISOクラス4準拠で、従来の前後・昇降・旋回の各動作に加えて左右・ひねり動作が可能である。

　これらの技術は、誘起ELディスプレイなど他のフラットパネルディスプレイ（FPD）や太陽電池製造分野への適用も可能であり、さらなる用途展開が期待される。

第 3 章　応用技術

図 3-80　半導体ウエハ搬送ロボットの一例（提供：安川電機）

図 3-81　液晶ガラス基板搬送ロボットの一例（提供：安川電機）

## 5. 産業用ロボットの最新技術
### 減速機内蔵サーボモータ

　溶接、塗装、搬送などの従来の用途に加えて、組立てや部品配膳など人の作業の置き換えやサービス分野へのロボットの利用が期待されている。しかし、従来の産業用ロボットでは、その大きさや動作自由度の低さが課題であり、動力機構の小型・軽量化が求められている。

　従来の産業用ロボットのマニピュレータの関節部には、サーボモータ、エンコーダ、ブレーキ、減速機などからなる動力機構が内蔵され、サーボモータの発生する出力をベルトプーリや歯車で減速機に伝達し、大きな出力を生み出していた（図3-82）。しかし、このような構成の動力機構では、関節部が大きくなり、関節同士の干渉が増え、必要な動作範囲を実現できなかった。また、質量も大きくなるので、ロボットの小型・軽量化や加速性能などへの障害となっていた。

　新開発の減速機内蔵サーボモータは、図3-83に示すように、動力機構を一体化し、小型・軽量、扁平形状を実現することで、人の腕のように凹凸の少ないアーム形状を可能にしている。さらに、中央部に大口径の中空部を配置することで、各関節の動力機構やエンドエフェクタ（アーム先端に取り付けるツール。人の手に相当）用の配線・配管をアームの中に通すことが可能となり、アーム外周部の引き回しをなくすことができる。このことで、周辺機器との干渉をなくし、信頼性を向上させ、人のような形や動作を可能にする。

　小型・軽量、扁平形状、中空構造を実現するために、扁平形状と中空構造を共通要件とし、高出力なサーボモータ、高精度なエンコーダ、高減速比と高トルク伝達の減速機、高剛性の軸受を採用し、フレームやフランジなど共有一体化などによるビルトイン構造を実現している。

　この新開発の減速機内蔵サーボモータは、人の作業の置き換えやサービス分野向けのロボットや従来の産業用ロボットへの適用に有効であるだけでなく、新世代ロボットに最適である。

第 3 章　応用技術

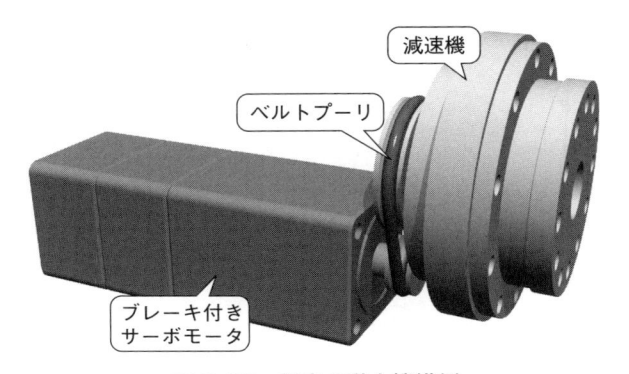

図 3-82　従来の動力機構例
(岡久、福留、岡：次世代ロボット MOTOMAN-SIA, -SDA の開発、技報 安川電機、第 72 巻 第 2 号、2008 を改変)

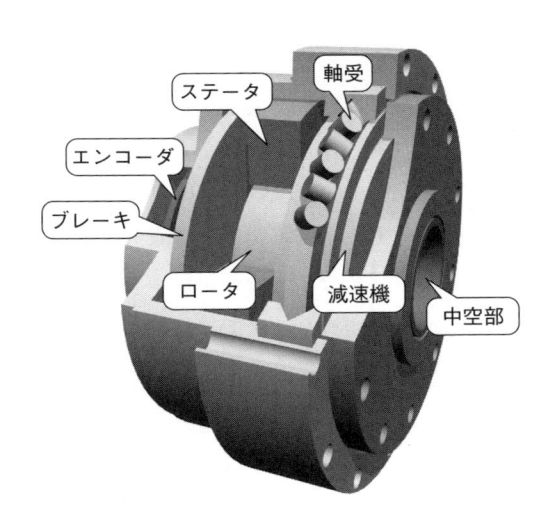

図 3-83　減速機内蔵サーボモータ
(佐次川、松本、船越、松浦：ギヤ一体形アクチュエータ、技報 安川電機 第 72 巻 第 3 号 2008 を改変)

183

**新世代ロボット**

　自動化の進んでいない人手による作業が中心の分野においても、産業用ロボットの導入が求められている。この要求に応えるため、人のような動きの実現、ロボットのための周辺・専用設備の排除、人と同等のスペース、人と同等のツールによるロボット化の実現をコンセプトとした7軸単腕および7軸双腕構造の新世代ロボットが開発されている。

　7軸単腕の新世代ロボット（図3-84）は、小型・軽量・扁平の減速機内蔵サーボモータを各関節部に配置しており、アームの自在性、設置の自在性、配線・配管の完全内蔵、オフセットのないシンプルアームが特長である。その結果、床置き・天吊り・壁掛け・傾斜取付けなどが実現でき、周辺機器との干渉がなく、狭い隙間へのアームの侵入が可能で、信頼性も向上している。

　7軸双腕の新世代ロボット（図3-85）は、人と同等の自由度を有する双腕と旋回軸の構成を人のサイズでまとめている。人の作業スペースにそのまま設置でき、双腕による把持、双腕でのワーク持ち替え、位置決め、部品合わせ、片腕ずつの独立制御などを可能にした。

　組立て工程への適用としては、自動車製造分野では、ボディ組立て工程（ボディへの部品取付け作業、重量物搬送作業、ボディ内へのワーク組付け作業）やエンジン組立て工程（ねじ締め作業、大径ボルトの締付け作業、周辺装置との連携）などへの適用例がある。電気機器製造分野では、インバータ組立て工程（部品組付け作業、検査作業）や家電製品の組立て工程（ねじ締め作業、移載作業、セル生産方式への適用）などへの適用例がある。

　物流工程への適用としては、物流センタでは移載や収納・取出しなどへの適用例が、製造業では部品配膳、工程間搬送・部品セットなどへの適用例がある。

　より使いやすく、より人に近く、人と共存する産業用ロボットの実現のためにも、さらに高性能で低コストの希土類磁石の開発が求められる。

第 3 章　応用技術

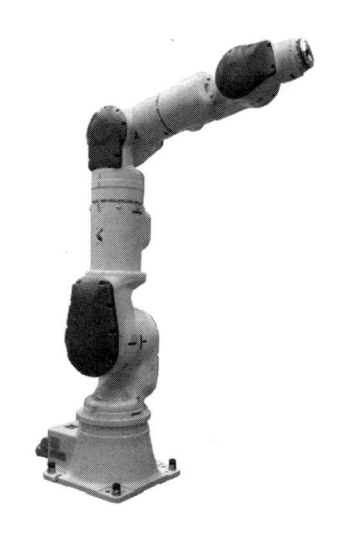

図 3-84　7 軸単腕の新世代ロボット（提供：安川電機）

図 3-85　7 軸双腕の新世代ロボット（提供：安川電機）

## 参 考 文 献

1) Climate Change 2007: Synthesis Report. Contribution of Working Group Ⅰ, Ⅱ and Ⅲ to the Fourth Assessment Report of the Intergovernmental Panel on Climate Change, Figure SPM. 1 (a) and (b). IPCC, Geneva, Switzerland.
2) Press Release No. 943: WMO annual statement confirms 2011 as 11th warmest on record climate change accelerated in 2001-2010, according to preliminary assessment. (23. March 2012).
3) Climate Change 2007: The Physical Science Basis. Working Group Ⅰ Contribution to the Fourth Assessment Report of the Intergovernmental Panel on Climate Change, Figure SPM. 1. Cambridge University Press.
4) Dr. Pieter Tans, NOAA/ESR (www.esrl.noaa.gov/gmd/ccgg/trends/) and Dr. Ralph Keeling, Scripps Institution of Oceanography (scippsco2. ucsd. edu/)
5) 資源エネルギー庁:「2010年度(平成22年度)の温室効果ガス排出量(速報値)〈概要〉」
6) エネルギー基本計画(平成22年6月、経済産業省) http://www.meti.go.jp/press/20100618004/20100618004-2.pdf
7) 吉田文和:「グリーン・エコノミー、—脱原発と温暖化対策の経済学—」、中央公論新社(2011)
8) 毎日新聞、2012年4月13日
9) 総合資源エネルギー調査会第9回省エネルギー部会(平成8.5.11)、資料2(参考3).
10) 資源エネルギー庁:「エネルギー白書 2004年度版」第5節 3. 各部門における省エネルギー対策について.
11) 第11回総合エネルギー調査会新エネルギー部会資料2、(2000. 12. 21.).
12) 日本電子情報技術産業協会(JEITA)および日本ボンド磁性材料協会(JABM)統計
13) Y. Ogata, Y. Kubota, T. Takami, M. Tokunaga and T. Shinohara: IEEE Trans. Magn., 35, 3334 (1999).
14) 皆地良彦:「高性能フェライト磁石」、第3回電子材料ゼミナー資料、p. 41 (2008).
15) N. Ishigaki and H. Yamamoto: Magnetics Jpn., Vol. 3, 525 (2008). (in Japanese)
16) レアメタル・ニュース記事から
17) 杉本諭:「元素戦略/希少金属代替材料開発〈第6回合同シンポジウム〉」講演要旨集、p. 6 (2012)
18) Masato Sagawa: "A New Process for the NdFeB sintered magnets"、2008 BM国際シンポジウム講演要旨 (2008).
19) 堀洋一、寺谷達夫、正木良三編:「自動車用モータ技術」、p. 189、日刊工業新聞社 (2003)
20) 堀洋一、寺谷達夫、正木良三編:「自動車用モータ技術」、p. 163、日刊工業新聞社 (2003)
21) 八重樫武久:自動車工学、Vol. 47、No. 7、p.162 (1998).
22) 松瀬貴規:「ACドライブの新分野への応用とその課題」、平成5年電気学会全国大会シンポジウム、S10-1 (1991).

23) 電気学会技術報告、第 1149 号、p. 24（2009）．
24) 日経エレクトロニクス、2009. 7. 13、p. 46．
25) Automotive Technology、2009. 5.、p. 73．
26) Automotive Technology、2009. 5.、p. 70．
27) 電気学会技術報告、第 1149 号、p. 25（2009）
28) 佐野喜亮、山田喜一：自動車技術、Vol. 46、No. 2、25（1992）．
29) 加藤義雄：豊田中央研究所 R&D レビュー、Vol. 34、No. 2、3（1999）．
30) 大山和伸：「省エネ IPM モータの開発に注力する理由」、2010　BM シンポジウム講演要旨（2010）．
31) 大山和伸：電学誌、126 巻 11 号、726（2006）．
32) 長竹和夫編著：「家電用モータ・インバータ技術」、p. 160、日刊工業新聞社（2000）．
33) 今井雅宏、志賀剛、神田博紀：東芝レビュー、Vol. 60、No. 7、96（2005）．
34) http://www.toshiba.co.jp/tha/about/press/090928_2.htm
35) 新田勇：「直列型可変磁力モータ」、JABM　2010 年技術例会（第 77 回）講演要旨（2010）．
36) （財）エネルギー総合工学研究所：「新エネルギーの展望　マイクロガスタービン」、p. 2（2001）
37) 笠木伸英：エネルギー研究総合推進会議第 7 回講演会、工業技術院筑波研究センター、p. 2（2000）．
38) 訪問記：日本機械学会誌、Vol. 106、No. 1021、52（2003）．
39) 吉田文和：「グリーン・エコノミー、―脱原発と温暖化対策の経済学―」、p. 148、中央公論新社（2011）
40) 平野勝、東浩一：電学誌、119 巻 8/9 号、508（1999）．
41) 百目鬼英雄：電気製鋼、第 79 巻 2 号、135（2008）．
42) NIKKEI MECHANICAL 2000、11、No. 554、p. 40．
43) 馬場和彦、松岡篤、及川智明：三菱電機技報、2005 年 11 月号、p. 35．
44) 武富、下江、小田、荒木、梅原、徳永：電学論 A、113、535（1993）．
45) 電気学会技術報告、第 484 号、p. 57（1994）
46) 溝下義文：日本応用磁気学会第 84 回研究会資料、84-6、p. 35（1994）．
47) NIKKEI MECHANICAL、1994 年 4 月 4 日号、p. 22．
48) 小澤、渡部、井関、白川、村垣：日立評論、2006 年 9 月号、p. 24（2006）．
49) 太田公春：日本応用磁気学会第 97 回研究会資料、97-5、p. 31（1996）．
50) 佐川眞人、浜野正昭、平林眞編：「永久磁石―材料科学と応用―」、p. 393、アグネ技術センター（2007）
51) 吉野、武田、川崎、鈴木、竹内：MEDIX、Vol. 37、29（2002. 9.）．
52) 川上誠、青木雅昭、杉山英二：日立金属技報、Vol. 27、28（2011）．
53) 松岡孝一：応用磁気学会第 147 回研究会資料 147-7、p. 41（2006）．
54) JR 東日本提供
55) 長谷部寿郎、山本肇：東芝レビュー、Vol. 61、No. 9、p. 7（2006）．

56) 川合弘敏、春原輝彦、生方伸幸、深澤真吾：東芝レビュー、Vol. 64、No. 9、6（2009）
57) 川辺謙一：「電車のしくみ」、p. 127、ちくま書房（2011）
58) IEC 事業概要—2011 年度版—、(財) 日本規格協会　IEC 活動推進会議（2011）
59) IEC TC68 ホームページ
   http://www.iec.ch/dyn/www/f?p=103:7:0=FSP_ORG_ID:1254

# 第4章

# 資源問題への対策

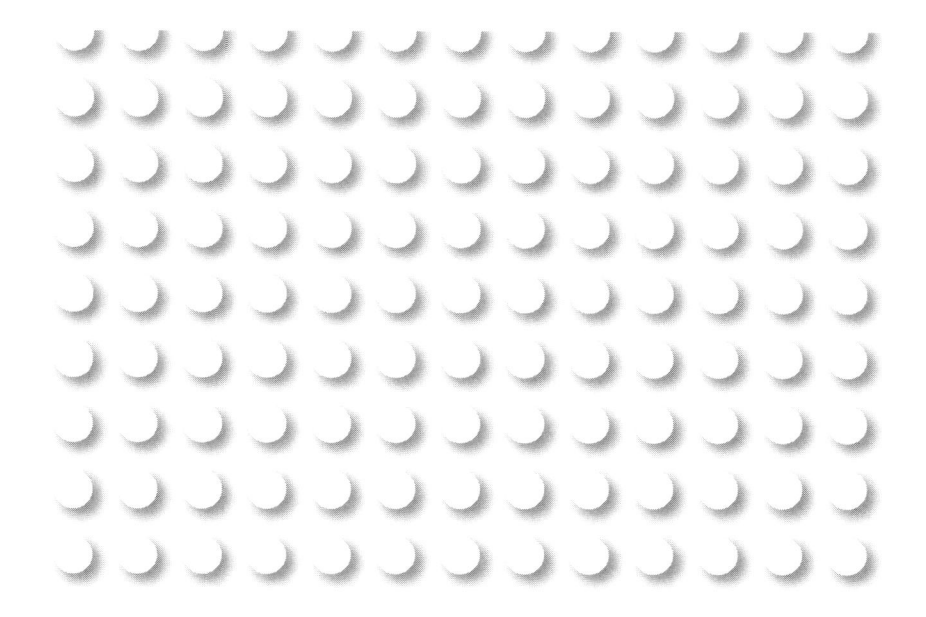

# 4-1 希土類の資源問題

## 4-1-1 希土類元素の化学と製法

### 1. 希土類元素の化学

1960年代に米国アイオワ州立大学 Ames 研究所の Gschneidner が**希土類**（レアアース：Rare Earths）を突出させて表現した周期表[1]を図 4-1 に示す。今日では電子材料などに広く用いられ、はみだしものではなく突出した傑物[2]であった。広義には 3 族に属するスカンジウム（Sc）、イットリウム（Y）、および原子番号 57 番から 71 番までのランタノイドでランタン（La）、セリウム（Ce）、プラセオジム（Pr）、ネオジム（Nd）、プロメチウム（Pm）、サマリウム（Sm）、ユウロピウム（Eu）、ガドリニウム（Gd）、テルビウム（Tb）、ジスプロシウム（Dy）、ホルミウム（Ho）、エルビウム（Er）、ツリウム（Tm）、イッテルビウム（Yb）、ルテチウム（Lu）の 17 元素の総称である。また、厳密な定義ではないが便宜的にランタノイドは、Gd を中心にこれより原子番号の小さい側の元素を**軽希土類**、Gd より大きい側の元素を慣習的に Y も含めて**重希土類**、さらに、中間あたりを**中希土類**と呼んでいる。なお、Pr と Nd の混合物をジジム（Di）と称する。また、軽希土類の混合物の金属を**ミッシュメタル**（Mm）と称する。

希土類元素は 4f 軌道が不完全充填のまま（$4f^{n(n=0\sim14)}$）、外側電子は $5d^2 5p^6$ の電子配置をとる（Sc、Y も同様に $d^2p^6$）。各元素の 4f 軌道への電子の入り方を図 4-2[3]に示す。4f 準位では副量子数 $z$ は 3 であり、磁気量子数 $m_z$ は 7 通りあり、各々にスピンの向きの異なる電子が 2 個収納できるので全部で 14 個の電子が入ることができる。この電子の充填の状態が希土類の蛍光特性、磁気特性などの発現を支配する。また、化学的には La($n=0$)、Gd($n=7$)、Lu($n=14$) は比較的に安定な 3 価であるが、4f 電子配置から、Ce、Tb は 4 価、Sm、Eu、Yb は 2 価が比較的安定に存在するようになる。

第 4 章　資源問題への対策

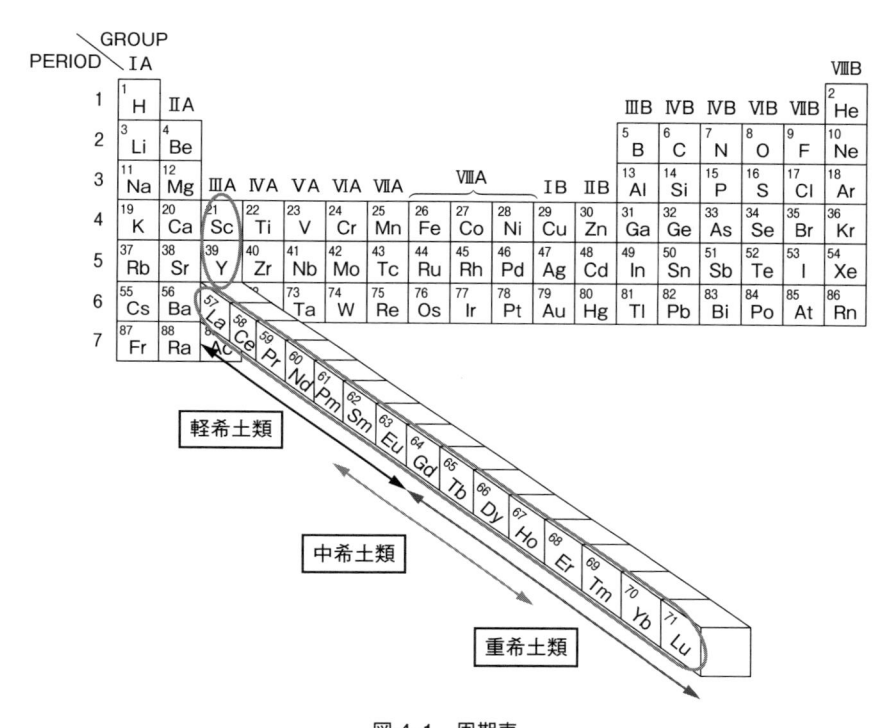

図 4-1　周期表
（出典）K.A.Gschneidner, Jr.; "Rare Earths The Fraternal Fifteen", 7, USAEC Booklet (1964)

| イオン | La$^{3+}$ | Ce$^{3+}$ | Pr$^{3+}$ | Nd$^{3+}$ | Pm$^{3+}$ | Sm$^{3+}$ | Eu$^{3+}$ | Gd$^{3+}$ | Tb$^{3+}$ | Dy$^{3+}$ | Ho$^{3+}$ | Er$^{3+}$ | Tm$^{3+}$ | Yb$^{3+}$ | Lu$^{3+}$ |
|---|---|---|---|---|---|---|---|---|---|---|---|---|---|---|---|
| $m_z$ \ $n$ | 0 | 1 | 2 | 3 | 4 | 5 | 6 | 7 | 8 | 9 | 10 | 11 | 12 | 13 | 14 |
| 3 | — | ↑ | ↑ | ↑ | ↑ | ↑ | ↑ | ↑ | ↑↓ | ↑↓ | ↑↓ | ↑↓ | ↑↓ | ↑↓ | ↑↓ |
| 2 | — | — | ↑ | ↑ | ↑ | ↑ | ↑ | ↑ | ↑ | ↑↓ | ↑↓ | ↑↓ | ↑↓ | ↑↓ | ↑↓ |
| 1 | — | — | — | ↑ | ↑ | ↑ | ↑ | ↑ | ↑ | ↑ | ↑↓ | ↑↓ | ↑↓ | ↑↓ | ↑↓ |
| 0 | — | — | — | — | ↑ | ↑ | ↑ | ↑ | ↑ | ↑ | ↑ | ↑↓ | ↑↓ | ↑↓ | ↑↓ |
| $-1$ | — | — | — | — | — | ↑ | ↑ | ↑ | ↑ | ↑ | ↑ | ↑ | ↑↓ | ↑↓ | ↑↓ |
| $-2$ | — | — | — | — | — | — | ↑ | ↑ | ↑ | ↑ | ↑ | ↑ | ↑ | ↑↓ | ↑↓ |
| $-3$ | — | — | — | — | — | — | — | ↑ | ↑ | ↑ | ↑ | ↑ | ↑ | ↑ | ↑↓ |
| $S = \Sigma S_z$ | 0 | 1/2 | 1 | 3/2 | 2 | 5/2 | 3 | 7/2 | 3 | 5/2 | 2 | 3/2 | 1 | 1/2 | 0 |
| $L = \Sigma m_z$ | 0 | 3 | 5 | 6 | 6 | 5 | 3 | 0 | 3 | 5 | 6 | 6 | 5 | 3 | 0 |
| $J = \|L \mp S\|$ | 0 | 5/2 | 4 | 9/2 | 4 | 5/2 | 0 | 7/2 | 6 | 15/2 | 8 | 15/2 | 6 | 7/2 | 0 |
| 最低項 | $^1S_0$ | $^2F_{5/2}$ | $^3H_4$ | $^4I_{9/2}$ | $^5I_4$ | $^6H_{5/2}$ | $^7F_0$ | $^8S_{7/2}$ | $^7F_6$ | $^6H_{15/2}$ | $^5I_8$ | $^4I_{15/2}$ | $^3H_6$ | $^2F_{7/2}$ | $^1S_0$ |

$n$：4f 電子の数、$m$：磁気量子数、$S$：合成スピン量子数、$L$：合成軌道角運動量、$J$：合成全角運動量

図 4-2　希土類イオンの 4f 軌道への電子の入り方
（出典）N.E.Topp 著、塩川二朗、足立吟也共訳：希土類元素の化学、14、化学同人（1974）

各軌道の電子雲の空間的な広がりを図4-3[4]に示す。4f軌道が内側にあるため物理的には特異な性質を示すが、化学的には$5d^25p^6$が支配的になり各元素の化学的性質が大略似ているという性質を持つ。

## 2. 希土類金属の製法

図4-4に希土類鉱石から磁石合金の製造のフローの概略を示す。

まず、粉砕、浮選、磁選、アルカリ浸出、酸浸出などの鉱石処理を行い、放射性元素を分離回収し、希土類の混合物の精鉱を得る。次の各元素への分離は、各元素の化学的性質が似ているため一般の分別沈澱法では困難で、商業的には**溶媒抽出法**が用いられる。

溶媒抽出法は、図4-5に示すように、有機溶媒相と水溶液相への希土類元素の分離係数が元素ごとに異なるのを利用するもので、水溶液相と有機相を混合接触させた後、静置し、水溶液中の希土類イオンを有機相に抽出する方法である。この装置としてミキサーセトラーが使用される。抽出剤としてリン酸エステルなどが使われる[5]。こうして得られた分離希土類の水溶液から炭酸塩などの沈殿をつくり、最終焼成して酸化物にする。

次に酸化物を金属に還元するには、一般に希土類金属元素は酸素との親和力が大きく水溶液電解や炭素還元では無理で、溶融塩電解や金属熱還元の方法による。ネオジム磁石原料金属には**溶融塩電解**が採用されている。図4-6に示すように、希土類フッ化物電解浴に原料酸化物を溶解させて、黒鉛陽極、金属陰極の両極間に電位を与えて陰極に金属を析出させて金属を得る。電解温度は1,000℃～1,150℃程度である。ネオジム磁石原料のうち、融点が低いNd、Pr、Diは純金属であり、ネオジム磁石原料のうち、融点が低いNd、Pr、Diは陰極下のW容器に純金属液体で溜め、Dyは融点が1,412℃であるため陰極鉄と合金化したDy-Fe合金液体でW容器に溜め、炉外に取り出し凝固させて回収する。なお、純Dyや純TbはCa還元法を用いる。

次の溶解鋳造工程はSC（Strip cast）法[6]で目標組成組織の合金片を得る。

歴史的には、磁石が発明された当時、分離希土類金属の電解の量産技術はな

第 4 章　資源問題への対策

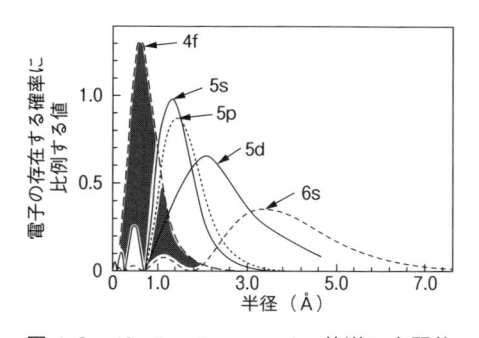

図 4-3　4f、5s、5p、5d、6s 軌道の空間的広がり
（出典）足立吟也監修、足立研究室編著：希土類物語、14、産業図書（1991）

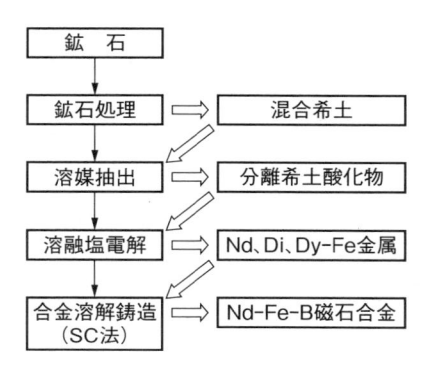

図 4-4　希土類砥石合金の製造工程

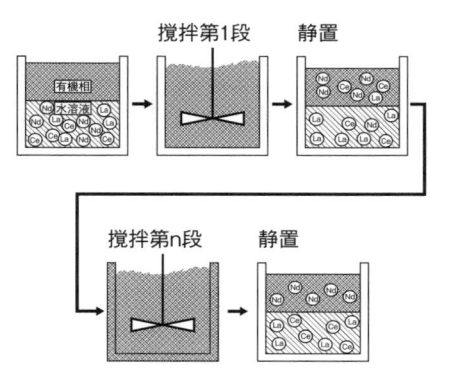

図 4-5　溶媒抽出法の原理

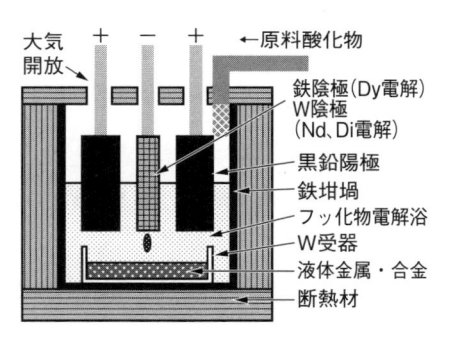

図 4-6　溶解電解炉の概念図

く、電解技術開発を進めて 1985 年以降、日本では Nd、Nd-Fe の製造を開始した。Dy-Fe も 1988 年には商品化された。磁石の原料金属の品質として、不純物の炭素は 300ppm 以下、酸素は 100ppm 以下が達成された。一方、中国製品は初期は品質的に不可で、品質が改善した 1990 年代半ばから本格的に酸化物電解の Nd が輸入された。また 1990 年代までは Ca 還元の Dy が輸入されたが、2002 年以降、Dy-Fe の輸入が始まった。現在、原料製造は中国にシフトしたが、国内では磁石の工程内屑のリサイクルを主体に溶媒抽出、溶解塩電解を(株)三徳が継続している。

193

## 4-1-2 希土類の主な生産国と生産量の推移

### 1. 希土類の鉱石と成分元素

　希土類はまさにレアという印象を持たれるが、地殻中の元素存在度を示すクラーク数からは、希土類の Sc、Ce、Y、は Cu の約 1/2、La、Nd は Nb 並み、Pr は Pb 並み、Dy は Sn より多く、Tb は Cd や Sb よりも多く存在し、それほどレアでもない。しかし、存在度とは異なり、鉱山資源として採掘が容易か、さらに各元素が同じ鉱石中に混在しており精錬が容易か、ということになると必ずしもそうではない。

　希土類の鉱石は図 4-7[7)] に示すように世界中に広く存在する。希土類の鉱石の種類としては、ゼノタイムはマレーシアに、モナザイトなどの鉱床はインド、ブラジルなどにある。マグマ由来のカーボナタイト鉱床、熱水性酸化物鉱床は、バストネサイト、モナザイトを含み、中国の白雲鄂博（Bayan Obo）、米国のマウンテンパス、オーストラリアのマウントウエルド、ベトナムのドンパオなどの鉱石が知られている[8)]。一方、イオン吸着鉱は、希土類に富む花崗岩が風化し、そこに希土類が吸着濃縮したもので中国南部に存在する。中国では内モンゴル自治区の白雲鄂博鉱、江西省、広東省などのイオン吸着鉱、さらに四川省のバストネサイトの四川鉱が 3 大産地となる。世界の商業的埋蔵量を合わせ示した。

　次に鉱石の代表的な希土類元素成分の値を表 4-1 に示す。バストネサイト、モナザイトは軽希土類主体であり、ゼノタイム、イオン吸着鉱は重希土類主体である。これらの鉱石は各元素が混在した形で含まれており、各元素に分離するのは前節で述べたように厄介である。加えて、ゼノタイム、モナザイト、バストネサイトは放射性元素のトリウム（Th）、ウラン（U）が含まれており、この分離と処理が必須となるため、希土類資源の開発には大きな課題となる。

　図 4-8 に 2011 年の中国の採掘許可量からの元素別量を示す。Ce、La、Nd の順に多いが、Dy は Nd の 25 分の 1 である。実際には未分離での使用などがあり単純ではないが、2012 年以降、採掘量がこのままの中国だけのソースを

第4章 資源問題への対策

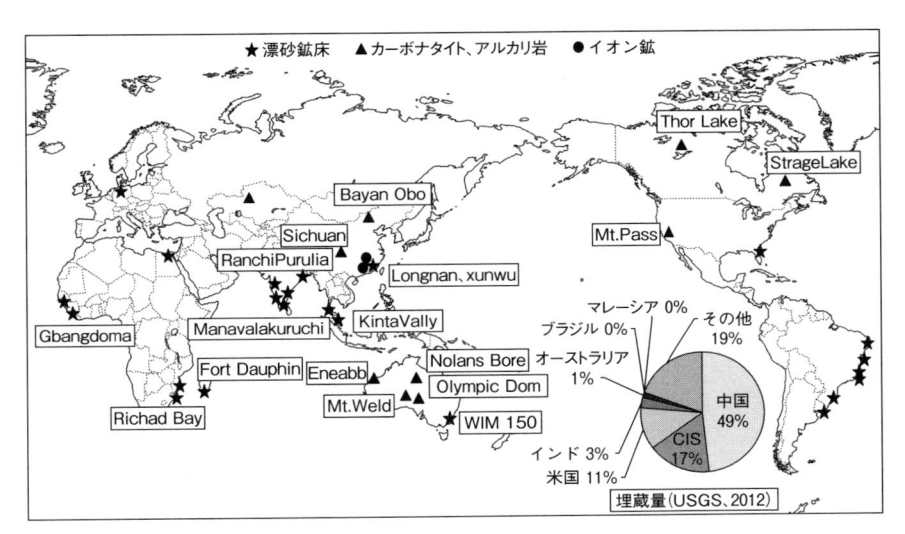

図4-7 世界の希土類鉱石

表4—1 希土類鉱石の成分

単位：%

|  | バストネサイト | | | モナザイト | 複雑鉱 | ゼノタイム | イオン鉱 | | |
|---|---|---|---|---|---|---|---|---|---|
|  | アメリカ | 四川鉱 | ドンパオ | オーストラリア | 白雲鉱 | マレーシア | 竜南鉱 | 尋烏鉱 | 信豊鉱 |
| $La_2O_3$ | 32 | 33–38 | 36 | 23 | 23 | 0.5 | 2.18 | 29.84 | 22–28 |
| $CeO_2$ | 49 | 45–50 | 47 | 47 | 51 | 5 | <1.09 | 7.18 | 2 |
| $Pr_6O_{11}$ | 4.4 | 3–5 | 3.9 | 5.1 | 6.2–4 | 0.7 | 1.08 | 7.14 | 5–7 |
| $Nd_2O_3$ | 13.5 | 10–12 | 10.7 | 18.4 | 19.5–12 | 2.2 | 3.47 | 30.18 | 17–21 |
| $Sm_2O_3$ | 0.5 | | 1 | 3.0 | 1.2 | 1.9 | 2.34 | 6.32 | 3–5 |
| $Eu_2O_3$ | 0.1 | 0.1 | 0.08 | 0.07 | 0.2 | 0.2 | <0.1 | 0.51 | 0.5–1 |
| $Gd_2O_3$ | 0.30 | — | 0.54 | 1.7 | 0.5 | 4 | 5.69 | 4.21 | 4 |
| $Tb_4O_7$ | 0.01 | — | | 0.16 | 0.1 | 1 | 1.13 | 0.46 | 0.6 |
| $Dy_2O_3$ | 0.03 | — | | 0.52 | 0.2 | 8.7 | 7.48 | 1.77 | 3.4 |
| $Ho_2O_3$ | 0.01 | — | 0.78 | 0.09 | — | 2.4 | 1.6 | 0.27 | 1 |
| $Er_2O_3$ | 0.01 | — | | 0.13 | — | 5.4 | 4.26 | 0.88 | 2 |
| $Tm_2O_3$ | 0.02 | — | | 0.013 | — | 0.9 | 0.6 | 0.13 | 0.2 |
| $Yb_2O_3$ | 0.01 | — | | 0.061 | — | 6.2 | 3.34 | 0.62 | 1.8 |
| $Lu_2O_3$ | 0.01 | — | | 0.006 | — | 0.4 | 0.47 | 0.13 | 0.3 |
| $Y_2O_3$ | 0.10 | — | | 2.00 | 0.3 | 60.8 | 64.1 | 10.07 | 24 |
| $ThO_2$ | <0.1 | | 0.08 | 5～9 | ～0.2 | 0.8 | ～0 | | |
| $U_3O_8$ | — | | 0.12 | ～0.3 | — | 0.8 | — | — | — |

考え世界の需要を加味すると、Dy、Nd が不足で他の元素は余剰となる。特に Ce の余剰は大きく、バランスの良い需給が資源利用、価格の面でも必須である。

## 2. 希土類の主な生産国と生産量の推移

世界の希土類生産量の各国別推移を図 4-9[9)] に示す。世界の生産国は、1985 年くらいまでは米国、オーストラリア、マレーシア、インドなどであった。しかし、中国の豊富な資源量、特に白雲鄂博は鉄鉱石の尾鉱であること、イオン吸着鉱は鉱山に硫酸アンモニウムを注ぐだけで重希土類の溶液が抽出されるという比較的に容易に生産できる良質の鉱石資源であること、安価な労働力が豊富であり設備も安いことなどから、生産コストが極端に低く、他国での生産は競争力を失い、1995 年以降、中国への集中が一気に進み、2005 年頃には世界の生産量の 90 % 以上を占めるようになった。

一方、中国では国内ハイテク産業育成、環境汚染対策、内需拡大輸出抑制策の観点から、希土類に関して輸出規制、採掘抑制、環境規制の強化を図っている。具体的政策として、輸出規制に関しては 2005 年の輸出製品の増値税還付制度の廃止、1997 年からの EL（Export Licence）枠制度で 2006 年から EL 枠の削減を開始し 2011 年には 3 万 t にまで削減している。さらに 2006 年以降、輸出関税の賦課は品種の拡大、税率の増大も進めており、磁石関連の原料は酸化物、金属、鉄合金は 25 %、SC 合金も 20 % の輸出税が導入されている。

日本が Nd 金属の輸入を始めた 1990 年頃からの Nd の輸入価格と最近のものを図 4-10 に示す。2005 年までは波はあるが比較的に安い価格（Nd は最低で 8 ドル /kg）で輸入されていた。2006 年からは値上がり基調にあり、リーマンショックでやや停滞したが、危機感が認識されていた矢先、尖閣諸島問題が起こり、事実上の禁輸が行われた。その後、希土類の価格は EL のプレミアムが付き一段と上昇、2011 年夏頃がピークで 2012 年春には需要減などでピーク時の半値以下の水準になった。また採掘規制の強化では、2007 年には 132kt の重量が 2011 年 94kt に削減している。しかし、現実にはイオン鉱の違法採掘

第 4 章 資源問題への対策

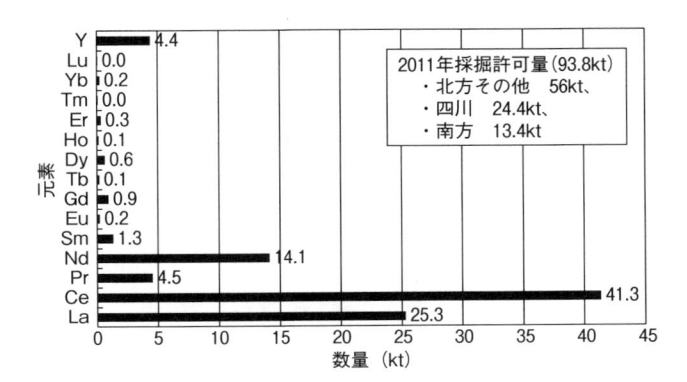

図 4-8 2011 年中国における採掘許可量からの各元素の量

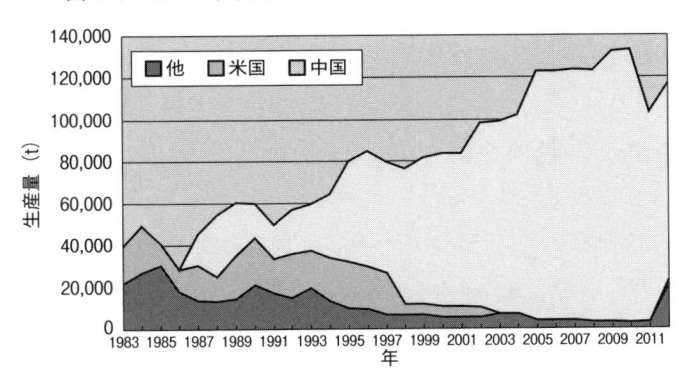

図 4-9 世界の希土類生産量の推移（USGS から作図）

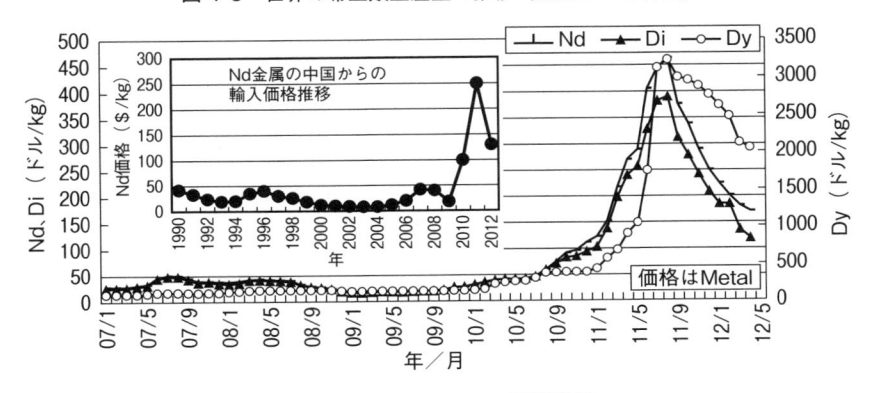

図 4-10 Nd, Di, Dy の価格推移

分の供給があり、今後規制強化が徹底すればDyの供給は激減する。環境対策も強化され、2012年のELでは環境対策の可否がEL発行の基準になっている。さらに、中国内の希土類企業の再編を進めておりメジャー数社にグループ集約し管理を強化してきている。今後、供給不足、価格上昇の可能性がある。

### 3. 資源対策の現状

このような中国からの原料の輸入が難しくなった2010年以降、国内では、表4-2に示すように①中国外ソースの確保、②省希土類技術の開発、③脱希土類代替技術の開発、④希土類リサイクル技術開発と促進、⑤備蓄の政策が進められており、希土類産業は大きな転換点にあると言える。

中国外ソース確保の動きは、Nd主体の軽希土類鉱石と、Dyを含む中重希土類の鉱石に分けられるが、軽希土類の方は具体的な動きが出ている。中国外のソースを求める動きは2005年頃から活発化した。最近の新しいソースの開発を図4-11に示す。Lynas社がオーストラリアのMt.Weld鉱床を開発、2012年2月に分離をマレーシアで行うことが放射性問題も解決し認可されたとの報道があり、2012年秋からの1.1万tの販売を計画している。一方、1960年代〜80年代半ばまで希土類の大半を生産していたMolycorpも"mine to magnets"の方針を打ち出し、世界への希土類の供給として2012年に2万tの生産を再開しようとしている。また、豊田通商はベトナムのDong Paoで2013年に7,000tの生産を目指している。その他、インドからの輸出の情報もある。以上のことから軽希土類に関しては、中国の希土類産業がさらに増大しても、ある程度の危機的状況は脱したのでないかと考えられている。

一方、Dyソースの確保が最大の課題であるが、現状ではまだ解決されていない。経産省がインド、カザフスタンの鉱石の確保に動き、カナダ、ベトナムの中重希土の鉱山の開発などいくつかの話題があるが、資金、量、開発期間、インフラの問題もあり直近で具体化するのは難しい。

また最近、米日欧が中国をWTO提訴に動くなど、希土類の世界の情勢は不透明で、中国からの輸出があったとしても、規制問題、違法採掘、環境問題な

第4章　資源問題への対策

表4-2　資源対策と課題

| 希土類資源をとり巻く環境 |
|---|
| (1) 中国の希土類産業の発展 |
| (2) NdFeB磁石の需要増 |
| (3) 特にDyは中国に偏在 |
| (4) 中国からの希土類は入手困難 |
| **日本の対応** |
| (1) 中国外ソースの開発確保 |
| (2) 省希土類技術開発 |
| (3) 脱希土類　代替技術 |
| (4) リサイクルの達成 |
| (5) 備蓄 |
| **懸念される点** |
| (1) 中国他への希土類産業の移転 |
| (2) 日本の希土類関連産業の衰退 |
| (3) 希土類元素需要のバランスの崩れ |

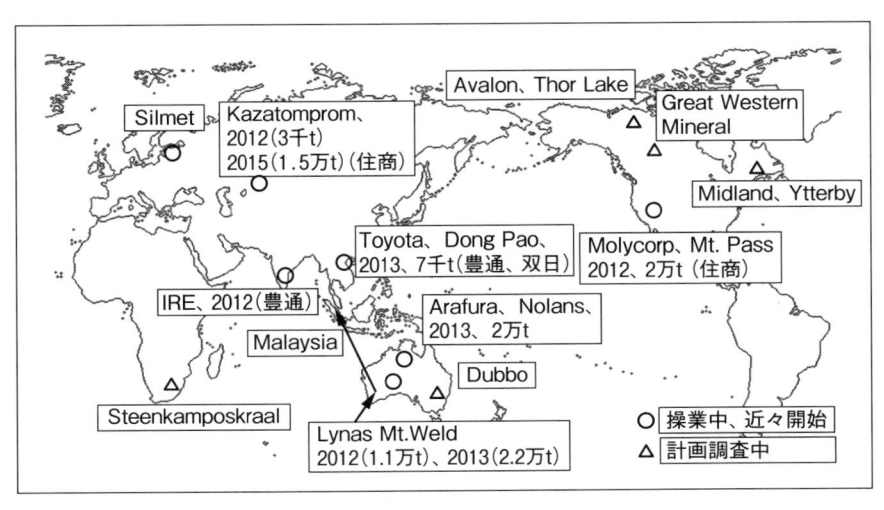

図4-11　最近の希土類資源の開発

どがあり今後はあまり期待できない。そういう状況の中、資源確保のため磁石関連でも日本の磁石合金メーカーの中国での生産の動きも活発化している。

最後に新しい鉱山の開発で忘れてはいけないのは、各元素の使用バランスである。Nd、Pr以外の量の多いCe、Laなどの用途開発などが、価格も含めNd

の安定確保に必要である。

## 4-1-3 希土類リサイクルの課題

### 1. 工程内リサイクルの現状

　希土類磁石関係のリサイクルについては、その廃材の内容から大きく二つに分けて考えることができる。磁石製造の工程から生じる工程内リサイクルと、市中に出た磁石の廃材の市中リサイクルである。まず、工程内屑のリサイクルについて述べる。

　工程内屑の発生については、図4-12に示すように大別して、磁石を作る工程で発生する固形屑と、プレス成形の後、使用形状に研磨する研磨屑とがある。これらはそれぞれ10%、20〜30%発生する。磁石の量産が始まったころからこれのリサイクルは大きなテーマであり、国内での処理、海外での処理などを含めて磁石合金メーカー各社が取り組んできたテーマである。しかし、リサイクルの必要性はその時の原料価格によって左右され、高価な時は注目され、安価な時は無視される経緯があった。現在では、中国からの希土類供給の不安定性、原料価格の高騰、スクラップの資源化の点から、工程内リサイクルはここ数年大いに進んでほぼ達成されている。

　工程屑の分析値を原料、磁石のそれと比較して表4-3[10]に示す。酸素、炭素の不純物が磁石原料の許容を超えるため、そのまま磁石合金溶解することは限定された量でしかできず、何らかの処理が必要である。工程内屑のリサイクルで広く用いられている湿式法の工程図を図4-13[11]に示す。磁石廃材を酸溶解する際、量的に大量にあるFeを酸溶解させないことがコストの点から重要で、希土類のみを水溶液にした後、必要であれば軽希土と重希土を溶媒抽出で分離し、それぞれ電解原料の酸化物に戻し、後はバージンの工程と同様に電解して原料のNd金属、Dy-Fe合金に還元し磁石溶解に使用する。この方法の各工程は確立されており、単純で管理しやすいことを考えると工業的に有効であり、希土の回収率は90%程度あり、ほぼ確立している。

　乾式法も特許で多く提案されている。廃材中の炭素、酸素の低減が大きな課

第 4 章　資源問題への対策

```
磁石原料合金      【工程廃材種】      【分類・量】
溶解・SC鋳造  →  溶解スラグ    →  スラグ 数%
   ↓
  粉　砕      →  微粉末
   ↓
 磁場中プレス
   ↓
  焼　結      →  割れ欠け品    →  固形屑 10%
   ↓
 時効処理
   ↓
 切削・研磨    →  研磨粉       →  研磨屑 20～30%
   ↓
 表面処理     →  皮膜不良品
   ↓
  着　磁
   ↓
  検　査      →  寸法・特性不良品
   ↓
  磁　石
```

図 4-12　磁石工程内廃材の種類

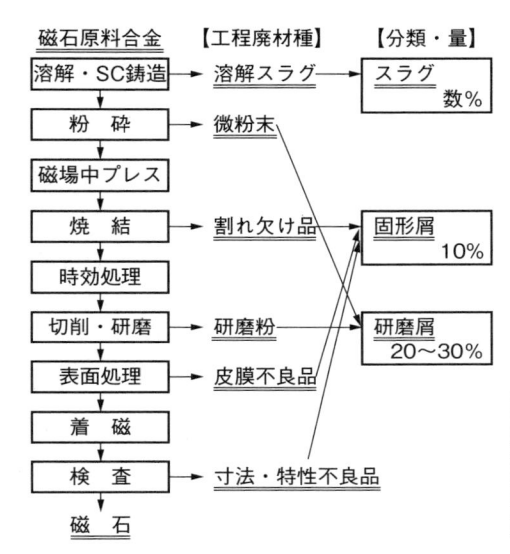

表 4-3　リサイクル材の不純物汚染

（単位：wt%）

|  | 酸素 | 炭素 | 窒素 |
|---|---|---|---|
| 原料金属 | < 0.05 | < 0.03 | < 0.01 |
| 磁　石 | ≒ 0.7 | ≒ 0.04 | ≒ 0.008 |
| 研磨粉 | 1～5 | 0.5～2 | 0.5～1 |

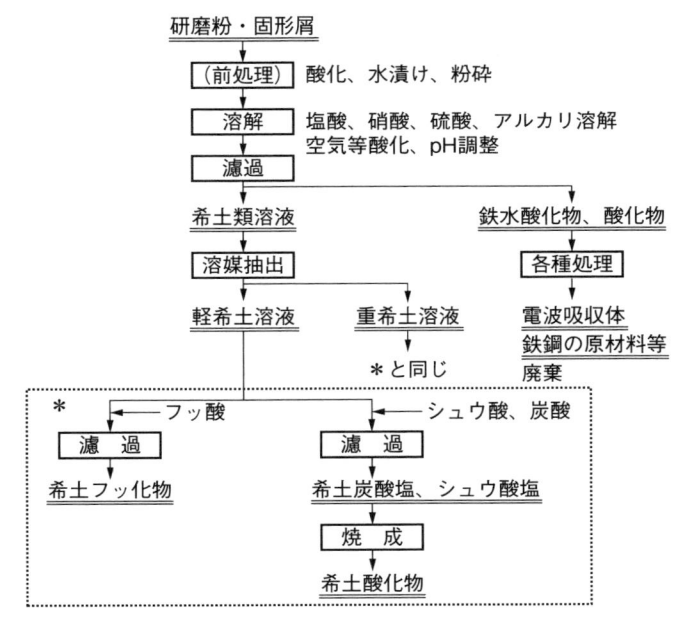

```
     研磨粉・固形屑
         ↓
     (前処理)       酸化、水漬け、粉砕
         ↓
      溶解         塩酸、硝酸、硫酸、アルカリ溶解
                   空気等酸化、pH調整
         ↓
      濾過
         ↓
    希土類溶液 ────────→ 鉄水酸化物、酸化物
         ↓                    ↓
     溶媒抽出               各種処理
      ↓    ↓                  ↓
   軽希土溶液 重希土溶液      電波吸収体
                             鉄鋼の原材料等
              *と同じ          廃棄
 ┌─────────────────────────────┐
 │ *  ←フッ酸      ←シュウ酸、炭酸 │
 │    ↓                ↓           │
 │   濾過             濾　過        │
 │    ↓                ↓           │
 │ 希土フッ化物    希土炭酸塩、シュウ酸塩│
 │                     ↓           │
 │                   焼　成        │
 │                     ↓           │
 │                  希土酸化物      │
 └─────────────────────────────┘
```

図 4-13　工程内リサイクル（湿式法）

題で、フッ化物を用いての真空溶解炉での溶解など各種の工夫がされるが、少量のバッチ式で、品質管理の難しさがあり、使用は一部に限られる。

## 2. 市中リサイクルの課題

市中に出たネオジム磁石のスクラップのリサイクルは、一部 MRI 用磁石では行われているが、家電のエアコン、洗濯機、PC 用の磁石は、2012～2014 年の事業開始を目指して分解回収技術の開発が進んでいる。一方、自動車のモータの磁石回収も多くの試みがなされているが、まだ確定的なものではない。これらのリサイクルでは表 4-4 に示すような三つの大きな課題がある。

①回収システム：磁石に関係あるリサイクル回収の法制化には、家電、自動車、パソコンなどがあるが、2012 年に使用済み小型電子機器回収促進法案が閣議決定された。現状ではリサイクル法に関係する磁石が回収対象となる。回収コストを下げるためのシステムの有効運用が課題である。

②解体技術：磁石の部品は脱磁が必要であり、モータなどの構造が複雑・堅牢で解体は難しく、解体に時間がかかり人力に頼ることが多い。ここで働くのは経済原理であり、労働力の安い外国へ一部売却されるのも実情である。また、部品の海外輸出で問題となるのはリユースとの区別である。家電のリサイクルでは解体のコスト低減を目指し、自動化、省力化、脱磁方法が検討されている。

③リサイクル技術：解体により磁石のみが得られれば、工程内リサイクルで対応は可能であるが、解体までの費用が高く採算が取れない。解体をあまりせずに、周辺の構造体もリサイクルの対象にしてトータルでの低コスト化を図る乾式法などの方式も検討されている。

以上の課題に対して 2012 年度の経産省の「レアアース等利用産業等設備導入補助金」の採択事業の内訳を図 4-14 に示す。磁石関係は 18 % を占め、リサイクル、省希土類の技術開発が活発であり、今後これらの成果による市中リサイクルの定着を期待したい。

以上、市中リサイクルの現状と課題を述べた。リサイクルを定着させ、競争

第4章　資源問題への対策

表4-4　市中リサイクルの課題

| 回収システム（法制化） |
|---|
| ・自動車リサイクル法、 |
| ・家電リサイクル法、 |
| ・資源有効利用促進法：PC |
| ・小型電子機器回収リサイクル法（閣議決定） |
| ・建築資材リサイクル法 |
| ・以上の法制化により回収され始めた |
| **解体技術** |
| ・脱磁が必要で解体が厄介 |
| ・現状人力作業が多くコスト高 |
| ・リユースもあり一部海外へ |
| **リサイクル処理** |
| ・磁石だけになれば工程内リサイクル工程へ |
| ・各種分野で開発中未確立。コストアップ |
| ・解体省略と処理をドッキングも模索 |

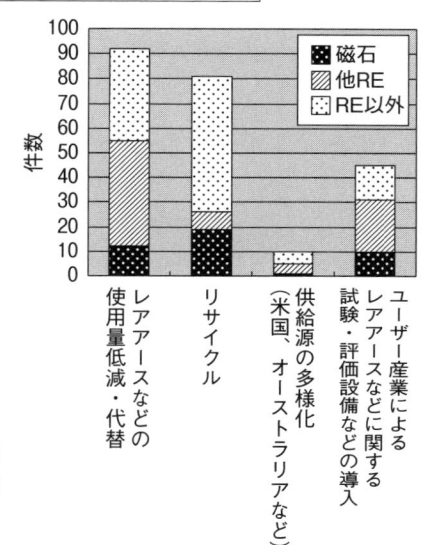

図4-14　平成22年度「レアアース等利用産業等設備導入補助金」1次、2次の内容まとめ

力を持つためには、リサイクルしやすい部品構造の考案、回収した部品の海外流出の防止策の制度化、デポジット制のような費用の確保、政府主導のリサイクル品の備蓄制度なども考慮すべきと考える。

203

## 4-2　ジスプロシウム(Dy)使用量の削減・零化への取り組み

### 4-2-1　省・脱 Dy のネオジム磁石の研究開発

#### 1. ネオジム磁石に求められる高保磁力

電気自動車、ハイブリッド自動車（HEV）、風力発電機、高性能モータ、ハードディスクドライブ（HDD）など、私たちの身の回りにある製品の近年における高性能化、特に省エネルギーならびに高効率化に向けた発展には目を見張るものがある。これらに貢献しているのが Nd–Fe–B 系焼結磁石（ネオジム磁石）であることから、Nd–Fe–B 系焼結磁石はまさに低炭素社会に向けてのキーマテリアルであると位置づけられる。図 4-15 に Nd–Fe–B 系焼結磁石の保磁力（$\mu_0 H_{cJ}$）と最大エネルギー積〔$(BH)_{max}$〕の関係を示し、その図中に Nd–Fe–B 系磁石の用途を示した（なお、本節では保磁力を $\mu_0 H_{cJ}$ とし、単位を〔T〕とした。）。MRI やハードディスクでは $\mu_0 H_{cJ}$ は低いが高い $(BH)_{max}$ が必要である一方、HEV などでは高い $\mu_0 H_{cJ}$ が必要とされているのがわかる。

最近の HEV などの用途では磁石の使用環境が高温にさらされることから、Nd–Fe–B 系焼結磁石にも高い耐熱性が要求される。しかしながら Nd–Fe–B 系焼結磁石の主相である $Nd_2Fe_{14}B$ 相のキュリー温度（$T_C$）は 586 K（313℃）と低く、さらに本系磁石の保磁力の温度係数が大きいということから、Nd–Fe–B 三元系焼結磁石では図 4-16(a)に示すように高い温度では保磁力が低下してしまい磁石として機能しない。この対策として図 4-16(b)に示すように、ジスプロシウム（Dy）を添加し、室温で高い保磁力を実現して高温でもある程度保磁力を確保する方法がなされている。これは、表 4-5 に示したように $Dy_2Fe_{14}B$ 化合物の異方性磁場（$\mu_0 H_A$）が $Nd_2Fe_{14}B$ 化合物のそれよりも高いからである[12]。

しかし飽和磁化（$\mu_0 M_s$）の値は $Dy_2Fe_{14}B$ 化合物の方が低いため、Dy の添加量増加に伴い $\mu_0 M_s$ と $(BH)_{max}$ は下がる（ここで $M_s$ は SI 単位での磁化の値。

第 4 章　資源問題への対策

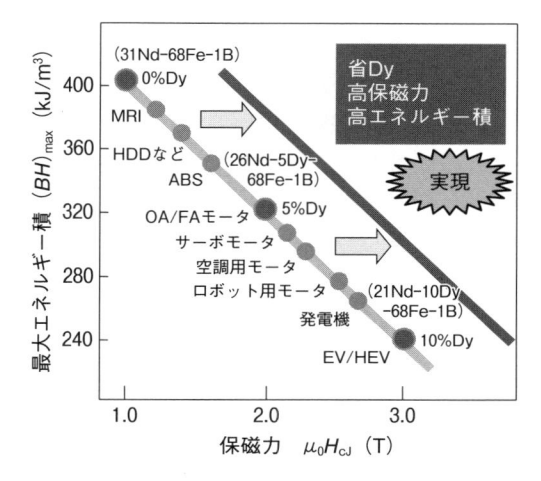

図 4-15　Nd-Fe-B 系磁石の用途ならびに保磁力と最大エネルギー積の関係

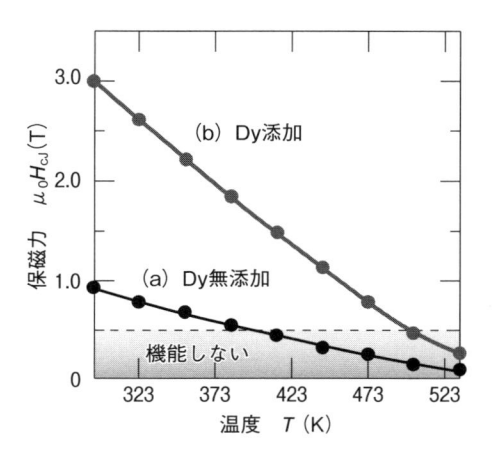

図 4-16　(a)Dy 無添加、(b)Dy 添加の Nd-Fe-B 系焼結磁石における保磁力の温度依存性の模式図

表 4-5　$Nd_2Fe_{14}B$ 化合物と $Dy_2Fe_{14}B$ 化合物の磁気的性質の比較 [1]

| 化合物 | $\mu_0 M_s$ (T) | $\mu_0 H_A$ (T) | $T_C$ (K) |
|---|---|---|---|
| $Nd_2Fe_{14}B$ | 1.61 | 6.7 | 586 |
| $Dy_2Fe_{14}B$ | 0.712 | 15.0 | 598 |

205

$\mu_0M_s=J_s$)。その結果、Dy 添加量が高い高 $\mu_0H_{cJ}$ ならびに高耐熱性の Nd–Fe–B 系焼結磁石ほど $(BH)_{max}$ は低くなり、その関係は図 4–15 のように右下がりの直線になる。また、Dy は希土類鉱石中の含有量が少なく、原産地も中国に限定されることから、Dy 量が少ない高保磁力な Nd–Fe–B 系焼結磁石の開発が切望され、様々な機関で研究されている。すなわち、図 4–15 の右上がりの直線を右斜め上方へシフトさせるような Nd–Fe–B 系焼結磁石が求められているといえる。

## 2. 保磁力増加にむけての指針

Nd–Fe–B 系焼結磁石における高い保磁力の発現には次の三点が重要となる。

まず第一に、Nd–Fe–B 系焼結磁石の主相である $Nd_2Fe_{14}B$ 相の結晶磁気異方性を上げることであるが、この有効な方法は異方性磁場の高い Dy などを添加することである。ただし、磁化の減少を招かないように、その添加は有効な部分に有効な量だけ添加する方法が必要である。

第二には、Nd–Fe–B 系焼結磁石の結晶粒界に存在する Nd リッチ相と主相である $Nd_2Fe_{14}B$ 相との界面の状況を良好にすることである(**界面制御**)。これは、Nd リッチ相は 650 ℃ 近傍で液相となるため、焼結時に充填化に寄与するとともに、焼結に続くアニール時に液相となって主相である $Nd_2Fe_{14}B$ 相の表面にある欠陥を修復し、逆磁区の発生を抑える役割を果たしていると言われているからである。

第三には、古くから永久磁石の分野では結晶粒径を細かくすること(**結晶粒微細化**)によって保磁力が増加することが経験的に知られている。この理由については、単磁区粒子サイズに近づけることによって多磁区粒子の体積分率を減らす、逆磁区の発生サイトとなりやすい欠陥の大きさを小さくする、結晶粒径の不均一性を低下させ局部的な反磁場がかかるような場所を減らす、などによって逆磁区の存在や逆磁区の発生確率を減らすことができるためであると考えられているが、詳細については未だ明らかにされていない。

これらの界面制御と結晶粒微細化の模式図を図 4–17 に示す。

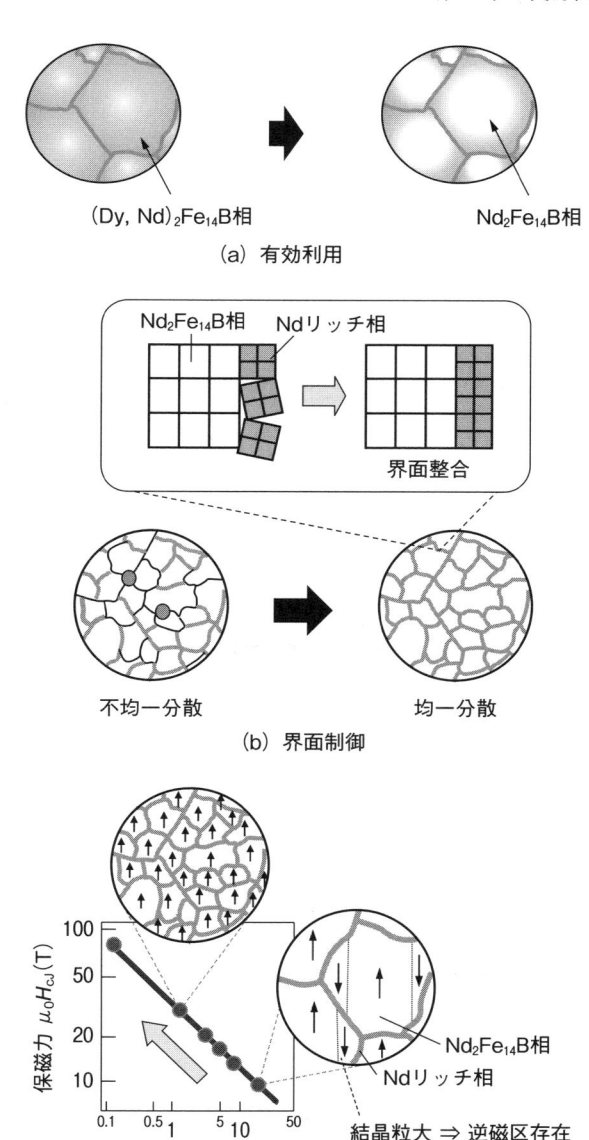

第 4 章　資源問題への対策

(Dy, Nd)$_2$Fe$_{14}$B相 　　　　　Nd$_2$Fe$_{14}$B相

(a) 有効利用

Nd$_2$Fe$_{14}$B相　Ndリッチ相

界面整合

不均一分散　　　　　均一分散

(b) 界面制御

Nd$_2$Fe$_{14}$B相
Ndリッチ相
結晶粒大 ⇒ 逆磁区存在

保磁力 $\mu_0 H_{cJ}$(T)
結晶粒径 ($\mu$m)

(c) 結晶粒微細化

図 4-17　保磁力増加への指針の模式図

## 3. 粒界拡散法

**粒界拡散法**（Grain Boundary Diffusion Process：GBDP）は、$Nd_2Fe_{14}B$ 相の異方性磁場を上げる Dy などの元素を添加する際に、必要とする主相である $Nd_2Fe_{14}B$ 表面にのみ集中させ、残留磁束密度 $B_r$ や $(BH)_{max}$ を低下させずに $\mu_0H_{cJ}$ を増加させる方法である[13]。本法については次項で焼結磁石に関して詳細なる解説があるので、本項では焼結磁石については簡単な紹介に留め、ボンド磁石に関しても説明を加える。

GBDPでは、重希土類元素の Tb または Dy の酸化物、またはフッ化物などの化合物微粒子粉末を溶媒に分散かつスラリー状にして焼結磁石の表面に塗布し、800℃～900℃の温度域で熱処理する。この温度域では、**図 4-18** に示すように焼結磁石の粒界に存在する Nd リッチ相が液相となり、重希土類元素の化合物と反応することによって液相中に重希土類元素が取り込まれる。この結果、Dy が粒界部に濃縮されることになり、さらに液相中の Dy が $Nd_2Fe_{14}B$ 相中の Nd と元素置換して、$Nd_2Fe_{14}B$ 相の表面には Dy が一部 Nd を置換した $(Nd, Dy)_2Fe_{14}B$ 相が形成される。結果的に、$Nd_2Fe_{14}B$ 相結晶粒表面の結晶磁気異方性が高くなり保磁力が増加する。

従来の焼結磁石は、Dy を添加した Nd-Fe-B 系合金を溶解、鋳造、粉砕、磁場中プレスして焼結する、または Dy-Co などの Dy 合金を $Nd_2Fe_{14}B$ の化学量論組成合金と混ぜて粉砕し微粉末を作製して焼結させる（**2 合金法**）、などの方法で得ていたが、焼結温度が 1,100℃近傍であるため Dy が $Nd_2Fe_{14}B$ 結晶粒の内部まで拡散してしまって磁化が下がり、結果的に保磁力が増加しても $(BH)_{max}$ が低下するという問題点を有していた。

これに対し、粒界拡散法の温度は 800℃～900℃であるため、Dy が結晶粒内深く拡散せず $Nd_2Fe_{14}B$ 結晶粒表面部に偏析する。結果的に大きな磁化の減少は生じず高い $(BH)_{max}$ が維持されるという長所があるとともに、この方法を用いることによって Dy 使用量を減らすことができるというメリットもある。さらに最近では、塗布法ではなく、Dy の蒸気圧が比較的高いことに基づき真空蒸着を利用して Dy を磁石内部に拡散させる方法も報告され、同様に高い磁

第4章　資源問題への対策

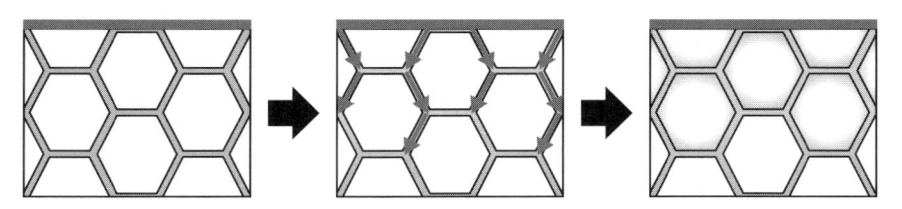

図4-18　粒界拡散法の原理の模式図

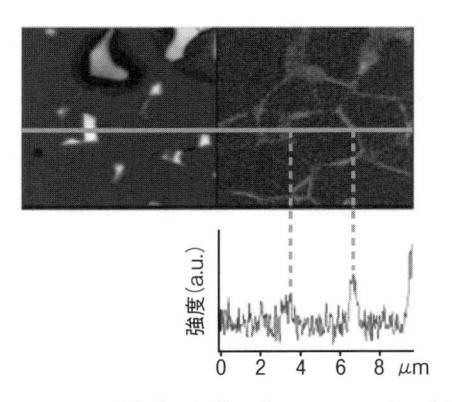

図4-19　粒界拡散法の組織写真とDyマッピング図[13]

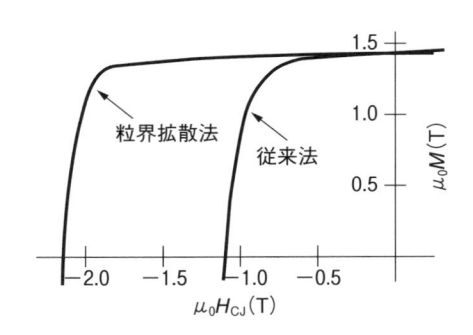

図4-20　粒界拡散法有無のNd-Fe-B系焼結磁石の減磁曲線[14]

気特性が報告されている。

この粒界拡散法の組織ならびにDyマッピング図と、用いた場合と用いなかった場合の減磁曲線の変化を、それぞれ図4-19[13]と図4-20[14]に示す。

最近では、この粒界拡散法は焼結磁石だけではなく、HDDR法にて作製し

た Nd-Fe-B 系ボンド磁石用粉末にも応用され始めている。HDDR 法は、Hydrogen Disproportionation Desorption Recombination という水素の吸収放出に伴う結晶粒微細化現象を用いた方法である。

Nd-Fe-B 系合金を水素中で熱処理すると $Nd_2Fe_{14}B$ 相が $NdH_2$ 相、Fe 相、$Fe_2B$ 相に分解する（不均化反応）。この後、真空中熱処理によって水素を強制的に排出させると、$NdH_2$ から水素が放出され、残った Nd が $Fe_2B$ と Fe と再度反応して $Nd_2Fe_{14}B$ 相に再結合する（再結合反応）。この時、水素を強制的に排出させるため結晶粒成長が生じず、ボンド磁石用粉末として最適な単磁区粒子サイズである 0.3 μm 程度の結晶粒の集合体として構成される粉末ができる。この HDDR 法において反応させる際の水素圧と温度を制御することにより、$Nd_2Fe_{14}B$ 相の磁化容易軸である c 軸が一方向にそろった異方性粉末が作製できることが筆者（杉本諭）ら[15]の研究によって判明している。また、同様な熱処理によって高性能化することが報告され、その HDDR 法を **d-HDDR 法**と呼ぶ場合もある[16]。

HDDR 法はメルトスピニング法に比べて異方性粉末ができることから、高性能ボンド磁石粉末の作製方法として利用されている。**図 4-21** に HDDR 法の模式図を示した。

HDDR 法が報告されてから 20 年以上が経過するが、その間、磁気特性の向上が報告され、最近では $(BH)_{max} = 200 \text{ kJ/m}^3$ で、403 K（130 ℃）の耐熱温度を有する HDDR 粉末が報告されている。この耐熱性を向上させるために、例えば HDDR 後の粉末に $DyH_2$ 粉末を混ぜて真空中で熱処理することにより、$(Nd, Dy)_2Fe_{14}B$ 相を $Nd_2Fe_{14}B$ 相の表面付近に形成させて保磁力を増加させるという方法が報告されている。これは真空熱処理中に $DyH_2$ から水素が抜けた Dy が反応することによって生じると考えられている。

さらに最近の Dy 価格の高騰を受け、Dy を使用しないで高保磁力化、高耐熱性化を図るため、Nd-Cu-Al 合金粉末[16),17)]または Nd-Cu 合金粉末[18)]を Nd-Fe-B 系 HDDR 粉末と混合した後、熱処理する方法が報告されている。これらの試料における減磁曲線を**図 4-22**[17)]に示すが、Dy を添加しなくても保磁

第4章　資源問題への対策

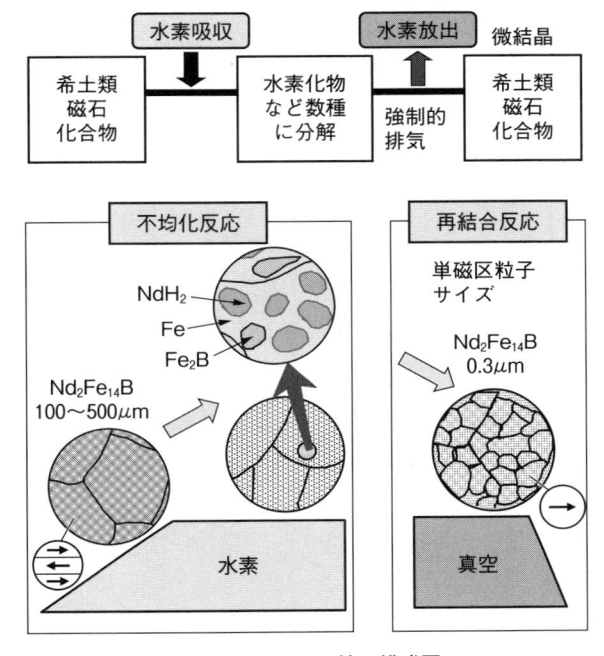

図4-21　HDDR法の模式図

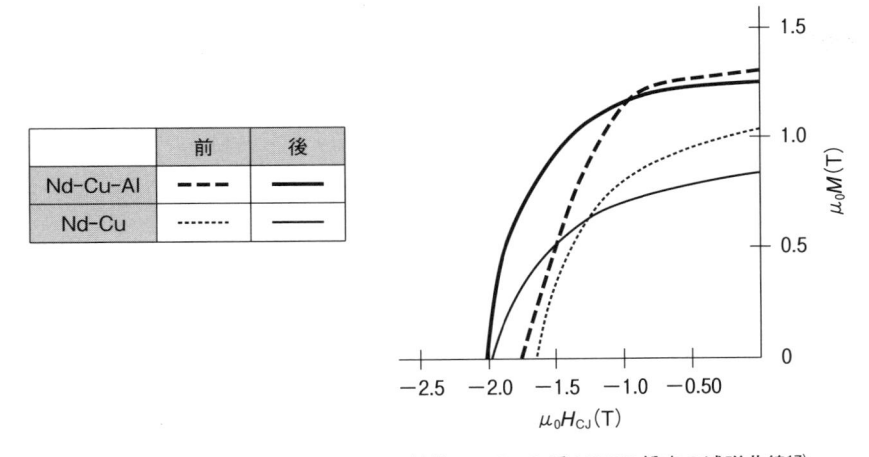

図4-22　Nd-Cu-AlまたはNd-Cu拡散Nd-Fe-B系HDDR粉末の減磁曲線[17]
〔Nd-Cuのデータは参考文献[18]〕

力 $\mu_0H_{cJ}$ が 2.0 T まで増加していることがわかる。この結果、耐熱性も 423 K（150 ℃）まで向上している。保磁力が増加した理由として、Cu は Nd と Nd-30 ％ Cu 付近で共晶反応が生じるため、Cu を含んだ二元系または三元系合金とすることにより液相となれる Nd-rich 相の融点が低下すること、Al 添加により Nd-Cu 系よりも融点が下がること、Al は古くから Nd-Fe-B の保磁力を増加させることが知られていること、などが挙げられる。

拡散処理して得られた Nd-Fe-B 系 HDDR 粉末の組織を図 4-23 に示すが、粒界部に Cu を含んだ Nd リッチ相が行きわたり、$Nd_2Fe_{14}B$ 相の磁気的な孤立化が促進されていることがわかる。

上述してきた粒界拡散法は、Nd-Fe-B 系磁石における省 Dy 化の方法として優れた方法として理解されており、今後利用が拡大していくものと期待されている。

## 4. H-HAL 法

一方、日高ら[19]は従来の Nd-Fe-B 系焼結磁石の作製法である 2 合金法を改良し、図 4-24 に示すように Dy 源合金を主相合金の 1/10 程度まで小さくして混合させることによって Dy をより薄く粒界部に偏析させ、$Nd_2Fe_{14}B$ 相の表面付近に $(Nd, Dy)_2Fe_{14}B$ 相を形成させることに成功している。彼らはこの方法を H-HAL (Homogeneous High Anisotropy Field Layer) 法と呼んでいる。

粒界拡散法では焼結体を作ってから Dy 化合物を焼結体の表面に塗布し、さらに拡散処理をするという工程を施すため、従来よりも工程数が増えるが、H-HAL 法では従来の作製プロセスを適用できることが利点とされている。また、粒界拡散法では Dy を拡散させるため、焼結磁石の厚さに一定の制限があるが、H-HAL 法ではこの制限がない。日高らは、この方法を用いることによって 6.5 mass ％以下の Dy 添加で $\mu_0H_{cJ}$ = 3.0 T 以上の保磁力、すなわち従来よりも Dy を 35 ％以上削減させて HEV に用いられるには十分な保磁力を発現できることを示している。

第 4 章　資源問題への対策

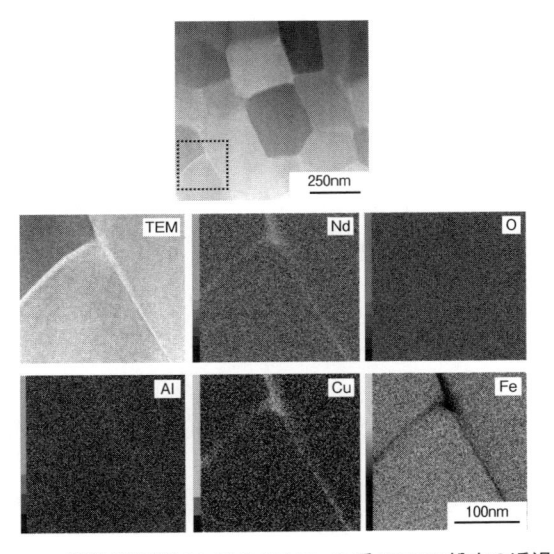

図 4-23　Nd–Cu–Al 拡散処理後における Nd–Fe–B 系 HDDR 粉末の透過電子顕微鏡法による組織[17)]
　TEM は破線内の拡大組織、その他は同視野における各元素のマッピング像

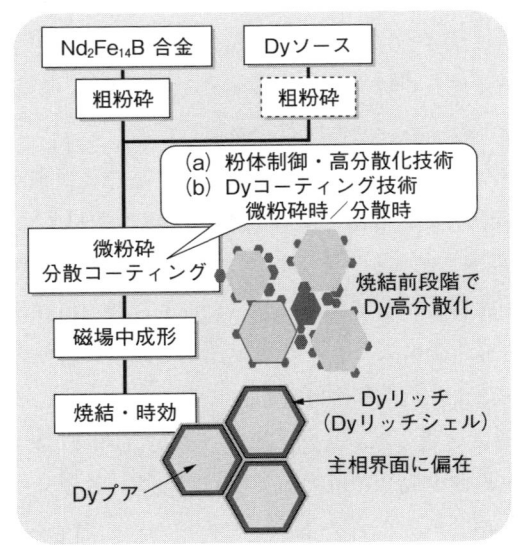

図 4-24　H-HAL 法の模式図

## 5. 結晶粒微細化

Nd-Fe-B系焼結磁石における結晶粒微細化によって高保磁力を得ようとする試みには、図4-25で示した作製プロセスの各工程において結晶粒の微細化が必要である。すなわち、溶解鋳造でインゴットの作製工程であるストリップキャスティング（Strip Casting：SC）、粗粉末を作る工程の水素破砕（Hydrogen Decrepitation：HD）、微粉末を作製するジェットミル（Jet Milling：JM）工程、微粉末となった$Nd_2Fe_{14}B$相のc軸を一方向に配向し圧粉体を形成するための磁場中成形工程、さらには圧粉体を焼き固める焼結工程、それに続く熱処理工程、という各工程における組織の微細化である。特に、SC、HD、JMのコンビネーションは高性能Nd-Fe-B系焼結磁石作製においては重要と位置付けられていることから、ここでの微細化は重要と言える。

SC合金は図4-26(a)[20]に示すように$Nd_2Fe_{14}B$相内にNdリッチ相が微細に析出し、さらにその成長方向も厚さ方向に伸びたラメラー構造を示している。このSC合金における微細化について、入江ら[10]は結晶核の発生数とラメラー径について知見を得、従来法に置いてラメラー間隔が4μmと狭い合金の開発に成功した。さらに図4-26(b)で示すような溶湯圧延法を採用した新たな鋳造装置を導入して結晶成長をコントロールすることにより、結晶粒径（ラメラー間隔）が2μm以下の原料合金の作製に成功した。

原料合金のラメラー間隔が狭くなる、または結晶粒径が細かくなれば、その後のNdリッチ相が水素を低温で吸収して体積膨張を起こし、$Nd_2Fe_{14}B$相とNdリッチ相との界面で割れが入って粗粉末が作製できる工程であるHD時にも、従来よりも細かい粗粉が作製できる。さらにはHD後、微粉末を作製する工程であるJM工程を経た微粉末でも、従来に比べて細かい粉末となれるだけでなく、各粉末自体にNdリッチ相が付着した粉末となれる。このような粉末が得られれば、焼結時においてNdリッチ相が$Nd_2Fe_{14}B$相の周りに均一に析出して欠陥部や逆磁区の核生成サイトの除去などに役立つ。

図4-27に、Gotoら[22]が行ったNdリッチ相の層間隔$l$を変えたSC合金を用い、JM粉末におけるNdリッチ相の付着率$P$のJM粉末サイズによる変化

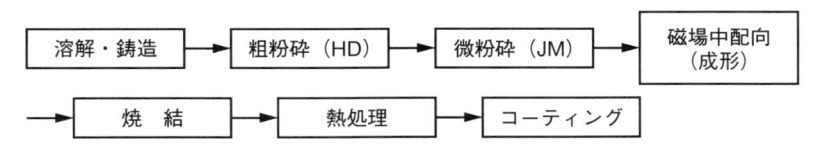

図 4-25 Nd-Fe-B 系焼結磁石の作製プロセス

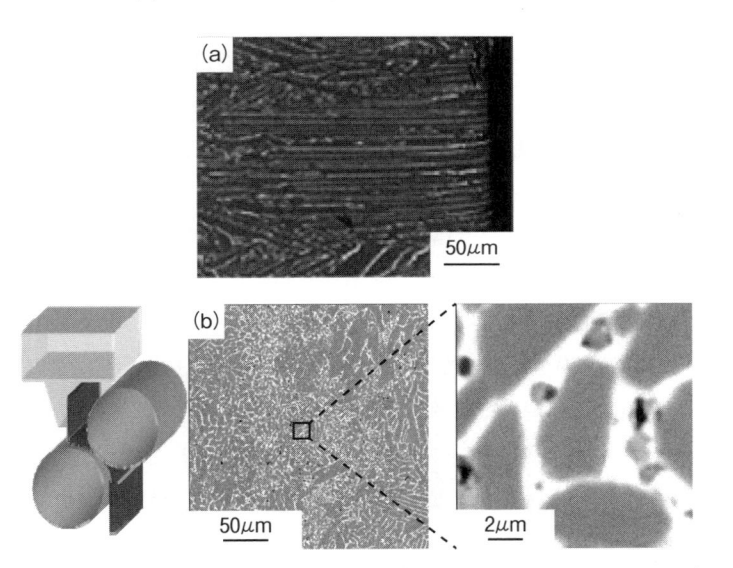

図 4-26 (a) SC 合金[20] と (b) 溶湯圧延法を利用した新開発合金の組織[21]

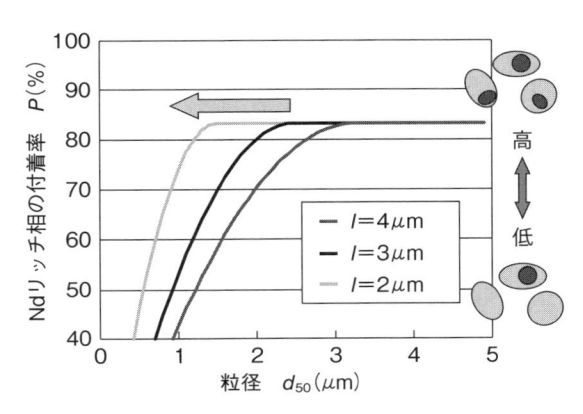

図 4-27 Nd リッチ相の層間隔 $l$ を変えた SC 合金を用いた場合の JM 粉末粒径

を示す。これによると、JM 粉末のサイズ $d_{50}$ が小さくなるに従い Nd リッチ相の付着率 $P$ は低下するが、その低下度合いは SC 合金における Nd リッチ相間隔が小さくなるほど低くなることがわかる。したがって、現在の SC、HD、JM という工程を経て作製される Nd-Fe-B 系焼結磁石では、これらの工程における Nd リッチ相の分散度の制御は高い保磁力を得るためには必要不可欠と言える。

　一方、焼結磁石の結晶粒を微細にするため、Sagawa と Une[23] は JM 粉末の微細化に取り組んだ。従来の窒素ガスを使った JM では粉末粒径を 3 μm 程度まで細かくすることや保磁力も $\mu_0 H_{cJ}$＝1.7T 程度まで上昇させることは可能であったが、窒素ガスを使った JM であると、JM 粉末や焼結磁石において窒素含有量が上昇すること、粉砕時間が長くなり粉末の表面酸化が無視できなくなること、などの問題により、それ以上微細化しても保磁力の増加はみられなかった。そこで、従来の窒素（$N_2$）ガスからヘリウム（He）ガスへ変換を図り、かつ循環式の JM とすることによって粉末粒径 1.0 μm 以下の JM 微粉末の作製を可能としている。これは、He ガスが $N_2$ ガスに比べて重量が軽いため JM 中のガス気流を高速化することができ、粉砕が効果的かつ短時間で行うことができるためと考えられている。この粉末の走査電子顕微鏡法（Scanning Electron Microscopy：SEM）による組織写真を、$N_2$ ガスを用いた場合の粉末と比較して図 4-28 に示す。He ジェットミルを用いることにより粉末の微細化がかなり進むことがわかる。

　また、この粉末を用いて焼結磁石を作製すると、図 4-29 に示すように JM 粉末の微細化に伴い焼結磁石の保磁力が増加していることがわかる。さらに、この焼結磁石の $(BH)_{max}$ を保磁力 $\mu_0 H_{cJ}$ に対してプロットすると、図 4-30 における小さい方の星印の位置にプロットされる。本焼結磁石は Dy フリーで保磁力が 2.0T 出ていることから、従来 10％の Dy 添加で 3.0T 保磁力を出していたものが 6％の添加で済むことになることから、Dy を 40％削減相当の保磁力を結晶粒微細化で生み出していることを示している。これより、結晶粒微細化により保磁力を向上させることができるといえる。

第 4 章 資源問題への対策

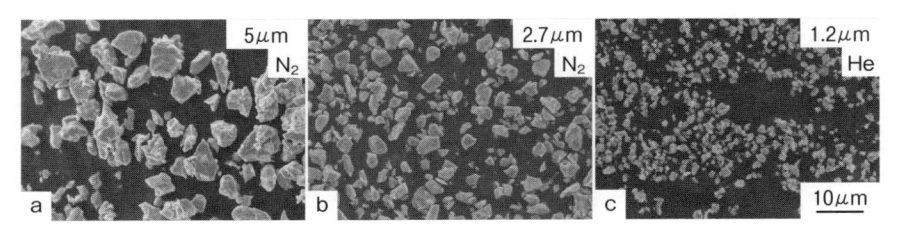

図 4-28　各種ジェットミル粉末の SEM 組織
　　　　（a）(b) 窒素ジェットミル、(c) He ジェットミル

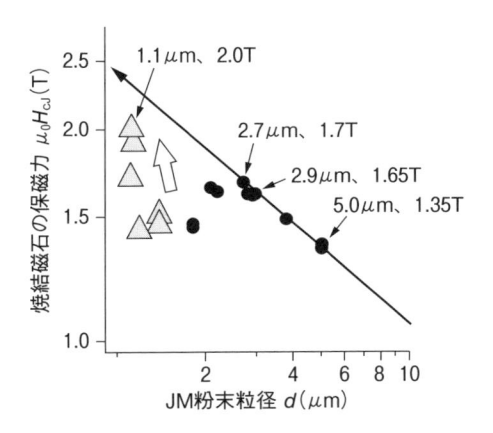

図 4-29　Dy フリー Nd-e-B 系磁石における JM 粉末に対する焼結磁石の保磁力
　　　　（●：窒素ガスジェットミル使用、△：He ジェットミル使用）

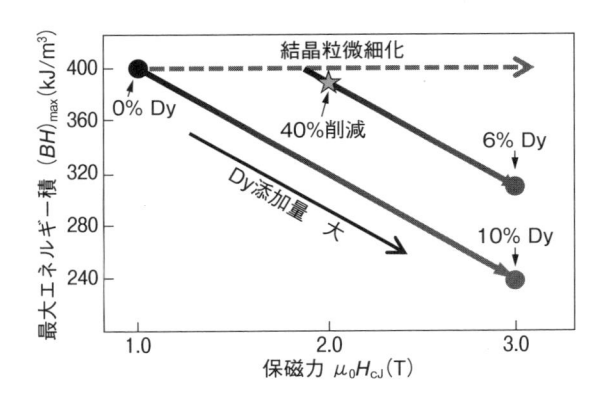

図 4-30　Dy フリー Nd-Fe-B 系磁石における保磁力と最大エネルギー積の関係

得られた Nd-Fe-B 系焼結磁石に対して Li ら[24]は、高分解能走査電子顕微鏡法（High Resolution Scanning Electron Microscopy：HRSEM）、透過電子顕微鏡法（TEM）、3 次元アトムプローブ法（Three Dimensional Atom Probe：3DAP）を使ったマルチスケール組織解析を行った。その結果、$Nd_2Fe_{14}B$ 相同士の界面や三重点にある Nd 酸化物と $Nd_2Fe_{14}B$ 相との界面では薄い Nd-rich 相が入り込んで $Nd_2Fe_{14}B$ 相の孤立化が図られていること、その Nd リッチ相には酸素が少なく添加元素である Cu が濃縮されていることがわかった。

さらに筆者らにより、結晶粒微細化された磁石と通常の結晶粒サイズの磁石において、次式で示す Kronmüller によって提唱された保磁力に関する式を使って組織パラメータを求めると、**表 4-6** のように異方性と関係するパラメータである $\alpha$ よりも反磁場に関係するパラメータである $N_{\mathrm{eff}}$ の方が、結晶粒微細化によって小さくなっていることがわかった[25]。

$$\mu_0 H_{\mathrm{cJ}} = \alpha \frac{2K_1}{J_\mathrm{s}} - N_{\mathrm{eff}} \cdot J_\mathrm{s} \quad \cdots\cdots \quad (4.1)$$

すなわち、$Nd_2Fe_{14}B$ 相の表面の凹凸が低下していると考えられ、これは Nd リッチ相が $Nd_2Fe_{14}B$ 相をきれいに取り囲むような組織の形成に起因していると推察される。したがって、結晶粒微細化による保磁力の増加には、ただ単純に結晶粒を細かくするだけでなく、Nd リッチ相の流動性や濡れ性を改善して $Nd_2Fe_{14}B$ 相を取り囲むようにする必要があるといえる。

☆　　　☆

以上、粒界拡散法、結晶粒微細化技術、界面ナノ構造制御を中心とした Dy 使用量削減技術について示したが、これらの技術は日々進歩しており、今後、これらの技術を複合化させた技術が生まれてくるといえる。しかしながら、今後もさらなる技術開発が求められるといえる。例えば、結晶粒を微細化していけば $Nd_2Fe_{14}B$ 相と Nd リッチ相との界面の表面積は大きくなることから、$Nd_2Fe_{14}B$ 相を磁気的に孤立させて高保磁力化を図るためには、① Nd リッチ相の低融点化による流動性の向上、② Nd リッチ相の組成制御による非磁性化、さらには③ $Nd_2Fe_{14}B$ 相との濡れ性を改善、などによって薄い Nd リッチ相を

## 第4章 資源問題への対策

表4-6 DyフリーNd-Fe-B系焼結磁石における JM粉末サイズと組織パラメータ[14]

| JM粉末粒径 ($\mu$m) | $\alpha$ | $N_{eff}$ |
|---|---|---|
| 0.9 | 0.6 | 1.3 |
| 1.7 | 0.7 | 1.5 |
| 4.0 | 0.7 | 1.8 |

実現しなければならない。逆にそれらが難しい場合には、Ndリッチ相の体積分率を多くせざるを得ず、磁化や$(BH)_{max}$の減少を招く懸念があり、この保磁力の増加分と、磁化や$(BH)_{max}$の減少分とのバランスを図らなければならない。

さらに$Nd_2Fe_{14}B$相に欠陥導入をさせないように酸化物を形成させる三重点の大きさも結晶粒の微細化に伴い小さくなることから、さらなる①酸素量の低減、②液相への酸素固容量の増加（酸化物形成抑制）、などを図らなければいけないと考えられる。Nd-Fe-B系磁石発明以来、未だ明らかにされていない保磁力機構の解明も含めて、今後の研究と技術の発展に期待したい。

本節の内容の一部は、NEDO希少金属代替材料開発プロジェクト「希土類磁石向けディスプロシウム使用量低減技術開発」によるものである。

### 4-2-2 粒界拡散法による Dy 低減

　第2章で述べられているように Nd-Fe-B 系焼結磁石の磁化反転は逆磁区の核生成によって起きると考えられている。その逆磁区が生成する部分は結晶粒の表面であると考えてよい。結晶粒の表面あるいは界面は結晶構造の連続性が途切れた部分であり、一種の格子欠陥である。したがって、結晶構造に起因する磁気的な性質も結晶粒界面では大きく異なっていると考えられており、とりわけ異方性磁場の低下が大きいことが指摘されている。

　そのような結晶粒表面近傍でのみ $Nd_2Fe_{14}B$ の Nd を Dy で置換すれば、逆磁区の発生を抑制でき、なおかつ結晶粒内には Dy がほとんどないために残留磁束密度の低下も抑制できることになる（図 4-31）。このアイディア自体は Nd-Fe-B 磁石が発明された当初より存在し、いかにしてそのような微細構造を実現させるかが開発テーマであった。実際に二合金法とよばれる手法が 1990 年代から実用化されており、Dy を粒界近傍に濃化させた微細構造が得られている。この手法では焼結過程で Dy を主相粒子に拡散させるので、高温であるために Dy が結晶内部にまで拡散してしまい、結晶粒中央部と界面近傍での Dy の濃度差もあまり大きくない。

　理想的な Dy の分布形態を得るためには焼結温度（1,000～1,100℃）よりも低い温度で Dy を拡散させる必要があり、以下に述べる**粒界拡散法**によって理想に近い組織形態が実現された。粒界拡散法では、通常の焼結工程により焼結体を一旦作製し、焼結体の表面から Dy あるいは Dy よりも希少ではあるが保磁力増大効果の高いテルビウム（Tb）を供給し、800～900℃程度の温度で拡散させる（図 4-32）。この温度域では、磁石を構成する主相（$Nd_2Fe_{14}B$ 相）とそれを取り囲んでいる粒界相（Nd リッチ相）のうち、粒界相が溶解して液相となっている。磁石表面から供給された Dy あるいは Tb は、この液相を拡散パスとして磁石内部へと拡散していく。Dy あるいは Tb の濃度が高くなった粒界相と主相との界面において主相の Nd の一部が Dy あるいは Tb と置換する反応が起きるが、固相である主相内を Dy あるいは Tb が拡散するには温

第4章 資源問題への対策

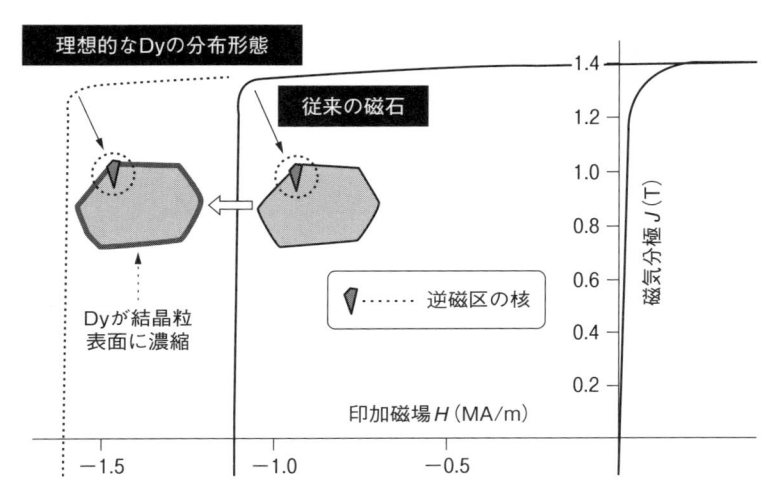

図 4-31 理想的な Dy の分布形態と磁気特性

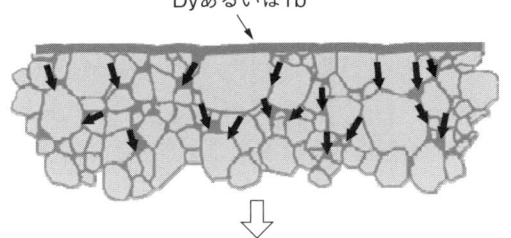

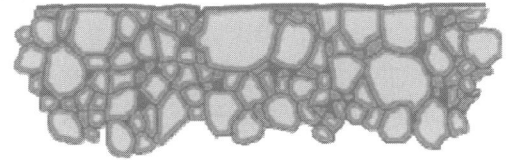

図 4-32 拡散処理における組織変化

度が低いため、置換反応は界面近傍のごくわずかな深さに限られる。

　Dy の粒界拡散（厳密には粒界相拡散）による保磁力の増大は、東北大学金属材料研究所の平賀、院生の朴、Nd-Fe-B 磁石の発明者である佐川の研究成果として 2000 年に仙台で開催された希土類磁石の第 16 回 International Workshop で報告された。厚さを 50 μm まで薄くした磁石体の表面をスパッタにより Dy で覆い、これを 800℃で 5 分間熱処理することで、残留磁束密度の低下をほとんど伴わずに保磁力が増大することが見出されている。当時は、50 μm という薄い磁石体での現象であり、大きな磁石に対しては磁石表面だけに効果があると考えられていたが、その後、2003 年に大阪大学の町田らにより 3〜5 mm 程度の大きさの磁石においても保磁力増大の効果があることが報告され、実用サイズの磁石にも適用が可能であることが示された。これらの報告で、Dy あるいは Tb の供給源はスパッタを用いた皮膜層であったため、生産性の観点からは適用は困難であったが、その後の磁石メーカーなどの開発により量産に適した Dy あるいは Tb の供給方法が見出され、現在は一部のメーカーで量産されている。

　粒界拡散法によって残留磁束密度の低下を伴わずに保磁力を大幅に増大できることは画期的である一方、その増大量には限界があり、現在の実力では Dy を用いて 0.25〜0.4 MA/m、Tb を用いて 0.65〜0.8 MA/m である。Dy を含まない磁石の保磁力は 1.0 MA/m 程度なので、これに粒界拡散処理を施しても 1.8 MA/m 程度で頭打ちとなる。これ以上の保磁力が必要な場合、母材にある程度 Dy を添加した磁石に対して粒界拡散処理を施すことになる。

　Tb を用いた粒界拡散処理前後での磁気特性の変化を図 4-33 に示した。図中、○は従来の焼結磁石で、保磁力が大きくなるほど残留磁束密度が低下しているのは Dy 置換量増大のためである。●は従来の焼結磁石に対して Tb の粒界拡散処理をした磁石の磁気特性で、処理前の磁石との対応は矢印（→）にて示してある。図 4-33 からわかるように、粒界拡散処理によって残留磁束密度の低下をほとんど伴わずに保磁力が大幅に増大している。

　また、図 4-34 に拡散処理した磁石の電子顕微鏡写真と拡散した Tb の分布

第 4 章　資源問題への対策

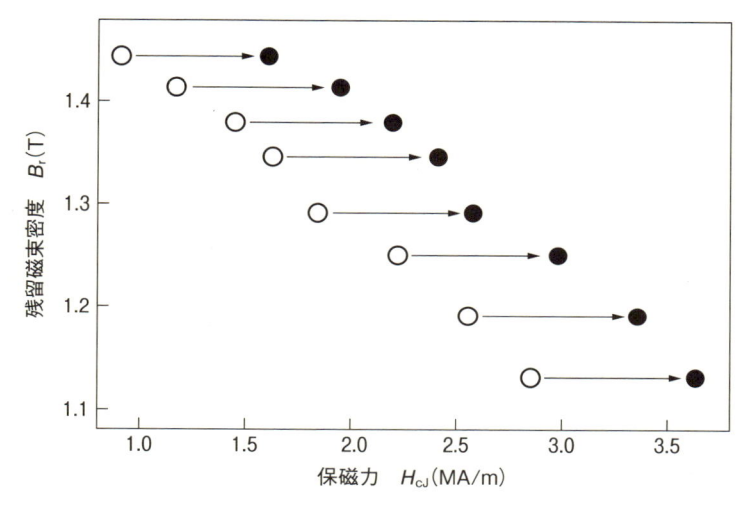

図 4-33　Tb の粒界拡散処理前後の磁石の磁気特性

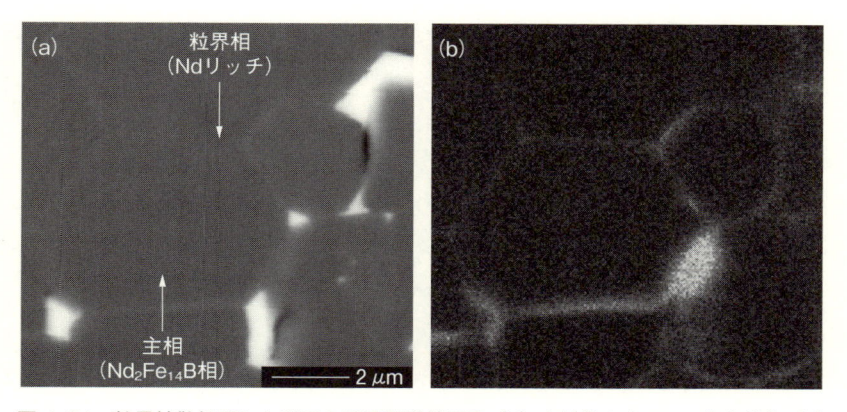

図 4-34　粒界拡散処理した磁石の電子顕微鏡写真（a）と拡散した Tb の分布状態（b）

状態を示す。粒界拡散処理によって取り込まれる Dy あるいは Tb 量は 0.2〜0.3 mass % と非常にわずかであり、これらが粒界相と主相表層部のごくわずかにしか分布していないため残留磁束密度は元の磁石の値をほぼ維持している。一方で、このごくわずかな Dy あるいは Tb が逆磁区の核生成磁場を高めるの

に十分な深さと濃度で主相表面に分布していると言える。同じ保磁力を示す従来の焼結磁石と比較すると、磁石合金中のDy量（mass %）は4ポイント程度の大幅な低減となる。また、粒界拡散処理した磁石の残留磁束密度は0.1 T程度高くなるので、全磁束量が一定であれば磁石体積を7～8％程度低減できる。結果的に、応用製品あたりに使用するDy量については、必要保磁力にもよるが従来の磁石を用いた場合より50～90 %、あるいはそれ以上の削減が可能となる。

　粒界拡散法では焼結磁石体の表面からDyあるいはTbを拡散させるため、磁石体が大きくなると保磁力の増大効果が小さくなる。図4-35に磁石厚さと保磁力増大量との関係を示す。厚さが1 mmであれば0.8 MA/mの保磁力増大効果が認められるが、5 mmでは0.56 MA/m程度の増大に留まる。

　また、非常に大きな磁石の例として、図4-36に磁石の一面からTbを拡散させたときの微小領域の保磁力（部分保磁力）を表面からの距離に対してプロットしたものを示す。磁石表面では高い保磁力を示しているが、深くなるとともに単調に減少し、5～6 mm以上の深さでは保磁力増大の効果がほとんど認められなくなる。

　通常の磁石では保磁力はどの部位でも同じであるのに対し、粒界拡散処理した磁石では磁石体表面からの距離により保磁力が変化するという特徴があり、このような磁石を**保磁力分布磁石**と呼んでいる。磁石内部の部分的な保磁力のうち、磁石表面や端部の保磁力が大きいことが特徴である保磁力分布磁石は、用いられる機器における磁気回路の設計や使用環境によっては従来の保磁力が均一な磁石と同等な十分に高い耐熱性を発揮することができる。以下に一例を示す。

　モータを回転させた時に磁石が受ける最大の反磁界は磁石体に対して一様とはならず、部位によって異なる値をとる。すなわち、最大反磁界あるいは最小パーミアンスには分布がある。図4-37に永久磁石を用いたモータの一種であるSPMSMの、想定される最高温度における最小パーミアンスの分布の解析例を示す。ロータの回転に対して最後尾となる磁石の右端部が強い反磁場を受

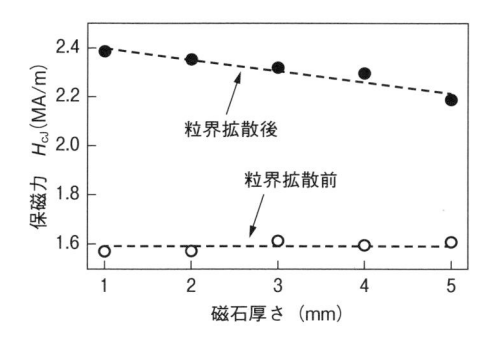

図4-35　粒界拡散処理した磁石の保磁力と磁石厚さ

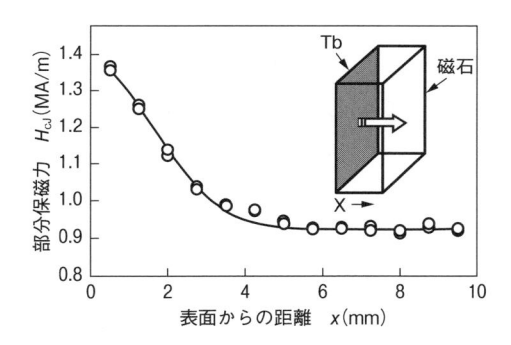

図4-36　大きな磁石の一面からTbを拡散させたときの部分保磁力

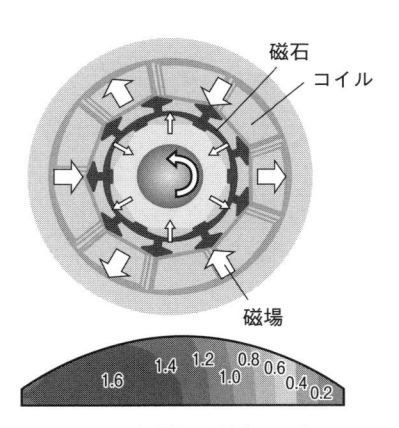

図4-37　SPMSMと磁石の最小パーミアンスの分布

けるためパーミアンスが最も低くなっていることがわかる。磁石を減磁させないためには、この磁石右端部の最も低いパーミアンスを基準として磁石の保磁力が決められることになるが、その他の部分では必要以上に高すぎる保磁力となる。また、従来法では高保磁力を得るためにDyを合金に添加するので、磁石端部に必要な高い保磁力のために、用いられる磁石の残留磁束密度は低いものに限られてしまう。粒界拡散合金法では、磁石表面から重希土類を供給するために、高い保磁力を得るためには磁石の厚さに制限があり、ある程度以上の大きな磁石に対しては、その表面から5～6 mm程度の深さまでの保磁力を増大することができることは先に述べたとおりである。

　例に挙げたSPMSMで用いる磁石を図4-38に示すようにブロックから切り出して作製し、そのブロックに粒界拡散法を適用すると、図4-39に示す保磁力分布磁石が得られる。母材の保磁力が1.4 MA/mであったのに対して、粒界拡散処理した磁石の端部の保磁力は2.1 MA/m程度となっている。作製された磁石を実際にロータに組み込んで耐熱性を評価した結果を図4-40に示す。この試験では、パーミアンスが最小である磁石端部の動作点磁場が逆向きで最も大きくなる位置でロータを固定し、モータをオーブンに入れて所定の温度にて定格のピーク値の3倍の直流電流を与えた後、モータを室温まで冷却してから無負荷誘起電圧を測定することで磁石の減磁を評価している。誘起電圧（EMF）の減少が1％となった点を使用可能な最高温度とすると、粒界拡散処理前の磁石と比較して耐熱温度が約30℃向上していることがわかる。また、図中に併記した同等の耐熱性を示す従来の磁石と比較すれば残留磁束密度は82 mT高く、実験に用いたモータでは無負荷誘起電圧は約7％高くなった。

　このように保磁力分布磁石は、従来の特性の均一な磁石からは発想し得ない新たな耐熱性の付与方法であり、この新規な保磁力分布磁石を含む粒界拡散磁石が高耐熱性を要求される機器の高性能化と省Dy化に幅広く貢献できることが期待される。

第 4 章 資源問題への対策

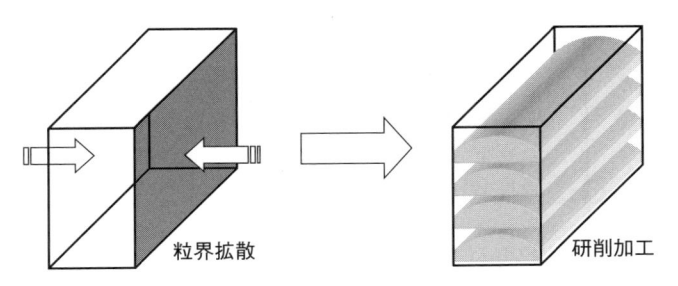

図 4-38 保磁力分布磁石の作製手順(例)

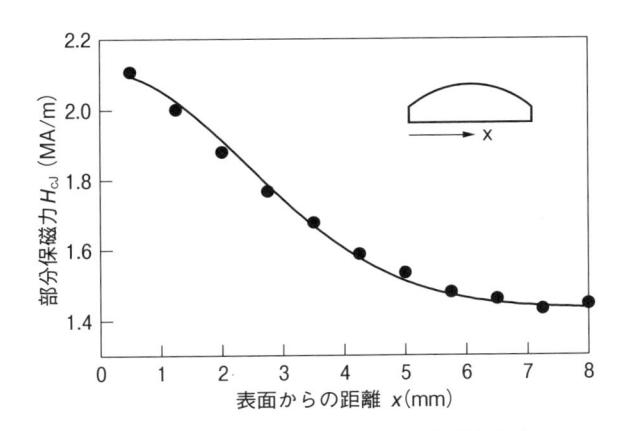

図 4-39 粒界拡散処理した磁石の保磁力分布

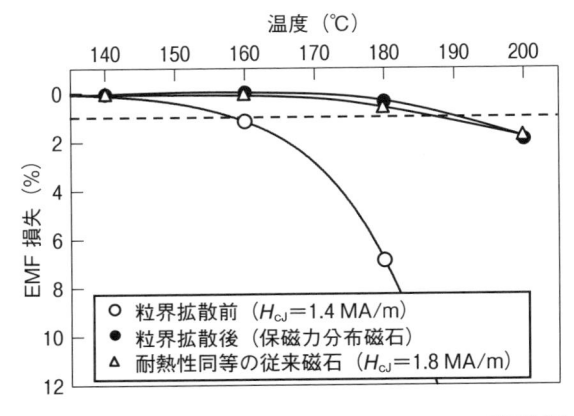

図 4-40 保磁力分布磁石を組み込んだ SPMSM の減磁試験

凡例:
○ 粒界拡散前（$H_{cJ}$＝1.4 MA/m）
● 粒界拡散後（保磁力分布磁石）
△ 耐熱性同等の従来磁石（$H_{cJ}$＝1.8 MA/m）

# 4-3　ネオジム磁石のリサイクル技術

## 4-3-1　日立製作所のリサイクル技術

　ネオジム磁石が1983年に佐川眞人氏によって発明された1980年代に東北大学の南條道夫教授が提唱したのが「都市鉱山」である。ネオジム磁石の発明当時には希土類資源が入手困難になる可能性については誰も予言できなかったかもしれないが、希土類を都市鉱山から回収する時代が20年後に現実になった。

　希土類を確保するための対策の中で、リサイクルは使用済み製品から希土類磁石を回収し再利用するため、地下資源に依存しない、つまり、枯渇しないという特長があり、また、企業が自主努力で行える有効な対策である。

　輸入に依存した現在の資源獲得スキームでは、原料を産出する国が主導権を持つ。これに対し、リサイクルは使用済み製品から希土類部品を分離・回収し再生させて極力国内でリサイクルしようとするものである。

　従来の製造業（動脈産業）は地下資源を採掘・調達し製品を製造しユーザーに提供していた。一方、リサイクル（静脈産業）は、ユーザーが使用した製品を回収し、物理的な選別を経て材料を再生し動脈側に循環させるものである。

　課題は、希土類含有製品の①物量確保、②低コストでの分離回収、③リサイクル材の品質確保、④循環ルート、⑤これらすべての経済性確保である。①④は仕組みの問題であり、②③は技術の問題であり、⑤は経済だけでなく政策の問題にもつながる。これらの中で、本節では②③について述べる。

### 1．リサイクル対象の製品

　日立製作所では、ネオジム磁石リサイクルの対象製品として、回収ルートが整備されていること、安定して物量確保ができることを重視し、ハードディスクドライブ装置（以下、HDD）とエアコンを選定した。HDDは世界で年間数億台が生産されている。1台当たりのネオジム磁石は1〜10gであるが、国内

の全使用量は約 2,300t（2005 年）[26]と多く、パソコンリサイクル法により回収ルートが整備されている。

エアコンについては旧型ではネオジム磁石は使用されていなかったが、近年の省エネ型エアコンには、モータを高効率に稼動させるためのネオジム磁石が使用されている。1 台当たりの使用量は約 100g と多く、国内の全使用量は約 500t（2005 年）であり、家電リサイクル法により回収ルートが整備されている。

いずれのネオジム磁石も組成は鉄・ボロン（約 70%）、ネオジム（25〜30%）、ジスプロシウム（1〜5%）である。しかし、HDD とエアコンでは構造が異なるため、ネオジム磁石回収装置は以下に紹介する 2 種類の装置を開発した。

## 2. HDD からのネオジム磁石回収

HDD にはボイスコイルモータ（Voice Coil Motor：VCM）と呼ばれるネオジム磁石を用いたモータが使われている。HDD を手作業で分離した一例を図 4-41 に示す。HDD 筐体からネジを外し上蓋を開け、さらに手作業で構成部品に分解する。所要時間は 1 台当たり約 5 分（12 台 / 時）である。HDD に使用されている締結ネジは HDD の構成部位、機種、メーカーによって異なるため、ロボットなどを用いた機械化は困難である。そこで、HDD そのものに衝撃と振動を与え、締結ネジを緩めて分離する装置を開発した。[27]

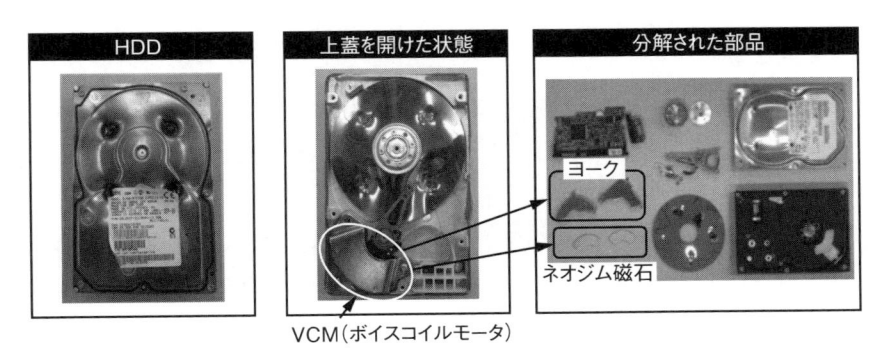

図 4-41　HDD の分解例（手作業）

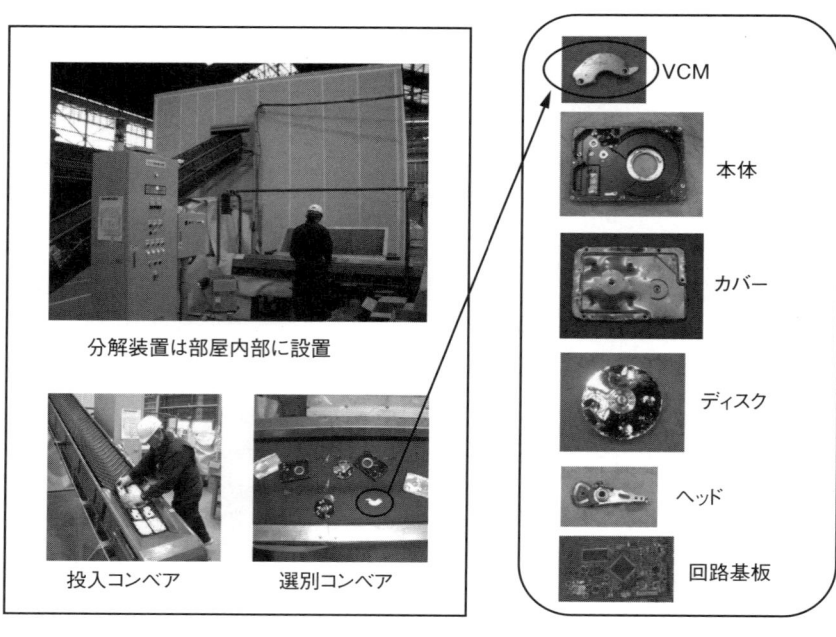

図 4-42　HDD 分解装置

　開発した HDD 分解装置を図 4-42 に示す。HDD 分解装置は回転衝撃型の分解装置で、投入コンベアから HDD を投入すると一定時間後に選別コンベア上に、VCM、本体ベース、カバー、ディスク、ヘッド、回路基板などに分解された物が出てくる。選別コンベアで作業者がこれらの部品をピッキングした結果を図 4-43 に示す。このように、部品ごとに元の形状を損なうことなく分離する性能を有する。衝撃力が強すぎると VCM あるいは磁石が破断・粉化してしまい、事実上、分離・回収できないが、開発した分解装置は VCM がそのままの形状で分離できる特長がある。
　ピッキングできなかった小片の残渣には、鉄、銅、アルミニウム、ガラス、基板滓が含まれる。この残渣は、多種類の物質からなる混合物であるので残渣のままでは価値は低い。しかし、残渣を素材ごとに分離できれば、価値を高めて売却できる。特に、基板滓には貴金属やレアメタルが含まれているので、こ

第 4 章　資源問題への対策

VCM

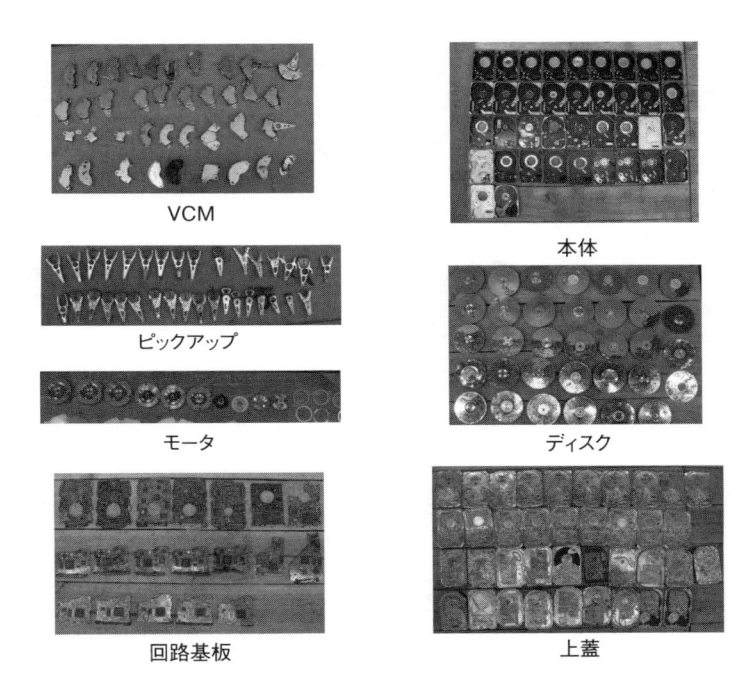

ピックアップ

モータ

回路基板

本体

ディスク

上蓋

図 4-43　HDD 分離装置の分離性能

の分離が重要である。そこで、基板滓回収装置を新たに開発し、基板滓を選択的に分離できるようにした。これは一種のレアメタル回収装置といえる。

VCM については、熱脱磁するとネオジム磁石とヨークが分離しやすくなるが、炭化した接着剤が残留し完全分離ができない。そこで、脱磁後の VCM を、図 4-44 に示すようにネオジム磁石のみを選択的に回収できるネオジム磁石回収装置を開発した。この装置に VCM を投入すると、ネオジム磁石とヨークが自動的に分離されて出てくる。

このように、貴金属を含有する基板滓回収装置とネオジム磁石回収装置を開発したことにより、HDD を余すところなくリサイクルし、回収物の売却益も改善できた。

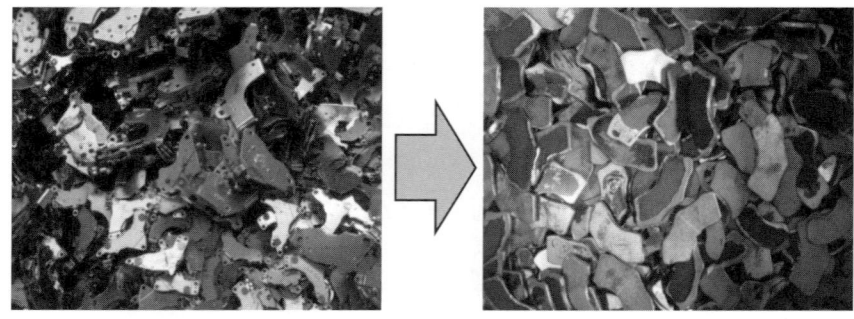

VCM                   分離したネオジム磁石

図 4-44　VCM と、分離したネオジム磁石

ケーシング切断装置 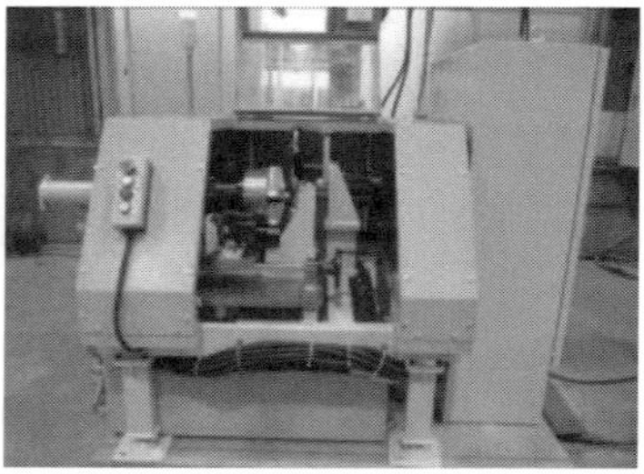             ロータ分離装置

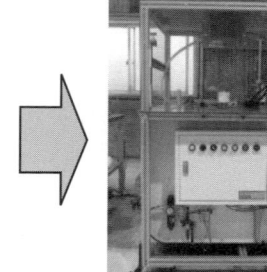

脱磁装置                  磁石分離装置

図 4-45　コンプレッサの分解装置

## 3. エアコンからのネオジム磁石回収装置

　高効率・省エネ型エアコンのコンプレッサにはネオジム磁石が使用されている。コンプレッサは接合部分が溶接された鋼鉄製のケーシングの中に圧縮用のモータが搭載されているため、まず、ケーシングを切断し内部のモータを取り出す必要がある。

　コンプレッサの分解装置を図 4-45 に、分解例を図 4-46 に示す。コンプレッサの分解装置はケーシング切断装置、ロータ分離装置、脱磁装置、磁石分離装置からなる。まず、ケーシング切断装置でコンプレッサを切断し、図 4-46 に示すようにステータ側とロータ側に分割する。次に、ロータ分離装置でロータ側からロータを分離する。さらに、脱磁装置で磁場を減少させたた後、磁石

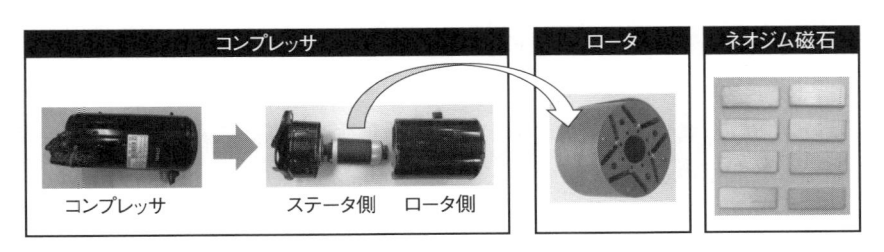

図 4-46　コンプレッサの分解例

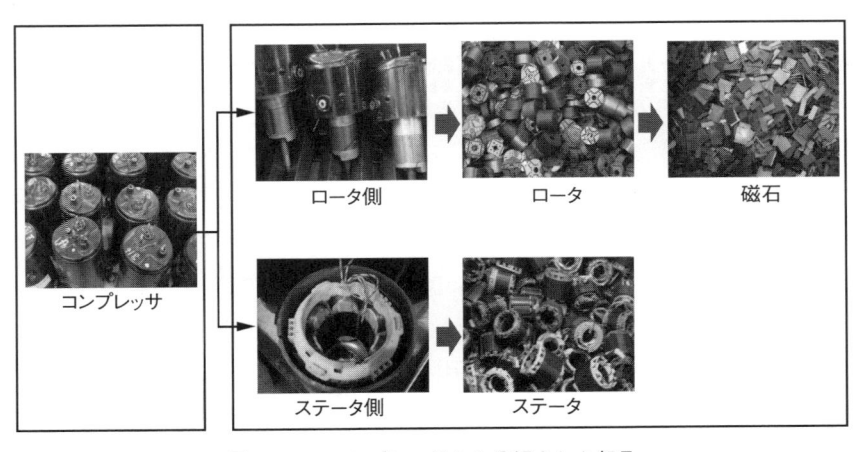

図 4-47　コンプレッサから分解された部品

分離装置で、ロータに埋め込まれたネオジム磁石を分離する。この中で、脱磁装置は従来は加熱方式が一般的であったが、共振減衰脱磁法を採用し、さらにこの操作条件を最適化することで常温での脱磁に成功した。その結果、磁石分離装置ではロータに衝撃・振動を与えることで、内部に埋め込まれたネオジム磁石を自動的に分離することに成功した。この一連のプロセスで量産試験を実施した結果、図4-47に示すように部品ごとに回収でき、ネオジム磁石を分離できることを実証した。

### 4．希土類の抽出装置

HDDとエアコンコンプレッサからネオジム磁石を回収する技術を実用化したが、次のステップは、ネオジム磁石からネオジムとジスプロシウムとを抽出・分離することである。使用済み磁石の再生はもっぱら溶媒抽出法が使われているが、大量の酸を使用し廃液や廃棄物も発生することから環境保全対策が必要である。これに勝る方式として、東京大学生産技術研究所岡部徹教授の指導を受け乾式抽出法を開発中である。乾式抽出プロセスの概念図を図4-48に示す。図4-48右上に示すネオジム磁石粉には鉄・ボロン、ネオジム、ジスプロシウムが含有されており、ここから鉄・ボロンを直接除去することは技術的にできない。そこで、ネオジム磁石をまず抽出用媒体に溶解させ、溶解しない鉄・ボロンを分離することで希土類合金（抽出用媒体＋ネオジム＋ジスプロシウム）を得る。この希土類合金から抽出用媒体を蒸発・分離させて希土類（ネオジム＋ジスプロシウム）を得る。この方式では、ネオジムとジスプロシウムとに分離することはできないが、原料はHDDとコンプレッサという由来が明らかで比較的均一な組成のネオジム磁石であるので、従来の磁石生産工程に循環させることが可能になるものと考えている。

☆　　　☆

枯渇することのない静脈資源の活用による調達保全と、ネオジム磁石の動脈側への循環をめざし日立製作所が開発したリサイクル技術は、HDDとエアコンのコンプレッサについてはすでに家電リサイクル工場での運転フェイズに入

第4章　資源問題への対策

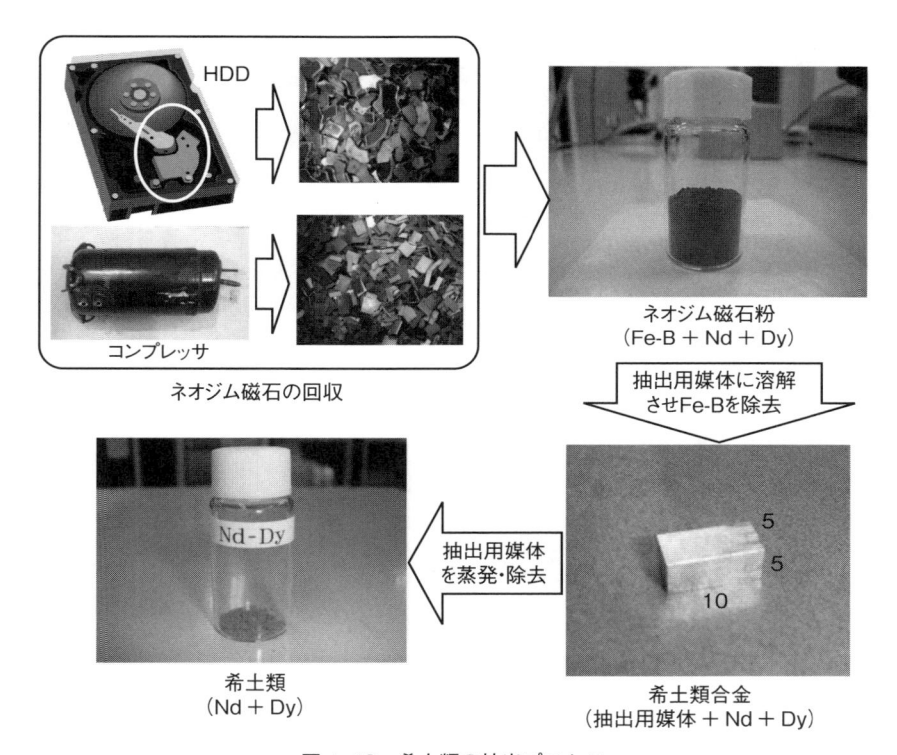

図4-48　希土類の抽出プロセス

っている。課題としては、使用済み製品は製造から排出（リサイクル）までタイムラグがあるため、短期間での物量確保が難しいこと、また、回収した材料の価格は外的な変動因子もあり経済性がいつも確保されるとは限らないことである。このため、物量確保と稼働率を上げながら事業として成立させ、循環型社会にも貢献するという方針で進める所存である。

　本開発は2010年度経済産業省・都市資源循環推進事業「高性能モータ等からのレアアースリサイクル技術開発」、2011年度経済産業省・希少金属代替・削減技術実用化助成事業「レアアース磁石利用製品からの磁石分離およびレアアース回収技術の開発」で進めた成果である。

## 4-3-2 三菱マテリアルのリサイクル技術

　家電製品においては、2000年以降に製造された比較的新しい型式のエアコンのコンプレッサ、洗濯機のモータなどにネオジム磁石が使用されている。家電製品の使用年数がおおむね10年程度であることを考えると、既存の家電リサイクルルートからネオジム磁石を回収するリサイクルシステムの構築を検討する良いタイミングであると考えられる。また、ネオジム磁石のリサイクルは、製造工程で発生した工程不良品等を対象としていることが多く、使用済みの製品からのリサイクルは、ほとんど実施されていないのが現状である[28]。

　このような背景から使用済み家電製品からのネオジム磁石のリサイクルに関して三菱マテリアルが技術開発した結果を報告する。

### 1．家電製品に使用されているネオジム磁石

　使用済み家電製品として既存の家電リサイクルルートで回収可能であるエアコンと洗濯機を、ネオジム磁石使用量とリサイクルの実現可能性の高さから技術開発の対象とした。エアコンは、室外機に搭載されているコンプレッサの圧縮機用モータのロータ部にネオジム磁石が使用されている（図4-49）。洗濯機は、ダイレクトドライブ式のモータのロータ部にネオジム磁石が使用されている（図4-50）。従来はフェライト磁石が使用されていたが、製品の高性能化や省エネルギー化、小型軽量化のためにネオジム磁石の使用が進んでいる。

　一般的な家電リサイクル工場では、エアコン、洗濯機ともに人手による手分解処理でコンプレッサモータが回収される。通常、回収されたコンプレッサモータは、大別すると製鉄・破砕・分解の3種類のプロセスでリサイクルされている（図4-51）。これらのリサイクルプロセスで鉄や銅などの非鉄金属が回収、あるいは添加材として再利用されている。しかしながら、ネオジム磁石は磁石としてリサイクルされておらず、鉄系の再生原料の一部になっているのが現状である。三菱マテリアルは、この分解プロセスにネオジム磁石を回収するプロセスを追加する形でネオジム磁石のリサイクル技術開発を実施した。

第 4 章　資源問題への対策

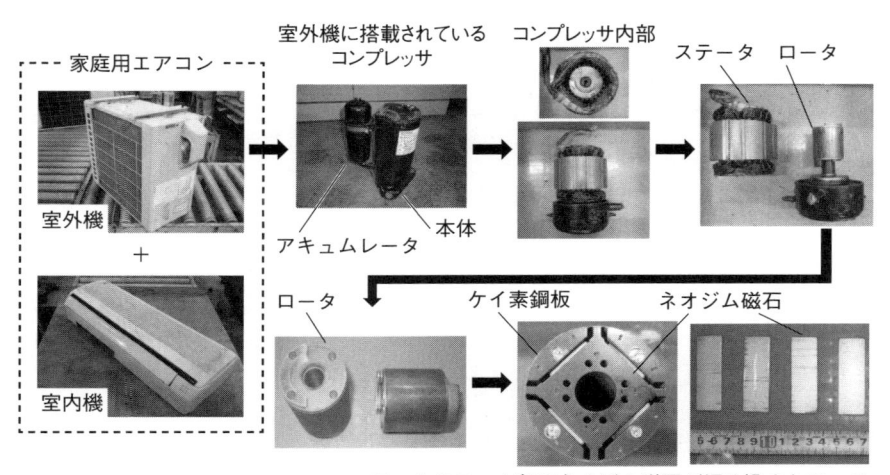

図 4-49　エアコンにおけるネオジム磁石の使用状況

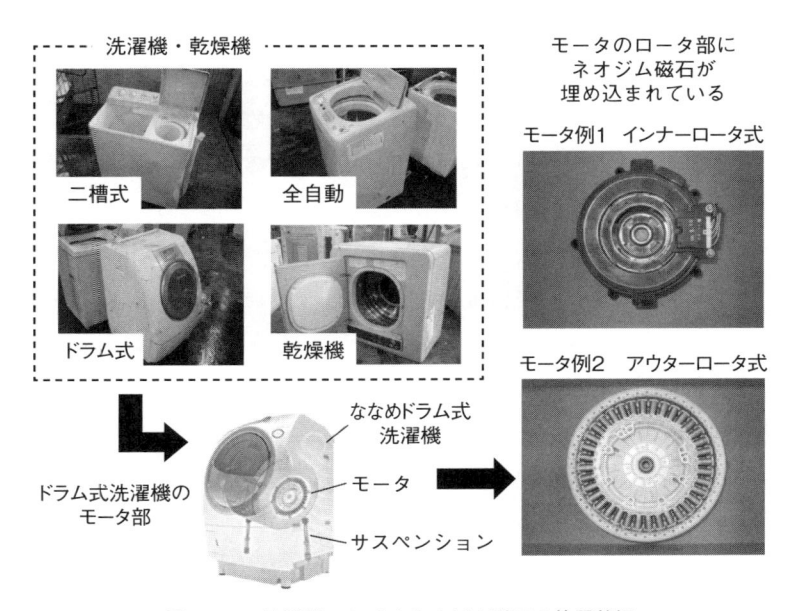

図 4-50　洗濯機におけるネオジム磁石の使用状況

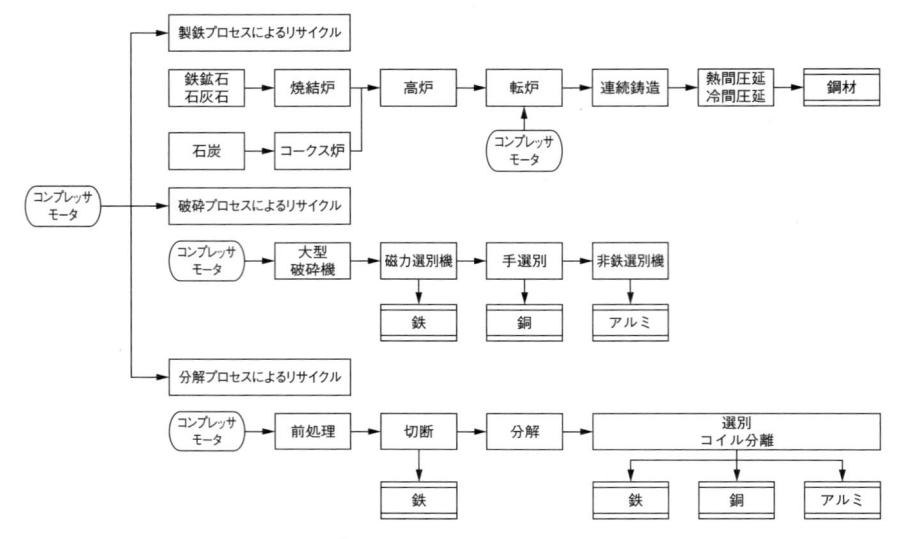

図 4-51　コンプレッサモータの現状のリサイクルフロー

## 2. 使用済み家電製品に使用されているネオジム磁石の特性

　使用済み家電製品に使われているネオジム磁石の特性を把握するためにICP発光分光分析方法を用いて定量分析を実施し、組成の確認を行った。平均的な組成は、鉄（Fe）：68％、ボロン（B）：1％、希土類（RE）：31％であり、希土類の内訳は、ネオジム（Nd）＋プラセオジム（Pr）：26％、ジスプロシウム（Dy）：5％であった。この平均組成の磁石の使用用途の位置付けは、保磁力・耐熱温度と最大磁気エネルギー積の関係より、OA/FAモータに用いられる組成と類似していることから、本技術開発にて回収したネオジム磁石の耐熱温度は150℃程度であると想定される（図 4-52）。

　磁石の磁気消滅温度であるキュリー温度を測定することにより、熱脱磁条件を検討した。①370℃前後、②350℃前後、③330℃前後の3種類のキュリー温度に分類できることがわかる（図 4-53）。ネオジム磁石の鉄（Fe）をコバルト（Co）で置換した場合、キュリー温度を上昇させる効果があることが報告[29]されており、本技術開発にて回収したネオジム磁石のコバルトの添加量と

第 4 章　資源問題への対策

| | 定量分析値（wt%） | | | | | | | |
|---|---|---|---|---|---|---|---|---|
| | Fe | B | Co | Cu | Nd | Dy | Pr | Tb |
| 平均値 | 66 | 1 | 2 | 0 | 23 | 5 | 3 | 0 |
| | | | | | 31 | | | |
| 最大値 | 69.6 | 1.11 | 3.66 | 0.23 | 27.6 | 7.67 | 6.48 | 1.61 |
| 最小値 | 61.6 | 0.95 | 0.54 | 0.11 | 18.6 | 2.97 | 0.26 | 0 |

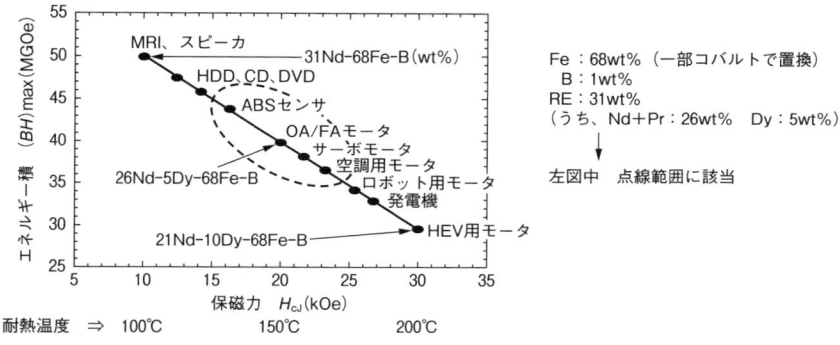

図 4-52　家電製品に使用されているネオジム磁石の組成

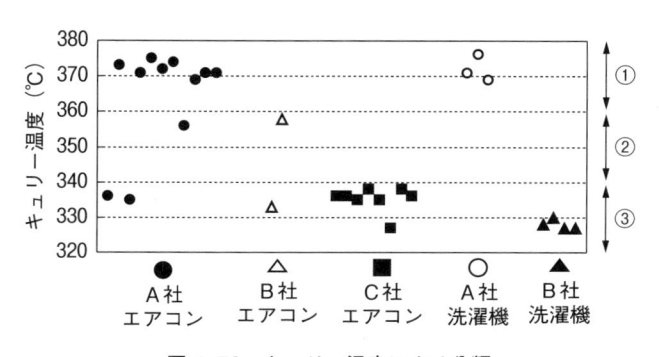

（出典）佐川眞人：日本ボンド磁性材料協会「30周年記念シンポジウム」講演資料（2011年12月9日）

図 4-53　キュリー温度による分類

キュリー温度の相関関係を検討した結果、同様にコバルトの添加量が多くなるに従ってキュリー温度が上昇する傾向が認められた（図 4-54）。これらの結果から、使用済み家電製品から取り出したネオジム磁石を脱磁するための熱脱磁条件としては、400℃で加熱できれば良いことがわかった。

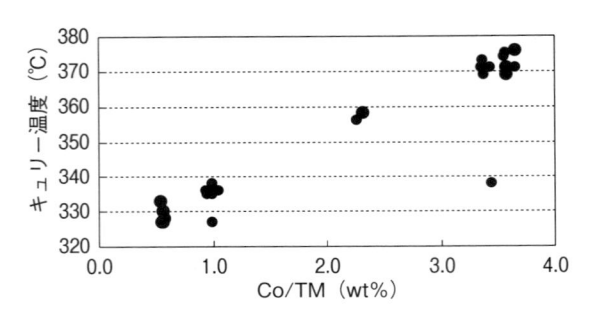

図 4-54 コバルト（Co）の添加量とキュリー温度の関係
TM：金属総量

## 3. 使用済み家電製品からのネオジム磁石のリサイクル

　エアコンのコンプレッサ、洗濯機のモータの分解試験を実施し、ネオジム磁石の取り付け方法・形状・使用重量を確認するとともにネオジム磁石を取り出すために必要な工程を確認し、その方法を検討した。分解時に想定される磁力による分解困難性を回避するために磁石の磁力を消失させることが必要と考え、脱磁方法として熱脱磁方法を選択した。

### エアコンのコンプレッサからのネオジム磁石の回収

　エアコンの現状の分解プロセスによるリサイクルでは、コンプレッサの鉄のシェル（ケース）をカット後、ステータを取り外し、ステータから銅と鉄を回収し、残ったシェルにロータが結合している状態となる。この工程に追加する形でロータを分離して分解し、ネオジム磁石を取り出す工程を検討した。ロータを分離し、ロータごと大気炉にて 400〜500℃で熱脱磁することにより、ロータ表面の磁束密度は 0.25 T（2,500 G）から 1 mT（10 G）以下となり、磁力による分解困難性を取り除いた後、ロータをドリルなどの装置を使って分解し、ネオジム磁石の取り出しが可能となることを確認した。エアコンのコンプレッサ 1 台から約 90 g/台のネオジム磁石を回収できることがわかった（図 4-55）。

### 洗濯機のモータからのネオジム磁石の回収

　洗濯機のダイレクトドライブ式のモータの構造は複雑で、インナーロータ式、アウターロータ式ともにロータにネオジム磁石が埋め込まれており、ロータ表

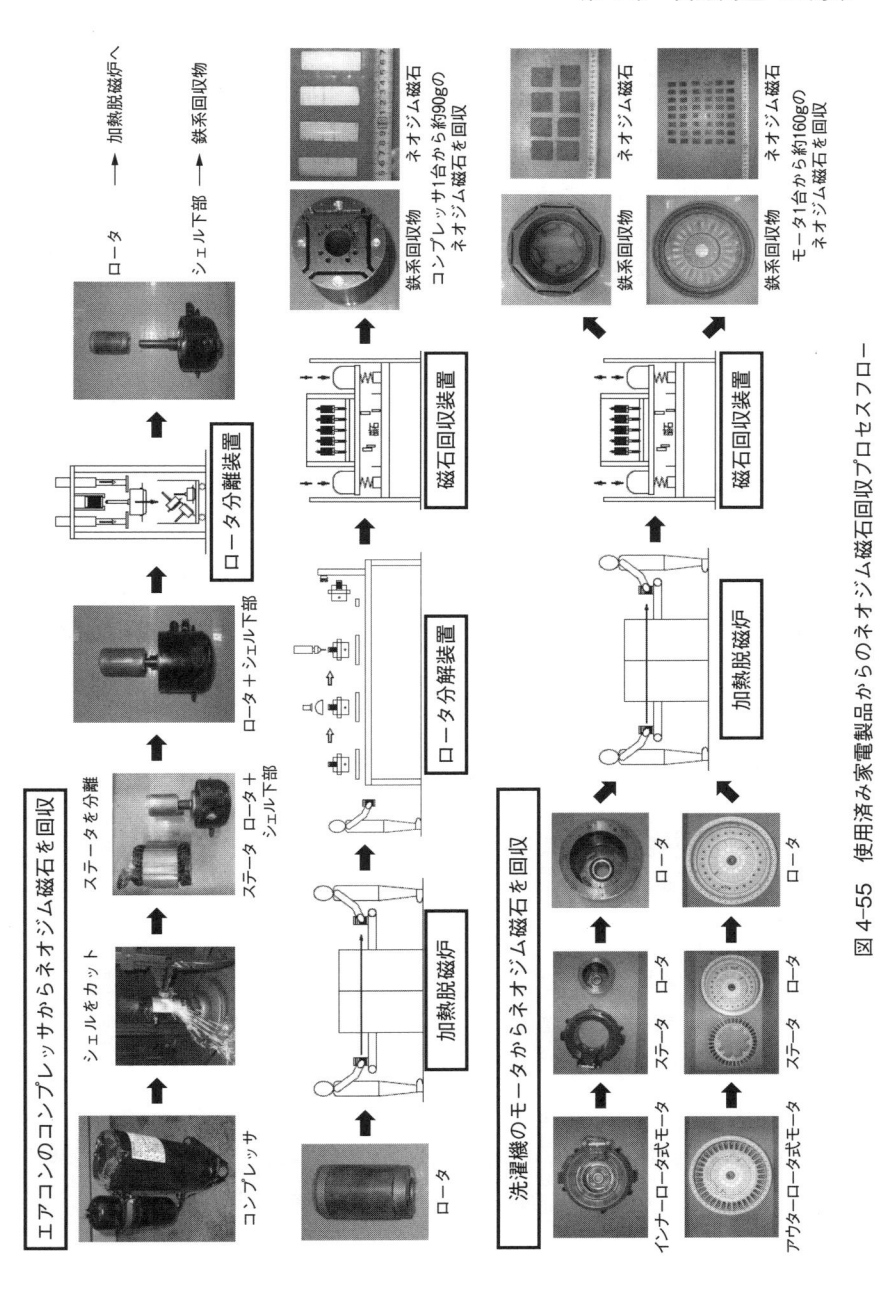

第 4 章　資源問題への対策

図 4-55　使用済み家電製品からのネオジム磁石回収プロセスフロー

面が樹脂でモールドされているため、分解によるネオジム磁石の取出しは困難である。そこで、加熱することにより、樹脂を灰化させると同時に熱脱磁を行う方法を選択した。熱脱磁条件は、エアコンと同様に400〜500℃の大気雰囲気で実施した。その結果、樹脂を灰化し除去した後、ロータに衝撃を与えることにより、埋め込まれているネオジム磁石が取出し可能となることを確認した。洗濯機のモータ1台から約160 g/台のネオジム磁石を回収できることがわかった（図4-55）。

**使用済み家電製品からのネオジム磁石リサイクルプロセス**

エアコンのコンプレッサ、洗濯機のモータからネオジム磁石を回収できることを確認し、回収をより効率的に実施するためのリサイクルプロセスフローを構築した（図4-55）。エアコンの磁石回収プロセスにおいては、装置による自動化・省力化を検討し、①ロータ分離装置、②加熱脱磁炉、③ロータ分解装置、④磁石回収装置の設計開発を実施し、実証試験設備を製作した（図4-56）。現在は、技術的な課題、経済的な課題を解決するために、開発した実証試験設備を用いて、ネオジム磁石のリサイクルシステム実証試験を実施している。

## 4. リサイクルシステムの実現に向けた検討

**使用済み家電製品におけるネオジム磁石の使用比率**

リサイクルを効率的に実施するためには、ネオジム磁石使用製品の判別が重要となる。使用製品の判別とその使用比率を把握することを目的とし、家電リサイクル工場において、ネオジム磁石を使用したエアコン・洗濯機を型式別に調査した。現在、家電リサイクル工場で再商品化処理されている家電製品のうち、エアコンでは約8%、洗濯機では約5%の製品にネオジム磁石が使用されていることが確認された（図4-57）。今後これらの使用比率は、ネオジム磁石を使用した製品の普及が進んでいることから増加することが想定される。

ネオジム磁石が使用されている家電製品ごとの特徴は、エアコンでは冷媒種類R410Aを使用している比較的新しい製品に使用されていること、洗濯機では、ほとんどがドラム式洗濯機に使用されていることが確認された。

第4章 資源問題への対策

ロータ分離方法
　→　油圧引抜方法

ロータ＋シェル下部を
油圧を用いて引き抜くことで
ロータとシェル下部を分離

脱磁方法
　→　熱脱磁方法

キュリー温度以上に加熱
熱脱磁条件：400℃以上（大気雰囲気）
脱臭炉による排気ガスの無害化

脱臭炉

投入側

加熱脱磁炉

ロータ投入状況

ロータ

ロータ分離装置

加熱脱磁炉

ロータ分解方法
　→　ピン切削方法

画像処理でピン位置検出
ピンの先端をドリルで切削
押え板の取外し

磁石回収方法
　→　振動回収方法

振動による磁石回収方法
ケイ素鋼板と磁石を
分離して回収

ロータ分解装置

磁石回収装置

ネオジム磁石

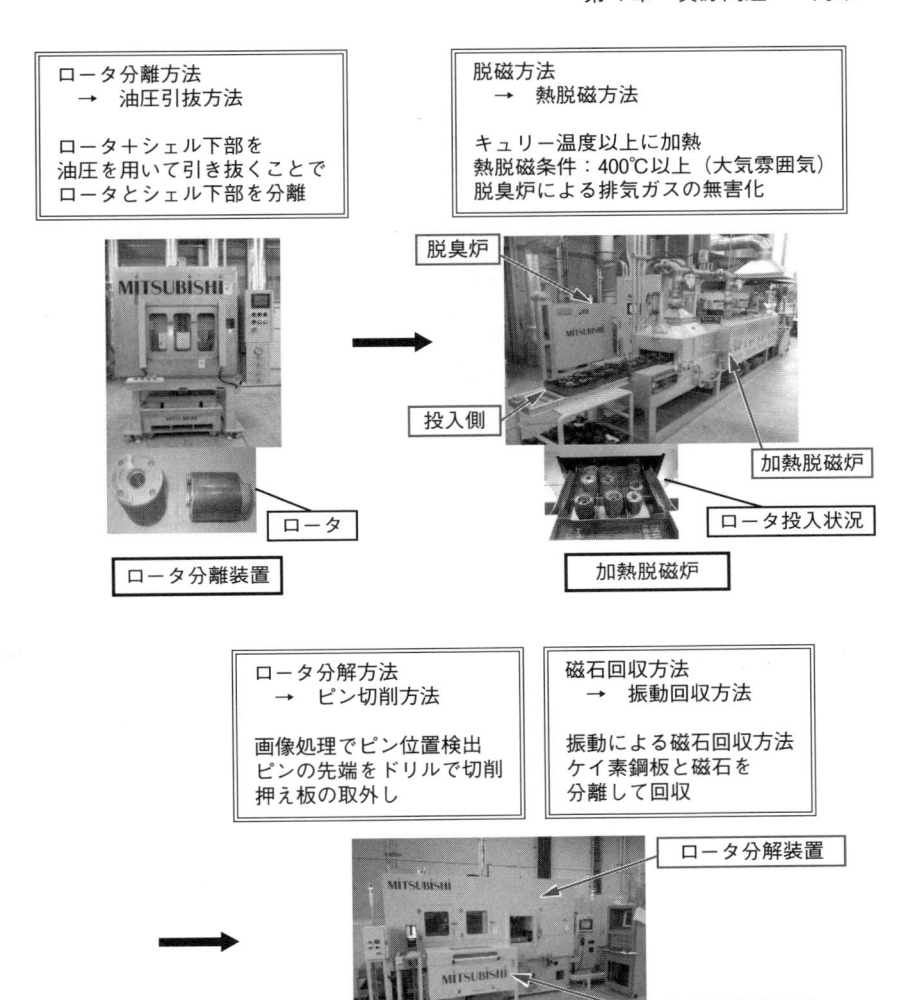

ロータ分解装置・磁石回収装置

図4-56　開発したネオジム磁石リサイクル実証試験設備

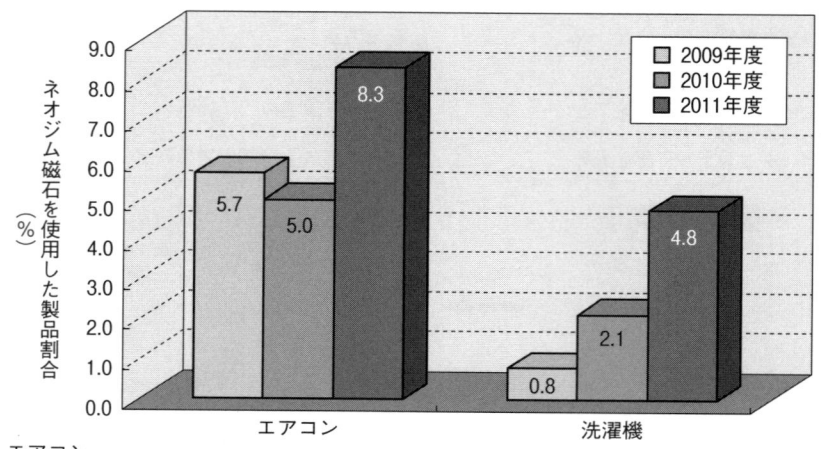

```
                        2009年度
                        2010年度
                        2011年度
```

(グラフ: エアコン 5.7 / 5.0 / 8.3、洗濯機 0.8 / 2.1 / 4.8、縦軸: ネオジム磁石を使用した製品割合(%))

**エアコン**
・2011年度現在 → 使用済みエアコンのうちの約8％にネオジム磁石が使用されている
・冷媒種類R410Aを使用している比較的新しい省エネルギー型のエアコンにネオジム磁石を使用しているものが多い。

**洗濯機**
・2011年度現在 → 使用済み洗濯機のうちの約5％にネオジム磁石が使用されている
・ドラム式洗濯機にネオジム磁石を使用しているものが多い。

今後は、ネオジム磁石を使用した製品の普及が進んでいることから、使用比率が増加するものと予想される。

図 4-57　使用済み家電製品におけるネオジム磁石使用比率調査結果

### ネオジム磁石回収可能量の試算

2008年度の国内出荷台数はエアコン 758 万台、洗濯機 443 万台である。ネオジム磁石の使用比率をエアコンで 60％、洗濯機で 20％ と仮定し、これらの製品が 10 年後に使用済み製品として出荷台数の 70％ がリサイクルされたと仮定し試算すると、10 年後の 2018 年度には年間約 400 t のネオジム磁石が回収可能となる。磁石中には希土類が約 120 t も資源として埋蔵されていることとなる。

### ネオジム磁石のリサイクルフロー

ネオジム磁石の原料製造～合金製造～磁石製造～製品製造～リサイクルまでのマテリアルフローを図 4-58 に示す。ネオジム磁石合金のリサイクル方法は、①希土類回収法（回収した磁石を粉砕し、合金粉末を酸溶解させて溶媒抽出し

第4章 資源問題への対策

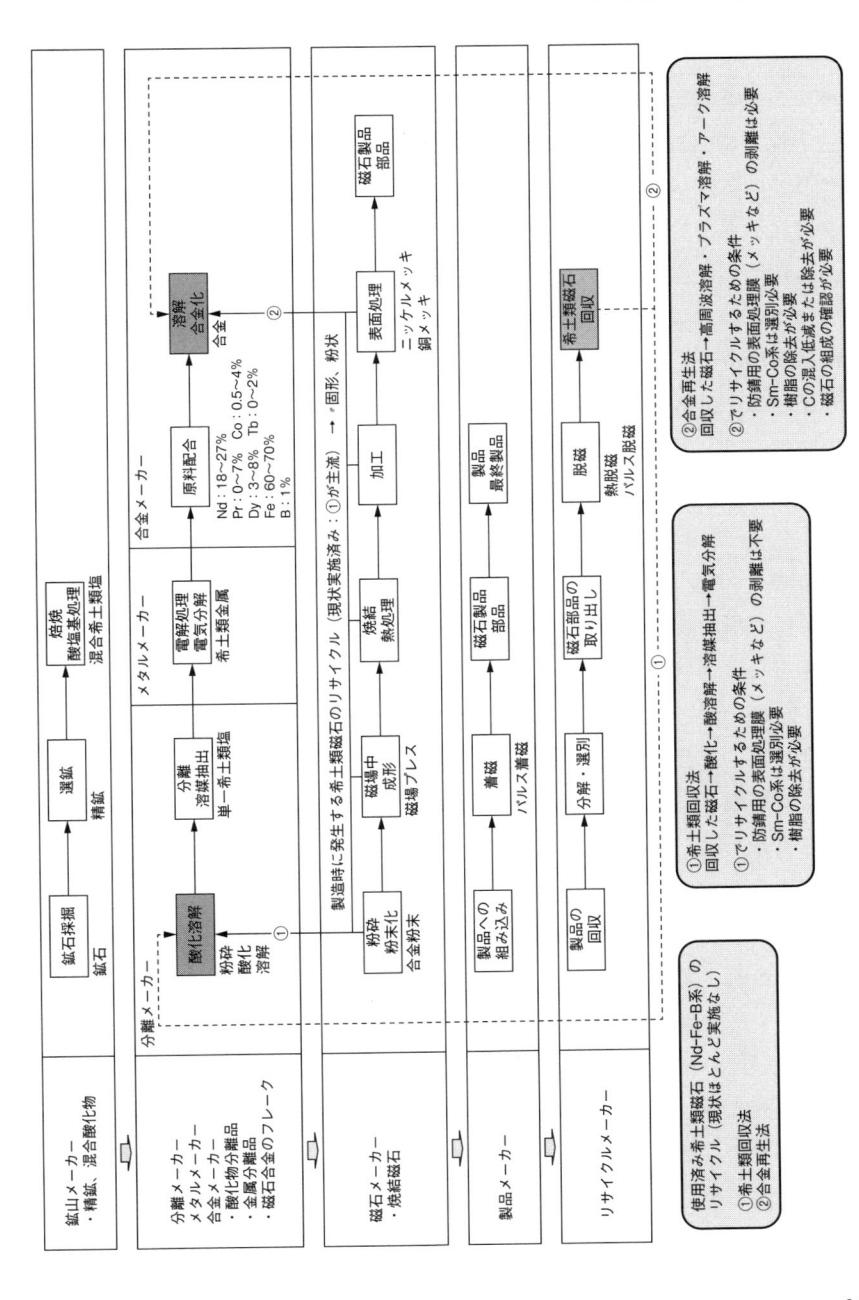

図4-58 ネオジム磁石のマテリアルフロー

た後、電気分解して希土類を回収する方法)、②合金再生法(回収した磁石を高周波などで溶解し、磁石合金に再生する方法)の2種類の方法がある。

製造工程で発生した工程不良品や削りくずなどの磁石製造時のリサイクルは実施されているが、使用済み製品からのリサイクルはほとんど実施されていないのが現状である。磁石製造時のリサイクルにおいても主に実施されているのは①の方法であり、②の方法は一部に限定されている。いずれの方法においてもリサイクルの実施により、鉱山から資源を採掘して選鉱する工程を省略できるので、環境負荷を低減することが可能となる。

**リサイクルによる環境負荷低減効果の試算**

希土類鉱石は、鉱床から掘り出され、選鉱され精鉱となり、製錬工程で精製可能な化合物を多く含んだ原料となる。この資源採掘の工程で多くの物質が不要物として廃棄されることになる。これらの隠れた物質フローは、TMR(Total Material Requirement)、エコリュックサックと呼ばれており[30]、ネオジム磁石に使用されている元素のエコリュックサックを用いて環境負荷低減効果を試算した。

1tの利用可能な資源を得るためには、ネオジムでは3,000t、ジスプロシウムでは9,000t、プラセオジムでは8,000t、テルビウムでは30,000tの鉱石を採掘する必要がある。先に記載したリサイクル可能なネオジム磁石回収量と希土類金属含有量を基にして試算すると合計約60万tの鉱石を採掘することなく希土類資源が得られることに該当する。これは約60万tの資源採掘時の環境負荷を低減することになり、このことからもリサイクルを実施する必要性が高いことがわかる(図4-59)。

☆　　☆

本技術開発は、平成21年度経済産業省新資源循環推進事業費補助金「高性能磁石モータ等からのレアアースリサイクル技術開発」、平成22年度独立行政法人新エネルギー・産業技術総合開発機構(NEDO)省資源型・環境調和型資源循環プロジェクト「国内における資源循環技術開発―低炭素産業を支える製品のリサイクルシステム『省エネ型家電製品のリサイクル高度化』」、平成22

第 4 章　資源問題への対策

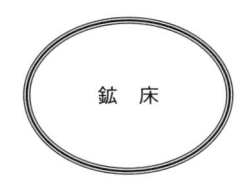

```
鉱床  →(岩石中に賦存する鉱床を採掘する)→  鉱石  →(脈石を除き選鉱され精鉱となる)→  原料
```

この過程で多くの物質が不要物として廃棄
・金属鉱石に対しての剥土や脈石などの量
・鉱山の環境報告書や実操業データ
・鉱石品位からの推定
などで計算できる

関与物質総量（TMR：Total Material Requirement）＝エコリュックサック

回収した磁石をリサイクルをすると酸化溶解工程から
スタートするので「資源採掘」の工程はカットされる。

⇩

エコリュックサックを用いて
環境負荷低減効果を試算

|   |   | Fe | Co | Cu | Nd | Dy | Pr | Tb | 合計 |
|---|---|---|---|---|---|---|---|---|---|
| A | エコリュックサック | 8 | 600 | 360 | 3,000 | 9,000 | 8,000 | 30,000 | — |
| B | A×10年後にリサイクル可能なネオジム磁石重量（組成比率反映） | 2,150 | 4,590 | 246 | 283,000 | 200,000 | 104,000 | 12,600 | 606,000 |

図 4-59　リサイクルによる環境負荷低減効果の試算

年度 NEDO 希少金属代替・削減技術実用化開発助成事業「使用済み家電製品からのネオジム磁石のリサイクル技術実用化開発」の助成を受けて実施したものである。

## 4-4　永久磁石とモータにおける希土類代替技術の可能性

　資源問題とエネルギー問題は将来にわたって永遠の課題と思われる。本節では省エネルギー・環境で要求されるモータを中心に取り上げて、希土類磁石の使用量が少なくできる永久磁石モータ、または希土類磁石を全く使用しないモータについて述べる。この際に注意することは、モータの出力特性を従来モータとほぼ同等か、同等以上とする。さらに、省希土類磁石で従来モータ以上の性能を有する新規モータを紹介し、次世代モータにも触れる。

### 4-4-1　エネルギーや新分野モータに対応した代替技術

#### 1．省エネルギーの可変速モータドライブに求められる特性

　家電や産業システムの省エネルギーを図る主要な方法として、運転状況に応じたモータの可変速運転がある。また、可変速運転が機能として必須なものとして、鉄道や自動車（電気自動車やハイブリッド自動車）などの交通システム、洗濯機やエアコンなどの家電製品、風力発電がある。可変運転ではインバータ電源になるので高効率で高出力の永久磁石モータが優位になり、選択される。これらは従来の機械システムから電気システムにシフトしていったものであり、電気システムになると変速機を削減することになるので広い可変速運転が要求される。

　可変速モータドライブシステムに求められる特性は以下のようなものがある。
・広い範囲で可変速運転が可能であること。
・高トルクで高出力であること。
・広い運転範囲で高効率であること
・運用を含めた総合的なコストメリットがある。

#### 2．リラクタンスモータと磁石モータの解決方針

　脱希土類を考えると、主成分に希土類元素を含まない磁石を用いた希土類レ

第 4 章　資源問題への対策

図 4-60　リラクタンスモータ

図 4-61　誘導モータ

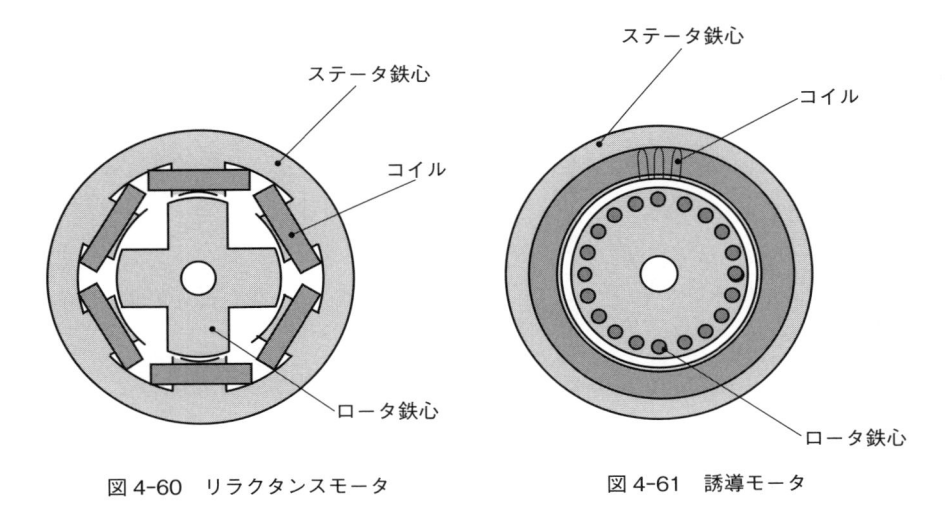

ス磁石モータ、リラクタンスモータ（図 4-60）、誘導モータ（図 4-61）になる。低炭素社会と限られたエネルギー問題から一層の省エネルギー化が要求され、高効率と高速回転を考慮すると希土類レス磁石モータかリラクタンスモータになる。

　リラクタンスモータは、小型・高出力の可変速モータとしては現状の技術では永久磁石モータと比較して不利である。したがって、小型・高出力と、駆動電源容量を含めたモータドライブシステムの小型化から、永久磁石モータ（図 4-62）になる。リラクタンスモータは高速化で小型化できる超高速モータで可能性がある。また、ドライブを含めた技術革新があればリラクタンスモータが有望になり得る。

　次に、希土類レス磁石モータを考えると、まずはフェライト磁石の適用がある。メリットとデメリットは以下となる。

　●メリット：豊富な資源、安価、低高周波損失

　フェライト磁石は酸化鉄を主成分にしているため資源が豊富であり、約 1 円／g 程度であるので極めて安価である。また、酸化鉄は酸化膜があるため電気抵抗が高くなるので高調波磁界による渦電流損がわずかになる。

●デメリット：低磁気エネルギー積

フェライト磁石の残留磁束密度は 0.3〜0.45T、保磁力は 250〜500kA/m 程度であり、希土類磁石と比較して磁気エネルギー積で1桁小さくなる。したがって、フェライト磁石モータのエアギャップ磁束密度は希土類磁石モータと比較して数分の1になる。その結果、フェライト磁石を適用したモータは低磁気エネルギー積のため磁石トルクが低下する。

そこで、現状の希土類磁石モータや誘導モータと同様の出力性能を得るには次の方法が考えられる。

①フェライト磁石の体積を増加させて磁石の鎖交磁束を増加する。

これには、フェライト磁石を磁束発生面の面積だけでなく、磁化方向厚みを希土類磁石よりも数倍厚くできるモータ構造を考える必要がある。例えば、ラジアルギャップモータでは磁石を厚くすると内周長で制限を受けるのでアウターロータタイプとする。また、アキシャルギャップモータにするのも一つの方法である。

②フェライト磁石以外で生じるトルクを併用する。

・励磁巻線併用：励磁巻線により生じるトルクか励磁巻線による鎖交磁束の増加を行うことによって、フェライト磁石によるトルク不足を補う。

・リラクタンストルクの積極的な併用：フェライト磁石と同等以上のリラクタンストルクを発生できるロータ（回転子）鉄心形状やロータ構成とする。

## 4-4-2 省・脱希土類の PRM

### 1. PRM の原理[31),32)]

永久磁石リラクタンスモータ（PRM）は、高出力を維持したまま基底速度の4倍以上の広い可変速運転を実現するために創出されたモータである。PRM の基本構成を図 4-63 に示す。

希土類永久磁石の磁束は極めて大きいことが特徴であり、永久磁石モータの小型・高出力化になり、同時に定格時で高効率が得られる。しかし、この永久磁石の高磁力は可変できないため高速回転時に誘導電圧が過大になり、弱め磁

第4章 資源問題への対策

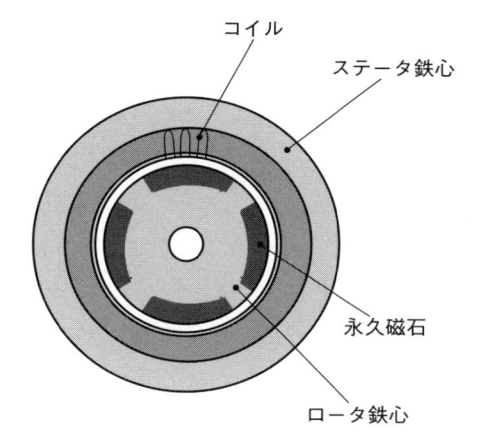

図4-62 永久磁石モータ

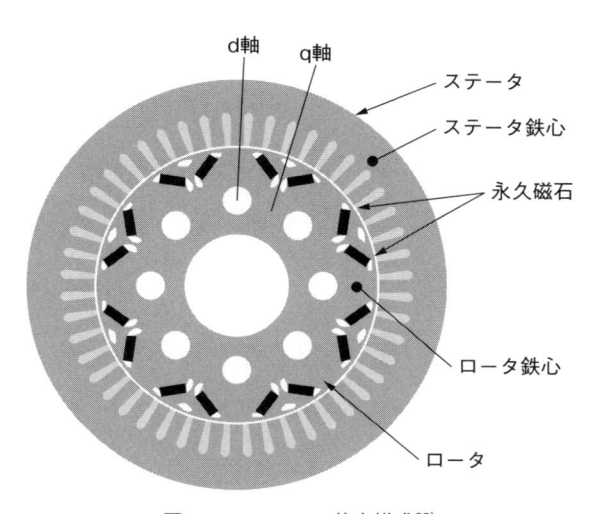

図4-63 PRMの基本構成[32]

束制御を用いても高速回転域が狭まる。また、鉄損も大きくなり、中〜高速回転域での損失や損失によるコイルの温度上昇が問題となる。さらには、高速回転時で弱め磁束制御が不能になるとインバータの主回路に過大な逆起電圧が印加されて回路素子が破損する。これらを同時に解決しようとしたのがPRMで

ある。

　リラクタンスモータの観点から可変速モータを考える。可変速運転では、無励磁では誘導電圧を発生せず、回転速度や負荷状態に応じて誘導電圧を励磁電流成分で調整できるリラクタンスモータが有望になる。先に述べたようにトルクと力率を大幅に向上する必要がある。ステータ（固定子）歯数とロータ（回転子）歯数の組合せや鉄心歯形状の最適では困難である。そこで、有効磁束を増加するために永久磁石の磁束を利用する。永久磁石によりq軸の漏れ磁束を相殺させる（永久磁石モータのd軸方向は磁気抵抗が大なので、リラクタンスモータではq軸方向になる）。これにより等価的にd軸磁束とq軸磁束の差を拡大できる。これにより等価的なリラクタンストルクを大幅に増加できる。同時に力率を大幅に効果的に向上でき、力率を1にもできる。

　次に永久磁石モータの観点から考えると次のようになる。

　高速回転時に誘導される過電圧を低減するには、永久磁石の鎖交磁束を減少させることになる。具体的には永久磁石量を削減、希土類よりも磁気エネルギー積の小さな永久磁石を適用する。しかし、永久磁石と電流で生じる磁石トルクは低下するので、最高回転時の許容される逆起電圧の制限以内にするため最高回転速度に比例してモータのトルクは低下する。そこで、低下したトルク分は他のトルクで補う必要がある。リラクタンストルクを併用するモータとしては埋込み磁石（IPM）モータ（IPMSM）がある。しかし、システムの大幅な省エネルギー化や自動車などの交通システムの駆動特性を得るためには可変速比は従来の2倍程度までを目指す。こうなると永久磁石の鎖交磁束は従来の半分程度になるためIPMSMでは実現できなくなる。そこで、IPMSMの2倍程度以上のリラクタンストルクを発生できる永久磁石モータが必要となる。

　これらから考え出されたPRMはリラクタンスモータと永久磁石モータを同一断面上に複合した新規のモータであり、リラクタンストルクを主導とし、永久磁石と電流によるトルク（PMトルク）の両方を発生する。大きなリラクタンストルクを発生させるため磁気異方性の強い形状とし、同時に永久磁石をV字状にロータ鉄心内に配置して、永久磁石の磁束を集中させて効果的に作用さ

第 4 章　資源問題への対策

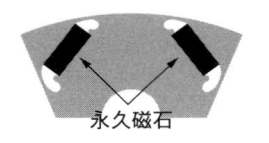

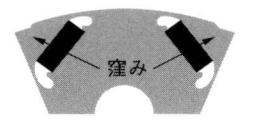

図 4-64　PRM のロータ磁極構成[32]

せる。

　PRM をリラクタンスモータとして考えると次のようになる。リラクタンスモータのロータなので d 軸方向に磁気的な凸となるように鉄心磁路を形成し、q 軸方向に磁気的な凹となるようにする。この q 軸方向の漏れ磁束となる電機子電流を相殺するように q 軸方向に永久磁石を配置する構成にする。具体的には大きなリラクタンストルクを得るために d 軸磁束に沿って十分な d 軸磁路幅を確保する。この d 軸磁路に沿って d 軸磁束が分布するように永久磁石を配置する。同時に永久磁石を V 字状に配置することによってさらにロータ外周側鉄心部が磁気回路で並列に形成される。永久磁石の磁化方向は q 軸方向とし、q 軸の電機子電流（リラクタンストルクモータのトルク電流成分）を相殺する。永久磁石の磁束量は可変速運転全範囲において高出力で高力率になるように設定（設計）する。

　さらにリラクタンストルク比率を高くする場合、電圧変動や最高速回転数がかなり高いため逆起電圧制限が厳しい場合は、V 字状の永久磁石に挟まれた鉄心部に d 軸磁束を妨げないように磁気障壁（空洞部）を設ける。

　一方、PRM を埋込み磁石モータとして考えると、q 軸磁気抵抗を極めて小さくするとともに d 軸磁気抵抗を大きくし、同時に永久磁石による d 軸方向磁束密度を高めた IPMSM が得られている。

　PRM の磁極部分の代表的な形状を図 4-64 に示す。リラクタンストルク比率や運転制限に応じて要求される特性が発生できるように数種の形態を選択する。さらに、回転時に永久磁石および鉄心の過大な遠心力がロータ鉄心に作用するが、PRM は遠心力による応力をロータ鉄心に分散して応力集中を緩和する鉄心形状としている。これより高速化、ロータ外径の拡大も可能である。

PRMモータは鉄道や自動車などを第一目的に開発したので、高性能だけでなく低コスト面も優位になっている。コストでは誘導モータと同等にするため磁石量の削減が特に重要となる。前に述べたようにPRMはリラクタンストルク成分が主導でトルクを発生している。最大トルク状態ではリラクタンストルクは全トルクの50%以上にできるので、その分だけ永久磁石量を削減できる。PRMの磁石量はIPMSMの約半分程度に削減できる。
　このことから、PRMはすでに省希土類を実現していることになる。

## 2. 省希土類のPRM[31)、32)]

　PRMはすでに省希土類のモータの一つになっているが、さらなる省希土類を目指すことも可能である。また、PRMはリラクタンストルクと永久磁石トルクの比率を調整できること設計自由度があることも大きな特徴の一つである。
　ハイブリッド自動車や電気自動車などの広い可変速運転を行う場合は、PRMはリラクタンストルクの比率は最大トルクの50〜60%程度にしている場合が多い。磁極形状をリラクタンストルクが発生しやすい形状にすれば、リラクタンストルク成分を60〜80%以上にすることも可能である。このような場合には永久磁石の体積は減少するので、省希土類をさらに高めることができる。
　代表的なPRMのトルク特性を図4-65に示す。電流位相角を変化させたときのモータトルクを示しており、電流位相角が45°で最大トルクが得られる。このとき、リラクタンストルクと永久磁石トルクは6:4になっている。
　次にPRMの運転性能について、ハイブリッド自動車や電気自動車駆動用モータを例にして述べる。
　自動車用モータの最大駆動性能としては、低速域では一定の最大トルク、中速〜高速域は一定の最大出力が要求される。これは電気入力としては、電源の電流制限は低速域で要求される最大トルク時の電流になり、電源の電圧上限は中速から高速域の最大出力時の電圧で決まる。電流と電圧の上限値を小さくできれば、必要なバッテリー容量、インバータ容量を最小限にできる。すなわち、最小の電圧と電流で最大トルク特性と最大出力特性を両立できることが重要で

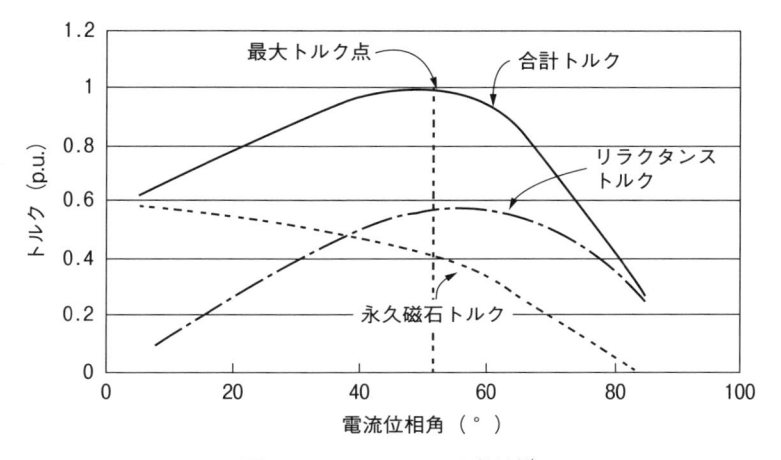

図 4-65　PRM のトルク特性[32]

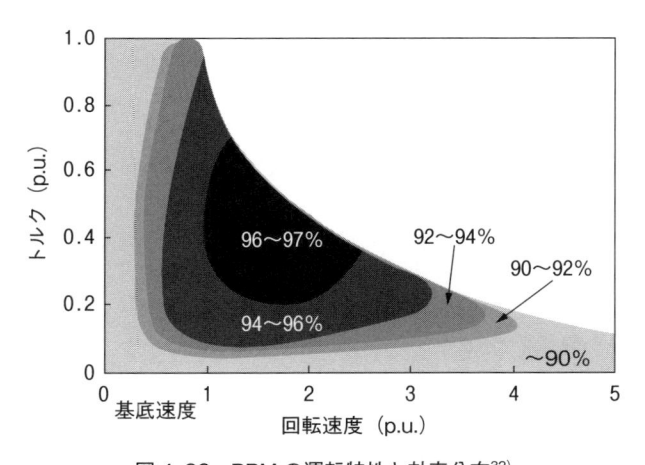

図 4-66　PRM の運転特性と効率分布[32]

ある。PRM は励磁電流成分により電圧を広範囲に調整できるので、任意の運転ポイントで要求されるトルクと出力に応じて電圧と電流を最適値にできる。PRM の可変速運転時のトルク対回転速度特性とその効率分布を図4-66に示す。PRM は基底速度に対して 4〜5 倍の可変速範囲を実現している。また、最高効率は 97 % 以上あり、95 % 以上の高効率が広範囲に分布している。すなわち、

PRMは電源電圧と電流を最適に利用することができ、これにより広範囲の可変速運転と広い運転範囲で高効率を実現している。

広範囲の可変速運転と高出力の優れた特性、省永久磁石量の低コストからハイブリッド自動車に広く適用され、電気自動車、地下鉄電車の鉄道などにも適用が展開している。

### 3. 脱希土類のPRM

脱希土類PRMとして、フェライト磁石を適用したPRMがある。リラクタンストルクが全トルクの70％を占めるモータも可能となる。フェライト磁石は残留磁束密度が低いため、モータの磁気設計的には高い動作点にして少しでも磁束密度を高くする。したがって、フェライト磁石の磁石厚みは厚くなる。

このフェライト磁石PRMは特開2003-088071として出願されている。図4-67と図4-68に示すようにフェライト磁石は磁化方向である半径方向に厚くなっている。高速回転時の遠心力に耐え得るように鉄心のテーパ面でフェライト磁石は保持される構造になっている。また、漏れ磁束の低減と耐減磁のため磁石の両端部には空洞が設けられる。リラクタンストルクは下記の要因で大きくできる。d軸磁束は、逆円弧形状の永久磁石の外周側の鉄心部、およびフェライト磁石間のd軸鉄心部を多く通ることができる。一方、q軸方向では径方向に厚い磁石により磁気抵抗はかなり高くなり、q軸磁束はほとんどわずかにできる。このd軸とq軸との磁束の差、つまりインダクタンス差を大きくできるので大きなリラクタンストルクが得られる。さらに、フェライト磁石の両端の空洞部分にNd-Fe-B磁石を挿入したフェライト磁石とNd-Fe-B磁石のハイブリッド構成の物も考案されている。

このようにフェライト磁石を使用する場合は、永久磁石トルクが低下した分だけをリラクタンストルクで補うことができるモータを考える必要がある。

第 4 章　資源問題への対策

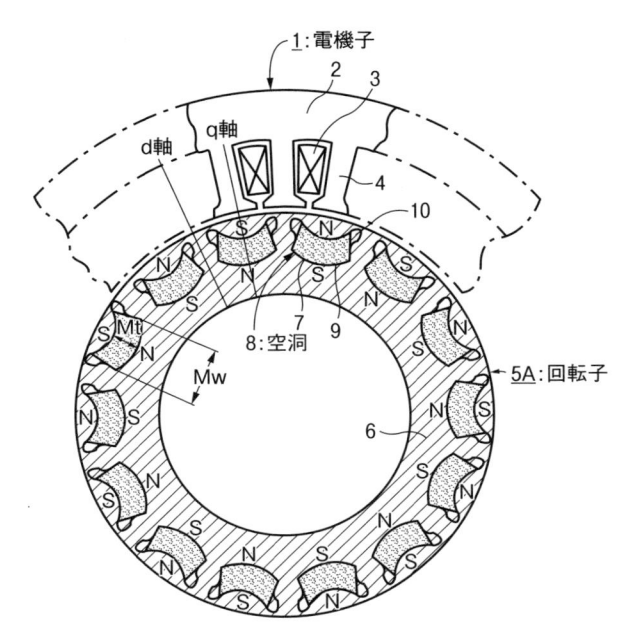

図 4-67　フェライト磁石 PRM（特開 2003-80071）

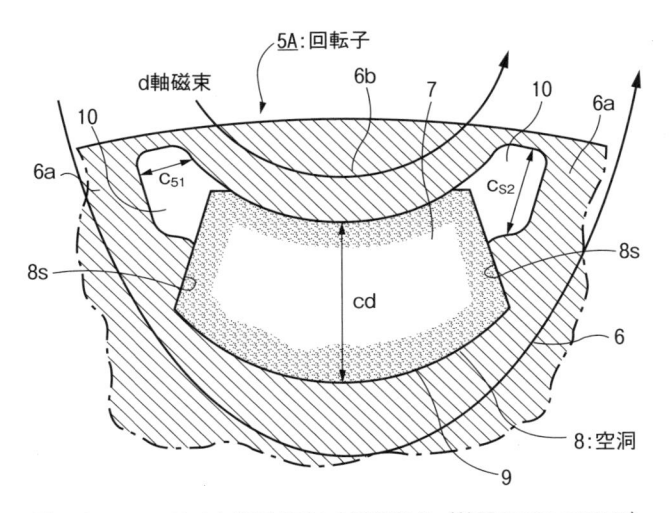

図 4-65　フェライト磁石 PRM の磁極部分（特開 2003-80071）

### 4-4-3 エネルギーと資源の有効利用から考えたモータ

#### 1. 広範囲の可変速運転における永久磁石による問題

　世界規模でエネルギー大量消費の時代に突入し、一方で低炭素社会を目指している。エネルギー大量消費により炭素ガスは増加するので矛盾したことになる。したがって、システムの省エネルギー、つまり、システムの運転の全期間で消費する電力量を大幅に低減できるシステムが重要となる。

　モータドライブ装置は省エネルギー化、装置の多機能化や性能向上を目的に可変速運転が進んでいる。そして、高効率で高出力の永久磁石モータが注目されて、弱め磁束制御とこれに適したモータ（IPMSM）が開発された。永久磁石モータは永久磁石の鎖交磁束が一定であるので図4-69に示すように回転数（周波数）に比例して誘導電圧が増加して高速回転まで可変速運転が困難になる。そこで、永久磁石の鎖交磁束と逆方向の鎖交磁束を電機子電流によって発生させる。これが弱め磁束制御であり、永久磁石には減磁界が作用するので高保磁力の永久磁石が必要となる。さらに永久磁石にはスロット高調波に追加して弱め磁束制御による高調波磁界が作用して加熱する。したがって、永久磁石は高温状態で減磁界に曝されるので、高温で高保磁力の永久磁石が要求される。高温で高保磁力の特性を得るために高価なDy元素を添加したNd-Fe-B磁石を使用することになる。

　さらに、ハイブリッド自動車、電気自動車、電車、エレベータの駆動用永久磁石モータは従来モータの数倍の高出力密度になり、損失密度も高くなるのでさらに永久磁石の温度は上昇する。したがって、Dyを含むNd-Fe-B磁石は必須の材料となる。

　これらの技術や材料によって可変速運転が可能になっても、弱め磁束制御によって中〜高速回転域や軽負荷時で効率が低下する課題がある。PRMはその一つの解である。しかし、真に限界まで省エネルギーを達成するには低速〜高速、軽負荷〜高負荷の全運転範囲で高効率を可能とする真に優れた可変速モータの創出が必須となる。そこで、これらの課題をブレークスルーする新技術と

第 4 章　資源問題への対策

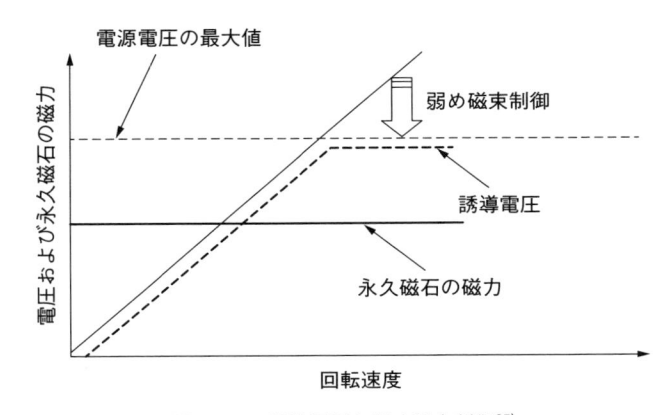

図 4-69　誘導電圧と弱め磁束制御[35]

して、永久磁石の磁化を直接的に変化させる**可変磁力モータ**が考え出されている。

　可変磁力モータは、省・脱希土類の観点からでは次のことが期待できる。可変磁力モータが実現できれば、弱め磁束制御が不要になる。弱め磁束制御によって受ける減磁界および弱め磁束制御による銅損と永久磁石に生じる高周波鉄損がなくなるので、永久磁石の温度上昇を抑制できる。すなわち、高温雰囲気の耐減磁のための Dy による保磁力アップが不要か、わずかになる。さらに可変磁力モータは減磁してもモータ電流による磁化で磁力を回復できるので（等価的に可逆減磁）、異常状態での不可逆減磁を想定して設計上で確保する永久磁石の高保磁力も不要になる。

## 2. 多様な磁石を使用する可変磁力モータドライブ

　図 4-70 に示すように本来一定な永久磁石の磁力を変化できれば弱め磁束制御電流は不要になり、損失が低減して省エネルギーの可変速モータドライブシステムが得られる。さらに、資源の面では、脱 Dy、または省 Dy の Nd-Fe-B 磁石モータや Sm-Co などの他の希土類磁石モータも可能になり、多様な希土類元素の磁石を使用できる可能性がある。

259

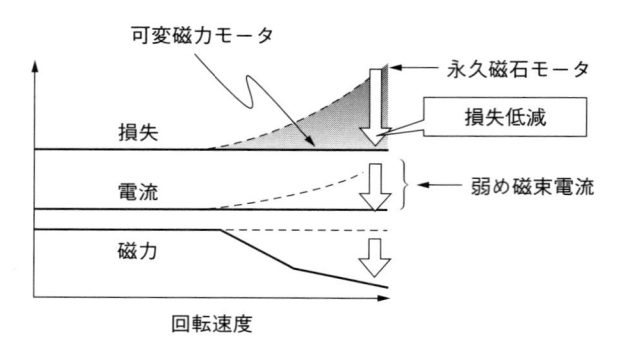

図 4-70　磁石磁力と弱め磁束による損失[35)]

　可変磁力モータの可変速運転は次のように行う。図 4-71 に示すように、モータの回転速度が上昇して誘導起電力がインバータ出力電圧の上限に達成すると永久磁石の磁力を低下させる。さらに回転速度が上昇して再度電圧上限に達成したら永久磁石の磁力をさらに低下させる。このステップを回転速度の上昇に伴って繰り返して誘導起電力の面では理想的に無限に回転速度を上昇することができる。

　永久磁石の可変磁力の概念は 1985 年に A.Weschta が論文で発表した[33)]。図 4-72 にモータの一つの磁極を示す。磁極は 3 個の永久磁石から成り、中央にアルニコ磁石、両側にフェライト磁石が配置されている。電流で減磁界を作用させると低保磁力のアルニコ磁石が減磁してエアギャップの磁束密度は低下させて可変する永久磁石モータである。

　2003 年に V.Ostovic がメモリモータと名付けた可変磁力モータを論文発表した[34)]。図 4-73 に示すように、ロータ鉄心内に放射状に永久磁石を配置した磁束集中型（スクイーズタイプ）の IPMSM と同じ構造である。この IPMSM にフェライト磁石またはアルニコ磁石を適用して電機子電流による磁界で永久磁石を磁化させて永久磁石の鎖交磁束量を可変する。フェライト磁石の減磁は示されているが、元の最大磁力に戻す増磁が明らかにされていない。また、フェライト磁石の磁化が厳しいのでアルニコ磁石を提案している。しか

第 4 章 資源問題への対策

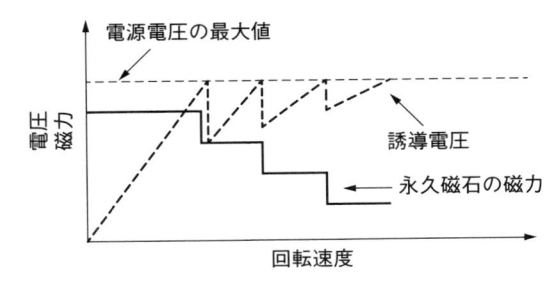

図 4-71 可変磁力での可変速運転[35]

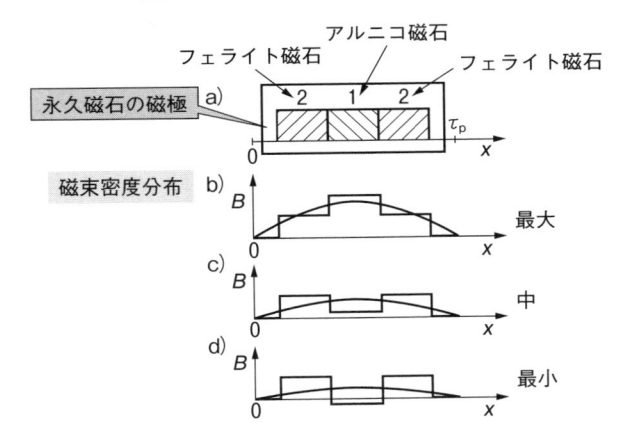

図 4-72 磁石の磁化変化によるエアギャップ磁束変化 (A. Weschta)[33]

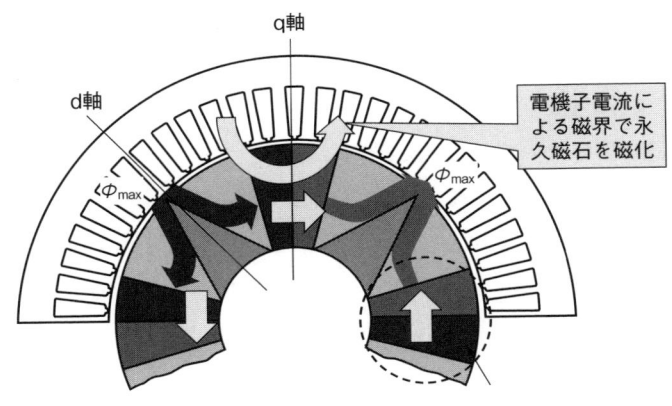

図 4-73 メモリモータ[34]

し、検討したアルニコ磁石は 50kA/m 程度の保磁力なので負荷電流が流れると減磁して十分な出力を発生できないと思われる。

その後、東芝が永久磁石の磁化を変化させながら運転可能な可変磁力メモリモータを実現し[35)～37)]、まずは家電製品の洗濯機に適用して世界で初めて実用化した[38)、39)]。ここでは、新原理の可変磁束メモリモータの概要について紹介する。

## 3. 可変磁力モータ

可変磁力磁石と固定磁力磁石を並列に配置した原理モデルのロータを図 4-74 に示す。この原理モデルでは、磁極間の半径方向に可変磁力磁石を配置し、可変磁力磁石で挟み込むように磁極中央部に固定磁力磁石を配置している。

可変磁力磁石は低保磁力、固定磁力磁石は高保磁力の磁気特性の磁石を適用している。図 4-75 に代表的な磁気特性を示す。永久磁石の磁化特性は (4.2) 式となり、磁束密度を不可逆的に変化させるために外部磁界で磁気分極 $J$ を変化させる。

$$B = \mu_0 H + J \cdots\cdots\cdots\cdots (4.2)$$

$B$：磁束密度（T）、$\mu_0$：真空の透磁率、$H$：磁界（A/m）、$J$：磁気分極（T）

初期の増磁状態では、固定磁力磁石と可変磁力磁石の磁束を加え合せになるように磁化される。図 4-76 の可変磁力磁石の磁気特性を用いて動作を説明する。

モータの磁気回路中での可変磁力磁石の動作点が A にある。永久磁石による総鎖交磁束数を減少させる減磁動作は以下となる。電機子巻線に負の d 軸電流を流す。負の d 軸電流による磁界により可変磁力磁石は不可逆減磁して磁束密度は低下し、動作点は B 点に変化する。さらに d 軸電流を増やすと、可変磁力磁石の動作点は C 点に移動して磁束密度は 0 になる。さらに負の d 軸電流を増加すると、可変磁力磁石の極性が反転して D 点まで逆方向に磁化する。磁化電流を遮断すると、動作点は E 点になり、逆方向の磁束が発生する。この状態では、永久磁石による総鎖交磁束数は固定磁力磁石による鎖交磁束数

第 4 章　資源問題への対策

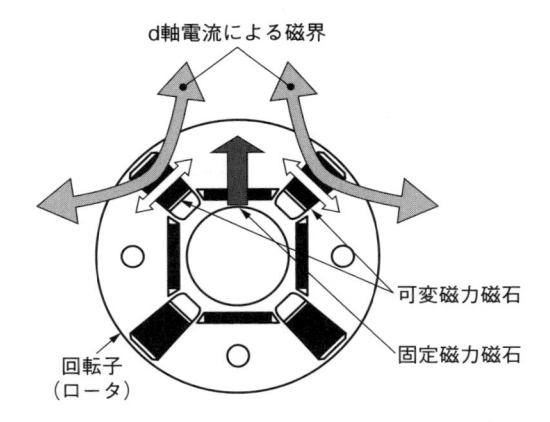

図 4-74　可変磁力メモリモータの基本構成[35]

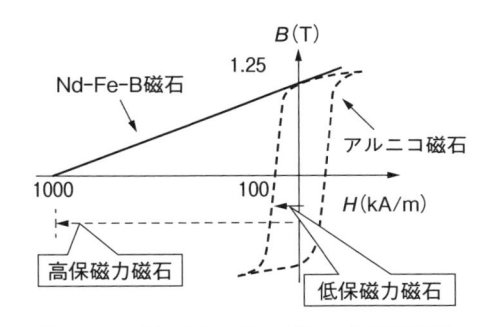

図 4-75　可変磁力用永久磁石の磁気特性[35]

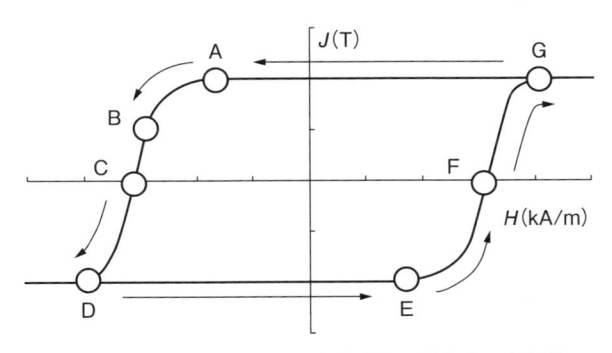

図 4-76　可変磁力磁石の磁気特性上の動作点の変化[35]

と可変磁力磁石による鎖交磁束数の差になり、総鎖交磁束数を著しく減少させることができる。

次に、総鎖交磁束数を増加させる増磁動作について説明する。正のd軸電流を流し、反転した可変磁力磁石を不可逆減磁させる。F点で可変磁力磁石の磁束量は0になる。さらに正のd軸電流を増加すると、極性が反転し初期の磁化方向に磁化してG点まで磁化すると元の最大の磁束量が得られる。この状態では、永久磁石による総鎖交磁束数は固定磁力磁石と可変磁力磁石の鎖交磁束数の和になる。

## 4. 磁石磁束の可変特性と希土類代替

モータ内の永久磁石の鎖交磁束が増加する動作（増磁動作）と、鎖交磁束が減少する動作（減磁動作）について、図4-74の原理モデルの解析結果を用いて説明する。

固定磁力磁石の磁化方向はd軸方向であり、可変磁力磁石の磁化方向はq軸に対して直角方向である。増磁動作で鎖交磁束が最大の状態の磁束分布を図4-77に示す。可変磁力磁石と固定磁力磁石の磁束が加え合わせになり、鎖交磁束が増加していることがわかる。減磁動作で鎖交磁束が最小の状態の磁束分布を図4-78に示す。可変磁力磁石と固定磁力磁石の磁束がロータでは相殺し、ロータでは加え合わせになる。すなわち、永久磁石の磁束が回転子内に閉じて分布した様になっている。

次に、実験で実証した永久磁石による誘起電圧の可変特性について述べる。モータ原理モデルを回転させた状態でd軸電流を流して可変磁力磁石を磁化させる。d軸電流の通電時間は極短時間でよく、10ms程度のパルス的な電流で磁化を行う。永久磁石による鎖交磁束は誘導電圧として測定する。

図4-79に原理モデルにおける磁化後に測定した誘導電圧と磁化電流の関係を示す。実験は、初めに可変磁力磁石と固定磁力磁石が加え合わせになる方向に磁化し、誘導電圧は最大となり100％とする。次に、負のd軸電流で可変磁力磁石の磁化を行って永久磁石の磁束量を減少させる。減磁させた後、さら

第 4 章　資源問題への対策

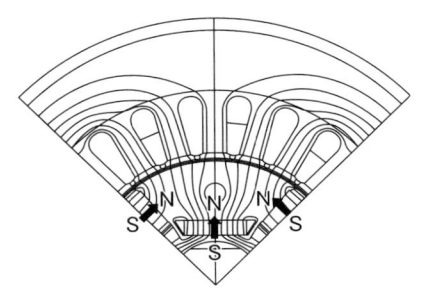

図 4-77　最大鎖交磁束状態[35]

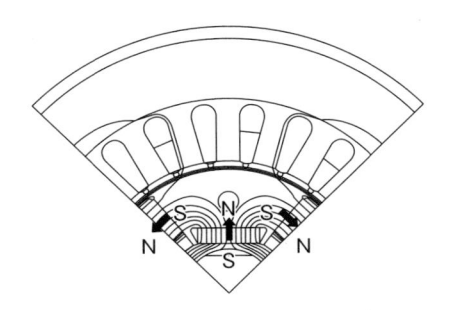

図 4-78　最小鎖交磁束状態[35]

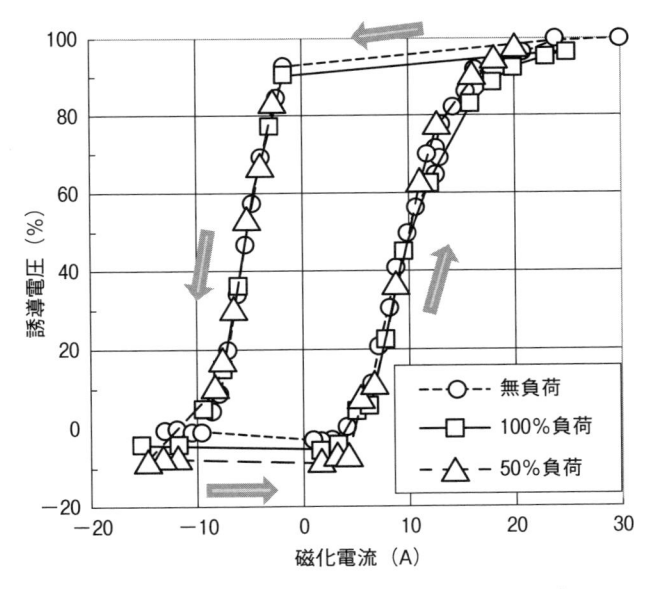

図 4-79　磁化電流によるモータ誘導電圧の変化[36]

に負のd軸電流を増加して可変磁力磁石の極性を反転させる。このときに永久磁石による総鎖交磁束数は最小になり、誘導電圧はほぼ0である。次に正のd軸電流による磁化を行い、永久磁石による鎖交磁束数を増加させて誘導電圧を大きくする。この過程では、正のd軸電流で可変磁力磁石を減磁し、さら

265

に正のd軸電流を増加して再度可変磁力磁石の極性を反転させる。これにより増磁して誘導電圧は約100％になってほぼ飽和した。モータモデルの誘導電圧は0～100％の範囲で任意に可変できることが実証された。

また、永久磁石による総鎖交磁束数と等価な誘導電圧は磁化電流に対してヒステリシスループで変化することが明らかになった。さらに負荷状態においても同様に磁化変化が実証されている。また、定格トルクで駆動できることが実験で実証された。さらに、永久磁石によるトルクと併用してリラクタンストルクも発生できる可変磁力モータ[37],[40]が開発されている。最大トルクは数百Nmであり、自動車用モータレベルの高出力密度が得られている。

また、本可変磁力モータ技術をベースにして、2009年世界で初めて実用化した可変磁力モータとして東芝の洗濯機ZABOONに搭載された。洗濯機は洗いと脱水では回転数は約30倍も変わるため、磁力を可変して運転することにより大幅な省エネルギーを実現している。

脱・省希土類の磁石に関しては次のことが言える。
① 可変磁力磁石は高保磁力が不要なのでDy元素を含まない希土類永久磁石を使用できる。
② Nd-Fe-B磁石ではないSm-Co磁石など他の希土類磁石も適用できるのでモータに使用できる磁石の多様化に対応できる。
③ Dyを含まないので可変磁力が可能なNd-Fe-B磁石ができれば、高残留磁束密度によるNd-Fe-B磁石の量の低減も期待できる。
④ 可変磁力磁石にフェライト磁石、固定磁力の希土類磁石を適用すると、モータとして省希土類にできる。

## 5. 励磁コイルと磁石併用による省希土類化[41]～[44]

### ハイブリッド可変磁力モータ

先に述べた可変磁力モータは、電機子電流のd軸電流を利用して磁化するベクトル制御方式である。電機子巻線では交流の電圧と電流を扱うことになるので、速度起電力の影響を受ける。また、磁化時には駆動電源や主回路容量の

第 4 章　資源問題への対策

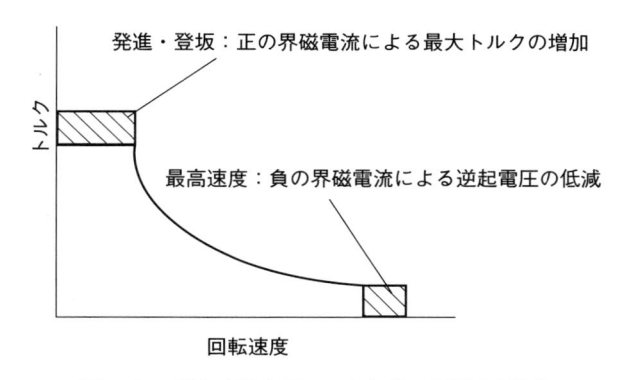

図4-80　電気自動車用モータなどの必要最大性能

制限も考慮する必要がある。ハイブリッド可変磁力モータはこれらを解決するものであり、ロータの永久磁石を磁化するための直流励磁の磁化コイルをステータに持つ。したがて、磁化が主回路や電源に及ぼす影響を考慮する必要はなく、磁化を行うための磁極位置検出も不要である。

　さらには最大トルク時には磁化コイルを界磁コイルとして併用する。永久磁石の磁束と界磁コイルによる磁束で増磁されてトルクがアップする。ハイブリッド自動車、電気自動車、鉄道用モータに要求される駆動特性は図4-80に示すようになっており、最大積載時や坂道での発進時などの極短時間に最大トルクが必要となる。この最大トルク時に界磁コイルとして利用する。

　脱・省希土類の観点からすると、界磁コイルの磁束分だけ永久磁石の量を削減できる。特にモータの最大トルクは応用装置の運転上では短時間しか利用しない場合がほとんどであり、その最大トルクのために多量の永久磁石を使用していることになる。最大トルクのみを磁化コイルと永久磁石の両方を用いて、定常時は永久磁石のみで駆動する。これにより、省希土類で高効率のモータシステムが得られる。

　ハイブリッド可変磁力モータの構造について説明する。ハイブリッド可変磁力モータの構成を図4-81に示す。高保磁力磁石（固定磁力磁石）を正面から、低保磁力磁石（可変磁力磁石）を側面から見た模式図を示す。回転子は軸方向

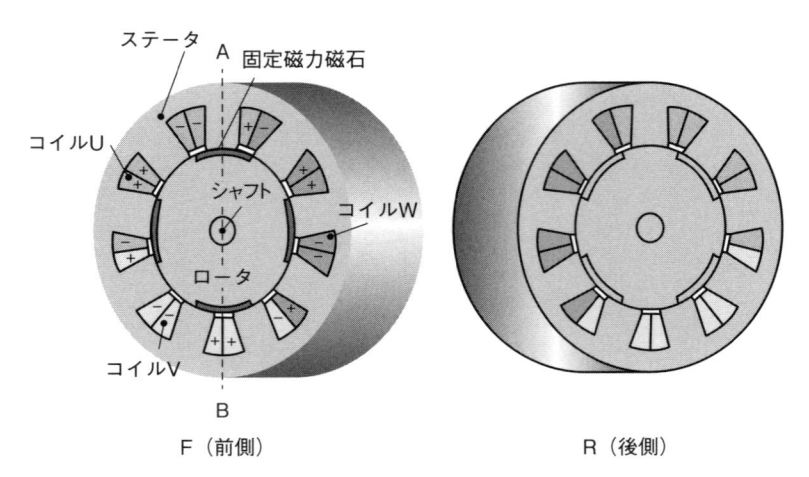

(a) コイルエンド方向から見たモータの前側と後側

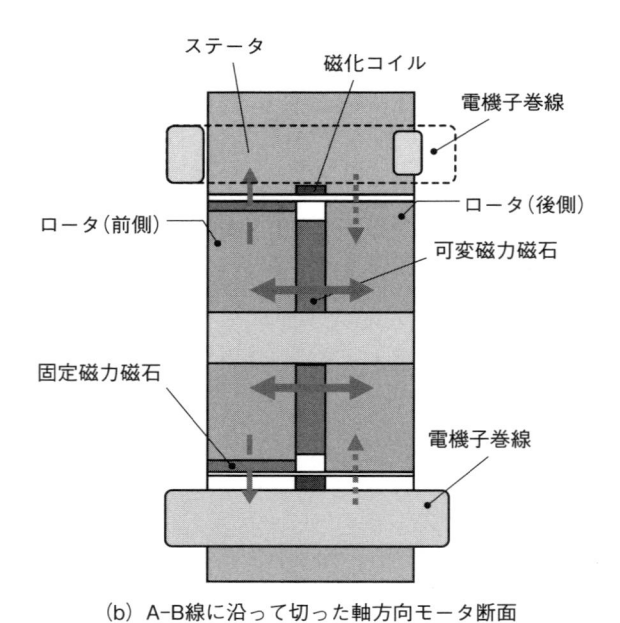

(b) A-B線に沿って切った軸方向モータ断面

図 4-81　ハイブリッド可変磁力モータの構成[41]

第4章 資源問題への対策

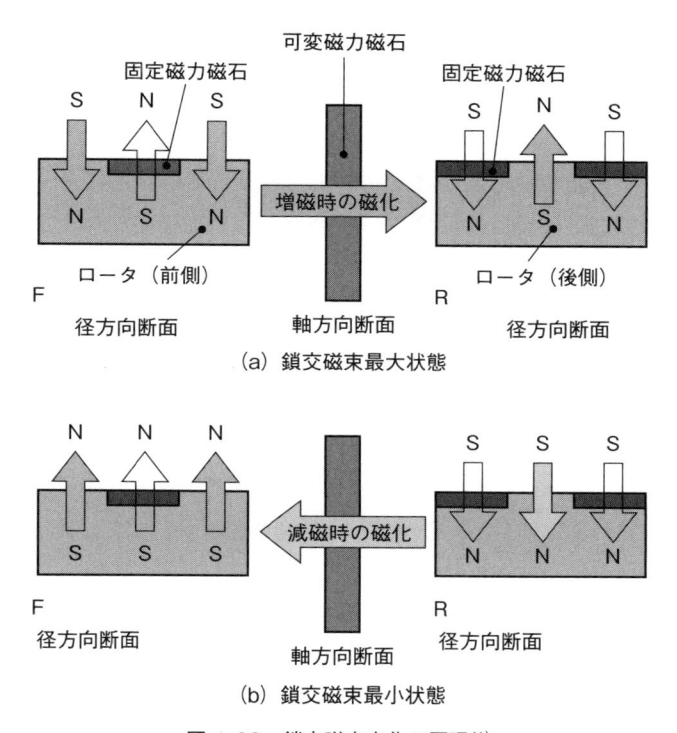

図4-82 鎖交磁束変化の原理[41]

に二分割され、軸方向に分割されたロータは互いに周方向に一極分ずらした配置となっており、この二つのロータの間に円盤状の可変磁力磁石を挟む構成となっている。分割されたロータに埋め込まれた固定磁力磁石は全て同極となっている。ステータは電機子巻線と磁化コイルが設けられ、磁化コイルは軸方向中心部に配置されている。磁化コイルに極短時間のパルス状の磁化電流を通電させて発生させる磁界でロータ中央の可変磁力磁石を磁化している。

永久磁石による鎖交磁束を最大とする場合、可変磁力磁石の極性は固定磁力磁石の極性とは逆になるように磁化する。これにより、図4-82(a)に示すように前方の凸鉄心部にS極を、後方の凸鉄心部にN極を形成する。逆に永久

269

磁石磁石による鎖交磁束を最小とする場合、可変磁力の磁石は固定磁力磁石の極性と同じになるように磁化する。図4-82(b)に示すように前方の凸鉄心部にN極を、後方の凸部分にS極を形成する。

さらに最大トルク時には磁化コイルを界磁コイルとして励磁する。磁化コイルを増磁方向に励磁中は図4-82(a)の状態になり、界磁磁束は（固定磁力磁石磁束＋可変磁力磁石磁束＋磁化コイル磁束）の和となる。これにより最大トルクが増加する。

**ハイブリッド可変磁力モータの特性**

基本検討を行ったモータモデルの諸元を表4-7に示す。

また、固定磁力磁石と可変磁力磁石の磁気特性を図4-83に示す。可変磁力磁石の保磁力は約490kA/mである。磁化コイルをパルス直流励磁すると、回転子鉄心に挟まれた中央の可変磁力磁石が磁化して磁力を可変できる。直流電流の向きを変えることにより電機子巻線の鎖交磁束として増磁側、または減磁側に変える。

可変磁力磁石の磁化により得られた誘導起電力の変化を図4-84に示す。誘導起電力は37〜100％の範囲で変化できることがわかる。

表4-7　ハイブリッド可変磁力モータの諸元[41]

| | |
|---|---|
| 出力 | 45kW |
| トルク | 144Nm |
| ステータ外径 | 200mm |
| ロータ外径 | 112mm |
| 鉄心長 | 82mm |
| エアギャップ長 | 0.6mm |
| 最大電流 | 360Arms |
| 電機子コイルのターン数 | 15 |
| 磁化電流のアンペアターン | DC 2kAT |
| 固定磁力磁石の厚み | 6mm |
| 可変磁力磁石の厚み | 6mm |

第 4 章　資源問題への対策

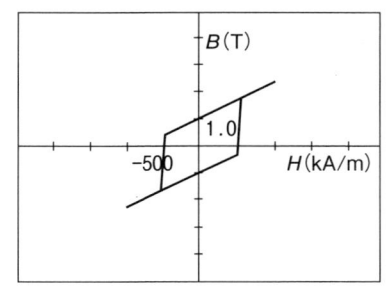

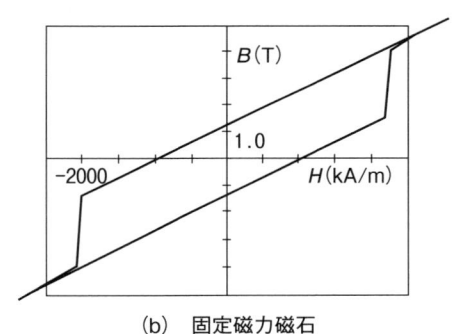

(a)　可変浮力磁石

(b)　固定磁力磁石

図 4-83　永久磁石の磁気特性[41]

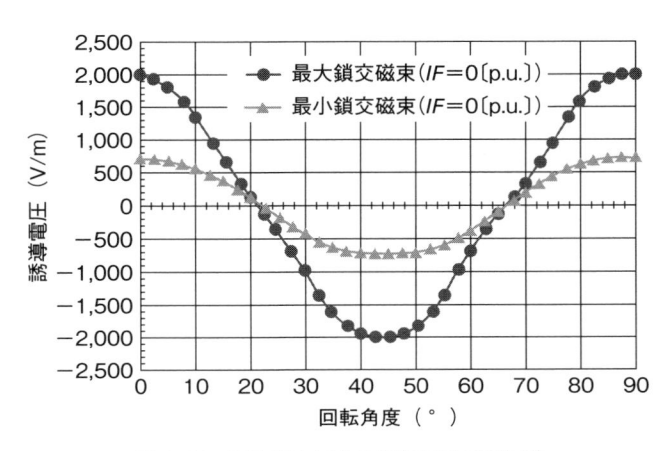

図 4-84　可変磁力による誘導電圧の変化[41]

次に負荷特性について述べる。図 4-85 に最大電流 360Arms で駆動した時の回転中のトルク特性を示す。回転時の平均トルクは界磁電流 =0AT では 1,872Nm/m、界磁電流 =20kAT では 2,333Nm/m が得られた。なお、トルクは鉄心長が単位長さ（1m）当たりの値である。この結果、界磁電流を 20kAT 流すことにより短時間の最大トルクが約 25% 増加することがわかる。

### 4-4-4 理想モータドライブと希土類代替技術

省エネルギーと省資源の省希土類・脱希土類にもつながるモータを述べたが、理想の可変速ドライブには至っていない。有力な方策としては、永久磁石の磁化を応用した可変機器定数のモータが考えられる。モータの機器定数は極数、永久磁石の鎖交磁束、巻線のインダクタンスなどがある。これらは非線形性であるが、動作領域ではほぼ一定になるのでモータの運転特性は固定化される。**可変機器定数モータ**はこれを覆すものである。モータの運転特性に応じて可変機器定数を可変できれば、電圧や電流の制限があっても真に最適な状態で出力を発生できるのでどの運転状態においても高効率が得られると考えられる。

図 4-86 に 8 極と 4 極に変換が可能な可変機器定数モータを示す[45]。可変機器定数可変機器定数モータには省希土類、脱希土類、さらに多様な希土類の永久磁石を適用できる可能性がある。さらに可変機器定数に適した永久磁石の特性が必ずあり、可変磁化に適した新しい永久磁石の開発を期待したい。

将来は環境とエネルギーの観点から省エネルギーが最も重要となる。また、各種の希土類磁石が持つ高磁気エネルギー積を利用するのは電気エネルギーの有効利用の観点からも賢い選択だと思われる。省・脱希土類のためだけのモータドライブではなく、システムが省エネルギーにできるモータであり、そのモータが資源を有効に利用できる多様な希土類磁石であることが目指す姿と思われる。

第4章　資源問題への対策

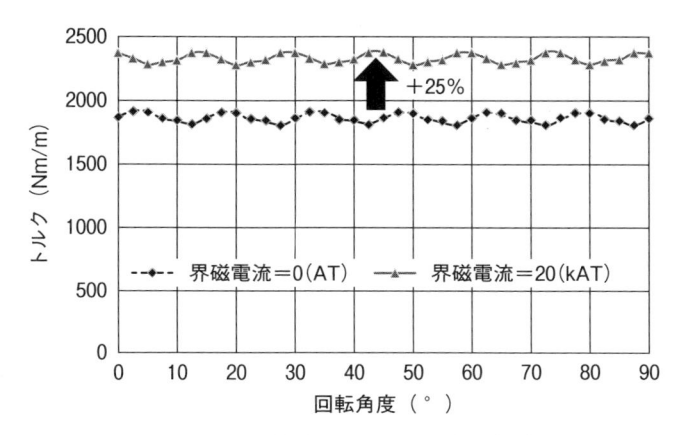

図4-85　回転時の最大トルク特性[43]、[44]

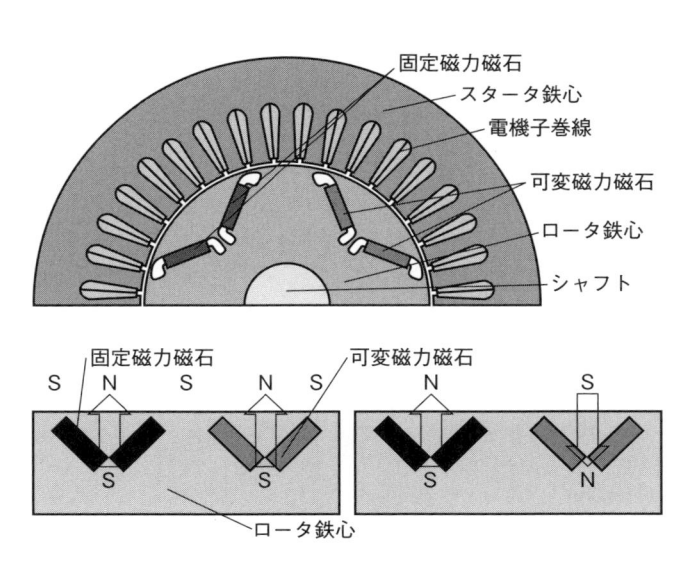

図4-86　極数変換の可変機器定数モータ[45]

## 参 考 文 献

1) K.A.Gschneidner,Jr.;"Rare Earths The Fraternal Fifteen",7,USAEC Booklet (1964).
2) 足立吟也:化学と工業、36、869(1983).
3) 足立吟也監修、足立研究室編著:希土類物語、14、産業図書 (1991).
4) N.E.Topp 著、塩川二朗、足立吟也共訳:希土類元素の化学、14、化学同人 (1974).
5) 新金属協会編:レア・アース"新版、24、新金属協会 (1989).
6) 岡田力、三宅裕一、山本和彦、芝本孝紀:粉体及び粉末冶金、55 (7)、517 (2008).
7) 新金属協会編:"レア・アース"新版、81、新金属協会 (1989).
8) 渡辺寧:足立吟也監修「希土類材料技術ハンドブック」、596、エヌ・ティー・エヌ (2008).
9) USGS.
10) 中村英次:中村崇,原田幸明監修「レアメタルの代替材料とリサイクル」、296、シーエムシー出版 (2008).
11) 中村英次:機能材料、31 (7)、37 (2011).
12) 佐川眞人:日本応用磁気学会誌、9 (1985)、25
13) H. Nakamura et al.:IEEE Trans. Magn., **41**, pp. 3844 (2005)
14) 信越化学工業(株) HP:http://www.shinetsu-rare-earth-magnet.jp/e/rd/grain.html
15) S. Sugimoto et al.:J. Alloys. Comp., **293-295**, 862, (1999)
16) C. Mishima et al.:Proc. the 21th Int. Workshop on Rare-EarthPermanent Magnets and their Applications, (Bled, Slovenia) ed S. Kobe and P. J. McGuiness (Ljubljana: Jozef Stefan Institute), pp. 253-256, (2010)
17) 御手洗浩成:第 19 回 2011 磁気応用シンポジウム、A1-2-8 (2011)
18) Sepehri-Amin et al.:Scripta Materialia 63 (2010) 1124-1127
19) 日高徹也:BM NEWS (日本ボンド磁性材料協会)、43、pp. 105 (2010)
20) Y. Kaneko:Proc. the 18th Int. Workshop on High Performance Magnets & their Applications, (Annecy, France) vol 1 ed N. M. Dempsey and P. de Rango (Grenoble: CNRS), pp 40-51, (2004)
21) 入江、他:Nanotech2010 展示資料
22) R. Goto et al.:Proc. the 21st Int. Workshop on Rare-Earth Permanent Magnets and their Applications, (Bled, Slovenia) ed S. Kobe and P. J. McGuiness (Ljubljana: Jozef Stefan Institute), pp 253-256, (2010)
23) M. Sagawa and Y. Une:*Proc.* 20th Int. Workshop on Rare Earth Permanent Magnet & their Applications, (Knossos-Crete) ed D. Niarchos (Greece: Admore), pp 103-105, (2008)
24) W. F. Li et al.:Acta Mater. 59 (2011) 3061
25) 深田東吾:2012 年春期大会 (第 150 回) 日本金属学会講演大会概要S4・5、(2012 年 3 月 26 日 (横浜国立大学))、(2012)。
26) レアメタル 2020 年展望、p.297 矢野経済研究所 (2010)、
27) 根本武、田中康夫、辻岡重夫、江龍康雄、高田紀男:産業の持続的発展を支える資源

第 4 章　資源問題への対策

リサイクルへの取り組み、日立評論 ,2011.05-06 号、p56
28) 岡部徹：希土類合金磁石の現状と乾式リサイクル技術、溶融塩および高温化学、Vol. 52、No. 2、pp. 71-82（2009）
29) 佐川眞人、浜野正昭：永久磁石―材料科学と応用―、アグネ技術センター（2007）
30) 原田幸明：元素戦略研究の必要性－データで見る元素リスクの現状－、材料と全面代替戦略、（独）物質・材料研究機構、pp. 5-21（2007）
31) 堺和人、高橋則雄、霜村英二、新政憲、中沢洋介、田島敏伸：可変速特性に優れた電気自動車用永久磁石式リラクタンスモータの開発、電気学会論文誌D．Vol.123、No.6、pp.681-688（2003）
32) 堺和人、萩原敬三、平野恭男：ハイブリッド自動車用高出力・高効率の永久磁石リラクタンスモータ、東芝レビュー、Vol.60、No.11、pp.41-44（2005）
33) A. Weschta, "Schwachung des ErregerfeldsbeieinerdauermagneterregtenSynchron maschine" etz Archive Bd.7, pp.79-84（1985）
34) V. Ostovic, "Memory Motors" IEEE Industry Applications Magazine, Jan./Feb., pp.52-61（2003）
35) 堺和人、結城和明、橋場豊、高橋則雄、安井和也、ゴーウッティクンランシリリック：可変磁力メモリモータの原理と基本特性、電気学会論文誌 D、Vol.131、No.1、pp.53-60（2011-1）
36) K. Sakai, K. Yuki, N. Takahashi, Y. Hashiba : Principle of the Variable-Magnetic-Force Memory Motor、Proc. of the 12th International Conference on Electrical Machines and Systems、LS6A-1（2009）
37) K. Sakai, K. Yuki, D. Misu, N. Takahashi, Y. Hashiba, K. Yasui : New Generation Motor for Energy Saving、Proc. of the 2010 International Power Electronics Conference、pp.1354-1358（2010）
38) ㈱東芝：洗濯機 ZABOON カタログ、プレス発表資料
39) 新田勇、前川佐理、志賀剛：直列型可変磁力モータ、電気学会全国大会. 5-013（2010-3）
40) 堺和人、結城和明、三須大輔、高橋則雄、橋場豊、松岡佑将、大坪洋輔：リラクタンストルク併用可変磁力メモリモータ、電気学会全国大会、5-012（2010-3）
41) 堺和人、倉持暁：ハイブリッド可変磁力モータの原理と基本特性、電気学会論文誌 D、IEEJ Trans. IA, Vol.131, No.9, pp.1112-1119（2011）
42) 日経エレクトロニクス「新生モータ全開」、2010-9-20 号、p.37-65
43) 堺和人、橋本尚宜、倉持暁：磁化と界磁併用コイルを持つハイブリッド可変磁力モータ、電気学会全国大会、5-018（2011-3）.
44) K Sakai, H.Hashimoto, S.Kuramochi : Principle of Hybrid VariableMagneticForce Motors, Proc. of the International Electric Machines and Drives Conference 2011, S-02（2011）
45) 橋本尚宜、倉持暁、堺和人：極数変換と機器定数の可変を可能とする永久磁石モータ、電気学会全国大会、5-018（2012-3）

# 索　引

## 【英　字】

- ABS ································· 112
- *B-H* 曲線 ·························· 18
- COP3 ································ 90
- DD モータ ························ 116
- d-HDDR 法 ······················ 210
- EPS ································· 110
- EV ·································· 104
- HDD ······················ 124、228
- HDDR 法 ··············· 56、209
- HEV ······························· 104
- H-HAL 法 ························ 212
- IEC ································· 132
- IM ·································· 164
- IPM ································ 106
- IPMSM ············ 100、114、252
- *J-H* 曲線 ··························· 16
- LSM ································ 122
- MQ1 ································· 54
- MQ3 ································· 56
- MQ2 ································· 54
- MRI ································ 128
- PHEV ····························· 104
- PMSM ····························· 164
- PWM 制御 ······················· 140
- PRM ······························· 250
- SC 法 ······························ 192
- S-DD モータ ···················· 116
- SPM ······················ 106、110
- SPMSM ················ 100、114
- THS ································ 104
- TMR ······························· 246
- VCM ····················· 124、229

## 【あ　行】

- アクア ···························· 142
- 圧縮成形磁石 ··················· 54
- 圧粉成形磁石 ··················· 54
- アルニコ磁石 ········ 4、20、96
- アンペールの法則 ············ 12
- イオン吸着鉱 ·················· 194
- 一時磁性材料 ··················· 14
- 一斉回転 ·························· 36
- 異方性磁場 ············· 2、204
- インサイト ··········· 106、141
- 埋込み磁石 ···················· 142
- 埋込み磁石同期モータ ··· 100
- エアコン ········ 114、228、236
- 永久磁石 ·························· 14
- 永久磁石同期モータ ······ 164
- 永久磁石リラクタンスモータ ·· 250
- エコリュックサック ······ 246
- エネルギー基本計画 ········ 90
- エレベータ ···················· 160

## 【か　行】

- 界面制御 ························ 206
- 核生成型磁石 ··················· 68
- 活性化体積 ············· 74、80
- 可変機器定数モータ ······ 272
- 可変磁力モータ ············· 259
- 希土類 ··········· 2、20、34、190
- 希土類磁石 ········· 20、30、96
- 逆磁区 ······························ 38
- 逆磁場 ······························ 18
- キュリー温度 ······ 2、18、66
- 強磁性 ······························ 66

276

索　引

強磁性体 ………………………………… 14
京都議定書 ……………………………… 90
京都メカニズム ………………………… 90
極異方性リング磁石 …………………… 121
軽希土類 …………………………… 44、190
結晶磁化容易軸 ………………………… 66
結晶磁気異方性 ………………………… 30
結晶磁気異方性定数 ……………… 24、32
結晶場 …………………………………… 34
結晶粒微細化 …………………………… 206
減磁曲線 ………………………………… 18
減速機内蔵サーボモータ ……………… 182
元素侵入型化合物 ……………………… 31
硬質磁性材料 …………………………… 14
工程内リサイクル ……………………… 200
高透磁率材料 …………………………… 14
後方押出法 ……………………………… 56
高保磁力材料 …………………………… 14
コギングトルク ………………………… 176
国際電気標準会議 ……………………… 132
コージェネシステム …………………… 118
コバルト …………………………… 2、30

【さ　　行】

最大磁気エネルギー積 ………………… 18
サーボモータ ……………………… 120、174
サマリウム ………………………… 20、30
サマリウム－コバルト系磁石 … 20、64
サマリウム鉄窒素系磁石 ……………… 64
産業用ロボット ………………………… 170
残留磁束密度 …………………………… 18
磁化 ……………………………………… 14
磁界 ……………………………………… 12
磁化曲線 ………………………………… 16
磁化反転 ………………………………… 68
磁気 ……………………………………… 12
磁気異方性エネルギー ………………… 32

磁気的硬さ指数 ………………………… 32
磁気ヒステリシスループ ……………… 18
磁気分極 ………………………………… 16
磁気モーメント ………………………… 14
磁気余効 ………………………………… 74
磁気履歴曲線 …………………………… 18
磁区 ……………………………………… 37
自己減磁作用 …………………………… 32
ジジム …………………………………… 190
ジスプロシウム ………… 7、24、190、204
磁性体 …………………………………… 14
磁束密度 ………………………………… 16
市中リサイクル ………………………… 200
磁場 ……………………………………… 12
磁壁 ………………………………… 36、66
磁壁幅 ……………………………… 36、68
射出成形磁石 …………………………… 54
車両用モータ …………………………… 130
車輪速度センサ ………………………… 112
重希土類 …………………………… 44、190
焼結法 …………………………………… 50
初磁化曲線 ……………………………… 68
シングルイオン異方性 ………………… 34
スキュー …………………………… 111、177
ステータ ………………………………… 176
ストーナー・ウォルファスモデル …… 78
斉合回転 ………………………………… 36
斉合回転臨界径 ………………………… 36
洗濯機 ……………………………… 116、236

【た　　行】

多磁区 …………………………………… 38
単イオン異方性 ………………………… 34
単磁区臨界粒子径 ……………………… 37
地球温暖化 ……………………………… 88
窒素侵入型磁石 ………………………… 61
中希土類 ………………………………… 190

277

超急冷凝固法 ･･････････････････････ 54
鉄族遷移元素 ････････････････････････ 2
テルビウム ･････････････････････ 220
電気駆動式産業用ロボット ･････････ 172
電気自動車 ･･････････････････ 104、136
電動パワーステアリング ････････････ 110
透磁率 ･･････････････････････････ 16
都市鉱山 ･･････････････････････ 228
トップランナー基準 ････････････････ 93
トヨタハイブリッドシステム ･･･ 104、139

【な　　　行】

軟質磁性材料 ･･･････････････････ 14
2合金法 ･･････････････････････ 52、208
ネオジム ･･････････････････ 3、20、31、190
ネオジム系焼結磁石 ･･････････････ 20、30
ネオジム系ボンド磁石 ･･･････････････ 62
熱間塑性加工法 ･････････････････ 56

【は　　　行】

ハイブリッド可変磁力モータ ･･･････ 266
ハイブリッド自動車 ･････････ 104、136
薄膜法 ････････････････････････ 58
ハードディスクドライブ ･･･････ 124、228
パワーレート密度 ･･･････････････ 172
反磁場 ･･･････････････････････ 18
光ピックアップ ･････････････････ 126
表面磁石同期モータ ･･･････････････ 100
ピンニング型磁石 ･････････････････ 68
風力発電 ･････････････････････ 146
フェライト磁石 ･････････････ 20、96、249
フェライト磁石 PRM ･･････････････ 256
フェリ磁性体 ･････････････････････ 14
フェロ磁性体 ･････････････････････ 14
部分保磁力 ･････････････････････ 224
プラグインハイブリッド自動車 ････ 104
プリウス ･･････････････････ 104、139

ボイスコイルモータ ････････ 124、229
飽和磁化 ･･････････････ 2、67、204
飽和磁気分極 ･･････････････ 18、67
保磁力 ･･････････ 14、18、36、66、204
保磁力分布磁石 ･･････････････ 224
ボンド磁石 ･･････････････ 20、31

【ま　　　行】

マイクロガスタービン ･･･････････ 118
マイクロ・ネグティズム ･･･････････ 75
巻上機 ････････････････････ 160
マニュピレータ ･･････････････ 172
ミッシュメタル ･･････････････ 190
ムービングコイル型リニアモータ ･･ 122
メモリモータ ･････････････････ 260

【や　　　行】

誘導モータ ･･････････････ 164、249
ゆらぎ磁場 ･･････････････････ 80
洋上風力発電 ･････････････････ 154
溶媒抽出法 ･･････････････････ 192
溶融塩電解 ･･････････････････ 192
弱め磁束制御 ････････････････ 258

【ら　　　行】

ラジアル異方性リング磁石 ･･･････ 121
リサイクル ･･････････ 200、228、236
リニア同期モータ ･･････････････ 122
リニアモータ ･･････････････････ 122
粒界拡散法 ･･････････ 52、208、220
リラクタンスモータ ･･････ 102、249
リング磁石 ･････････････････ 121
レアアース ･････････････ 20、190
ロータ ･････････････････ 100、176

【編著者紹介】

**佐川　眞人**（さがわ　まさと）
1972年、東北大学大学院博士課程修了。同年、富士通㈱入社。82年、住友特殊金属㈱〔現・日立金属㈱〕入社。83年、ネオジム磁石を開発。88年よりインターメタリックス㈱代表取締役。2012年、日本国際賞を受賞。工学博士。

**浜野　正昭**（はまの　まさあき）
1966年、京都大学工学部原子核工学科卒業。同年、東北大学金属材料研究所助手。80年、同研究所助教授、㈱エムジー取締役・開発部長。90年、鐘淵化学工業㈱主席研究員。95年、戸田工業㈱技師長。2000年、ミクニ・マキノ工業㈱理事・開発部長。02年より（社）未踏科学技術協会特別研究員。工学博士。

**共編著書**：「永久磁石－材料科学と応用－」、「ネオジム磁石のすべて」（アグネ技術センター）

---

図解　希土類磁石　　　　　　　　　　　　　　　　　NDC 541.66

2012年7月30日　初版1刷発行

　　　　　　　　　　　　　　　　　Ⓒ編著者　佐川　眞人
　　　　　　　　　　　　　　　　　　　　　　浜野　正昭
　　　　　　　　　　　　　　　　　　発行者　井水　治博
　　　　　　　　　　　　　　　　　　発行所　日刊工業新聞社
　　　　　　　　　　　〒103-8548　東京都中央区日本橋小網町14-1
　　　　　　　　　　　　　電　話　03（5644）7490（編集部）
　　　　　　　　　　　　　　　　　03（5644）7410（販売・管理部）
　　　　　　　　　　　　　F A X　03（5644）7400
　　　　　　　　　　　　　振替口座　00190-2-186076
　　　　　　　　　　　　　U R L　http://pub.nikkan.co.jp/
　　　　　　　　　　　　　e-mail　finfo@media.nikkan.co.jp

（定価はカバーに表示されております。）　　印刷・製本　美研プリンティング

落丁・乱丁本はお取替えいたします。　　　　　　　　　　2012 Printed in Japan
ISBN978-4-526-06911-6

本書の無断複写は、著作権法上の例外を除き、禁じられています。